飞机液压与气动技术

主　编　陈儒军　刘清平

副主编　周建波　张　鹏　章正伟　吴　冬

参　编　欧佳顺　吴云锋　文　韬　谭卫娟

　　　　边娟鸽　邢　龙　程　军　宁小波

　　　　吕思超　梁海峰　梁　勇　黄宇坤

　　　　欧阳飞鹏

主　审　文　韬

北京理工大学出版社

BEIJING INSTITUTE OF TECHNOLOGY PRESS

内容简介

本书根据高等职业教育的实际需求编写,以培养和提高高等职业院校航空类专业学生的专业技能为目的,突出实用性和针对性。在本书编写过程中,既注重液压气动基本原理的讲解,又注重液压气动技术在飞机上的实际应用。

全书共 5 个项目 23 个学习任务。主要内容包括认识液压传动技术、液压元件选用及液压基本回路分析、典型飞机液压传动系统分析、气动元件选用及气动基本回路分析、典型飞机气动系统分析。本书微课资源已在中国大学慕课网上线。

本书为飞行器制造技术专业国家教学资源库配套教材,可作为高等院校航空类专业教学用书,也可作为高等职业教育机电类专业及企业工程技术人员参考用书。

图书在版编目(CIP)数据

飞机液压与气动技术 / 陈儒军,刘清平主编.--北京:北京理工大学出版社,2021.11

ISBN 978-7-5763-0779-5

Ⅰ.①飞… Ⅱ.①陈… ②刘… Ⅲ.①飞机-液压传动 ②飞机-空气动力学 Ⅳ.①V245.1 ②V211.4

中国版本图书馆CIP数据核字(2021)第263495号

出版发行 /	北京理工大学出版社有限责任公司
社　　址 /	北京市海淀区中关村南大街5号
邮　　编 /	100081
电　　话 /	(010)68914775(总编室)
	(010)82562903(教材售后服务热线)
	(010)68944723(其他图书服务热线)
网　　址 /	http://www.bitpress.com.cn
经　　销 /	全国各地新华书店
印　　刷 /	河北鑫彩博图印刷有限公司
开　　本 /	787毫米×1092毫米　1/16
印　　张 /	16.5
字　　数 /	361千字
版　　次 /	2021年11月第1版　2021年11月第1次印刷
定　　价 /	75.00元

责任编辑 / 阎少华
文案编辑 / 阎少华
责任校对 / 周瑞红
责任印制 / 边心超

前　言

本书是编者为了适应现代航空职业教育高速发展的需求，满足航空类专业理实教学需要，在多年教学、科研和生产实践的基础上，总结同类教材编写经验，吸纳同类院校及航空修理企业相关经验，突出飞机液压与气动系统的实际应用，采用项目引领、任务驱动的方式编写而成的。

本书共分为 5 个项目 23 个学习任务。主要内容包括认识液压传动技术、液压元件选用及液压基本回路分析、典型飞机液压传动系统分析、气动元件选用及气动基本回路分析、典型飞机气动系统分析。主要介绍了液压传动的基础知识、飞机液压与气动元件的工作原理及应用、液压气动基本回路的组成及功能、典型飞机液压与气动系统的组成及功能分析等内容。

全书由长沙航空职业技术学院陈儒军、刘清平共同担任主编；长沙航空职业技术学院周建波、湖北交通职业技术学院张鹏、浙江交通职业技术学院章正伟、西安航空职业技术学院吴冬担任副主编；长沙航空职业技术学院欧佳顺、吴云锋和文韬，西安航空职业技术学院谭卫娟和边娟鸽，张家界航空工业职业技术学院邢龙，湖北交通职业技术学院程军，浙江交通职业技术学院宁小波，潍坊工程职业学院吕思超，江苏工程职业技术学院梁海峰，长沙五七一二飞机工业有限责任公司梁勇、黄宇坤、欧阳飞鹏参与编写，在此一并表示感谢。

本书任务 1.1、任务 1.2、任务 2.1 由陈儒军编写，任务 1.3 由欧佳顺编写，任务 2.2 由谭卫娟编写，任务 2.3 由边娟鸽编写，任务 2.4 由吴冬编写，任务 2.5 由张鹏编写，任务 2.6 由章正伟编写，任务 2.7 由程军编写，任务 3.1、任务 3.2 由刘清平编写，任务 3.3 由梁勇编写，任务 3.4 由黄宇坤编写，任务 3.5 和任务 3.6 由周建波编写，任务 3.7 由欧阳飞鹏编写，任务 4.1 由宁小波编写，任务 4.2 由吕思超编写，任务 4.3 由梁海峰编写，任务 4.4 由吴云锋编写，任务 5.1 由文韬编写，任务 5.2 由邢龙编写。全书由陈儒军统稿、文韬主审。

本书所有微课资源均在中国大学慕课网上线，请点击以下链接注册，选择最新一期学习：https://www.icourse163.org/course/CAVTC-1206135821。在此对本在线课程团队所有成员，长沙航空职业技术学院陈儒军、周志平、欧佳顺、熊轶娜、曾乐等老师表示感谢。

由于编者水平有限，加之时间仓促，书中难免存在不足之处，恳请读者批评指正。

编　者

目　录 Contents

认识液压传动技术

任务 1.1 飞机维修用液压千斤顶系统分析

【学习目标】

1. 辨认液压千斤顶的外形及内部主要结构；
2. 掌握液压千斤顶的工作原理；
3. 理解液压传动的工作原理；
4. 了解液压传动的主要优、缺点及应用。

【情景引入】

在飞机维修工作中经常使用的液压千斤顶应用的就是液压传动原理，小小的液压千斤顶能举升重达几十吨、上百吨的飞机，如图 1-1-1 所示。那么，液压千斤顶的内部结构是怎样的？它是如何举起重物的呢？

(a)

(b)

图 1-1-1　液压千斤顶及其应用

（a）飞机通用三脚架液压千斤顶；（b）液压千斤顶顶起飞机

任务具体要求见表 1-1-1。

表 1-1-1　飞机维修用液压千斤顶系统分析任务单

项目一	认识液压传动技术
任务 1.1	飞机维修用液压千斤顶系统分析
布置任务	
学习目标	1. 能根据液压千斤顶工作原理图列举液压千斤顶主要结构; 2. 能根据液压千斤顶工作原理图描述液压千斤顶工作原理
任务描述	根据液压千斤顶原理图,说明液压千斤顶的主要结构及工作原理
任务分析	根据提供的学习资源,分析液压千斤顶的主要结构及工作原理,进而理解液压传动的工作原理

【相关知识】

液压千斤顶系统分析

1.1.1　液压千斤顶的主要结构及工作原理

图 1-1-2 所示为液压千斤顶工作原理图。

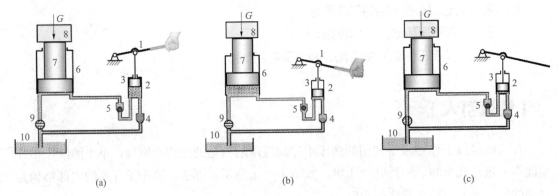

(a)　　　　　　　　　　　(b)　　　　　　　　　　　(c)

图 1-1-2　液压千斤顶工作原理
（a）吸油；（b）举升重物；（c）放下重物
1—杠杆；2—小活塞；3—小液压缸；4、5—单向阀；6—大液压缸；
7—大活塞；8—重物；9—放油阀；10—油箱

大液压缸 6 和大活塞 7 组成举升液压缸；杠杆 1、小液压缸 3、小活塞 2、单向阀 4 和 5 组成手动液压泵,如图 1-1-2 所示。如提起手柄使小活塞向上移动,小活塞下端油腔容积增大,形成局部真空,这时单向阀 4 打开,通过油管从油箱 10 中吸油,如图 1-1-2（a）所示；用力压下手柄,小活塞下移,小活塞下腔压力升高,单向阀 4 关闭,单向阀 5 打开,小活塞下腔的油液经单向阀 5 输入大液压缸 6 的下腔,迫使大活塞 7 向上移动,举升重物,如图 1-1-2（b）所示。再次提起手柄吸油时,单向阀 5 自动关闭,使油液不能倒流,从而保证了重物不会自行下落。不断地往复提、压手柄,就能不断地把油液压入举升液压缸下腔,使重物逐渐地被举升。如果打开放油阀 9,举升液压缸下腔的油液通过放油阀 9 流回油箱，重物就向下移动，如图 1-1-2（c）所示。这就是液压千斤顶的工作原理。

通过对液压千斤顶工作过程进行分析，可以初步了解液压传动的基本工作原理。压下杠杆手柄时，小液压缸 3 输出压力油，是将机械能转换成油液的压力能；压力油经过管道及单向阀 5，推动大活塞 7 举升重物，是将油液的压力能转换成机械能。由此可见，液压传动是一个不同能量的转换过程，是以液体为工作介质，通过能源装置将原动机的机械能转换为液体的压力能，然后通过管道、液压控制及调节装置等，借助执行装置，将液体的压力能转换为机械能，驱动负载实现直线往复或回转运动。

1.1.2　液压传动的优点及缺点

1. 液压传动的优点

（1）液压传动使用油管连接，可以方便、灵活地布置传动机构。系统结构空间的自由度大，这是机械传动所无法比拟的。例如，在井下抽取石油的泵若采用液压传动来驱动，可克服长驱动轴效率低的缺点。

（2）在同等功率的情况下，液压传动装置的体积小、重量轻、结构紧凑、惯性小。液压马达的体积和重量只有同等功率电动机的 10% ～ 20%。目前，液压泵和液压马达单位功率的重量指标是发电机和电动机的十分之一。在同等的体积下，液压装置比电气装置能传递更大的动力。在挖掘机等重型工程机械上，由于液压缸的推力很大，加之又极易布置其位置，现已基本取代了机械传动。

（3）液压油具有吸振能力，工作平稳，换向冲击小，能高速启动、制动和换向。液压传动的换向频率高，在实现往复直线运动时可达 1 000 次 /min。液压传动运动均匀平稳，负载变化时速度较稳定。正因为其具有此特点，金属切削机床中的磨床传动现在绝大多数采用了液压传动。

（4）液压传动可在大范围内实现无级调速，调速范围最大可达 1 ：2 000，一般为 1 ：100，并可在液压装置运行的过程中进行调速。

（5）液压传动的工作介质是液压油，液压件能够自行润滑，元件的使用寿命长。

（6）液压传动容易实现自动化。由于是对液体的压力、流量和流动方向进行控制或调节，操纵简单、方便。借助各种控制阀，特别是采用液压控制和电气控制相结合时，能很容易地实现复杂的自动工作循环，而且可以实现远距离控制。

（7）由于液压元件已实现了标准化、系列化和通用化，液压系统的设计、制造和使用都比较方便。

2. 液压传动的缺点

（1）液压油具有一定的可压缩性，液压系统中有泄漏，使得液压传动不能保证严格的传动比。

（2）为了减少泄漏及满足某些性能上的要求，液压元件的配合零件制造精度要求较高，加工工艺较复杂，装配比较困难，使用、维护要求严格，成本较高。在工作过程中发生故障不易诊断。

（3）液压传动泄漏的液压油容易污染环境。油液本身易被污染，而液压元件对油液的污染比较敏感，从而影响系统工作的可靠性。

（4）液压传动对油温的变化比较敏感，当温度发生变化时，液体黏性随之产生变化，引起运动特性的变化，使得系统工作的稳定性受到影响，故不宜在温度变化很大的环境条件下工作。一般工作温度为 $-15\,℃\sim 60\,℃$ 较为合适。

（5）由于在能量传递过程中存在压力损失和泄漏使传动效率较低，因此不宜做远距离的能量传递。

【重点知识考核】

1．考核要点

（1）千斤顶的主要结构。

（2）千斤顶的工作原理分析。

2．考核例题

（1）什么是液压传动？

（2）根据液压千斤顶工作原理图，说明液压千斤顶的主要结构及工作原理。

（3）判断题。

①液压传动能够保证严格的传动比。（　　）

②液压传动可实现无级调速，调速范围大。（　　）

③相对于机械传动和电传动，在相同功率情况下，液压元件的体积较小、重量轻。（　　）

④液压传动的传动效率高，特别适宜做远距离传动。（　　）

（4）简述液压传动的优点及缺点。

任务 1.2　现代飞机液压系统组成认知

【学习目标】

1. 掌握典型飞机液压传动系统的组成;
2. 掌握液压传动系统按功能分类的组成部分及其功能。

【情景引入】

典型民用飞机液压系统如图 1-2-1 所示。从图中可以看出,此类型飞机有 3 套液压系统,遍布整个飞机,包括副翼、升降舵、方向舵、扰流板、尾翼、襟翼、缝翼等。特别针对起落架、方向舵、升降舵等关键执行机构的液压系统进行了裕度分配,确保飞机在两套液压系统失效的极限工况下仍能正常工作。

飞机液压传动系统有哪些组成部分?各系统组成部分的功能是什么?按功能来分,液压传动系统分为哪些组成部分?各部分的功能是什么?

任务具体要求见表 1-2-1。

图 1-2-1　典型民用飞机液压系统

表 1-2-1　现代飞机液压系统组成认知任务单

项目一	认识液压传动技术
任务 1.2	现代飞机液压系统组成认知
布置任务	
学习目标	1. 能够根据波音系列或空客系列飞机液压传动系统图说明各系列飞机液压传动系统的组成及其功能; 2. 能够根据功能分析液压传动系统的组成部分及其功能
任务描述	根据波音系列和空客系列飞机液压传动系统原理图,说明飞机液压传动系统的组成及其功能,根据功能分析液压传动系统的组成部分及其功能
任务分析	根据提供的学习资源,分析波音系列和空客系列飞机液压传动系统的组成及其功能,根据功能分析液压传动系统的组成部分及其功能

【相关知识】

1.2.1 空客 A320 飞机液压系统组成

为了增加飞机飞行的安全裕度，飞机上通常设有多个液压系统。例如，空客 A320 飞机有绿、蓝、黄 3 套液压系统，系统各自独立工作，并且各液压系统之间不会发生液体交换。系统的主要部件及功能如图 1-2-2 所示及见表 1-2-2。

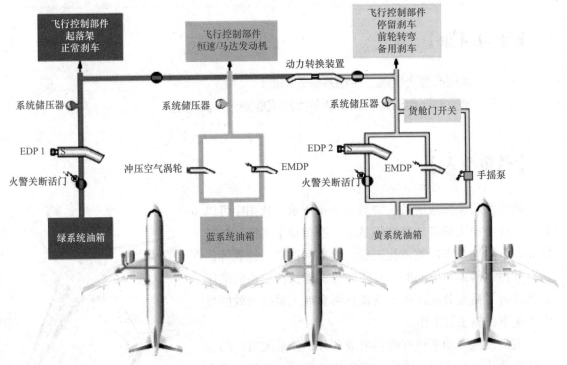

图 1-2-2　空客 A320 飞机液压系统

表 1-2-2　空客 A320 液压系统主要部件介绍

名称	数量	功能
液压油箱	3	提供一定压力的油液到液压泵；收集飞机用压系统的回油
火警关断活门	2	发动机火警时关闭，停止向发动机驱动泵供应液压油
发动机驱动泵	2	由发动机驱动，为绿液压系统、黄液压系统的用户系统提供压力
电动机驱动泵	2	由电动机驱动，为黄液压系统、蓝液压系统的用户系统提供压力
动力转换组件	1	双向工作，当一个液压系统低压时，自动工作传输液压动力但不传输液压油
冲压空气涡轮泵	1	应急情况下，为蓝系统增压
手摇泵	1	仅可为货舱门开关供压
系统储压器	3	稳定系统压力；液压系统低压时提供备用压力

1.2.2　波音 B787 飞机液压系统组成

图 1-2-3 所示为波音 B787 飞机液压系统。波音 B787 飞机液压系统分为 3 个独立系统，包括左（L）、中（C）、右（R）3 套子系统。左、右系统均采用 EDP（发动机驱动泵）作为主泵，EMDP（电动机驱动泵）作为备用泵的形式，在系统低压或大流量需求的时候工作；中系统的一台 EMDP 作为主泵，另外一台 EMDP 作为备用泵，两台电动泵根据单双日选择作为主备份关系，备用泵在系统低压或大流量需求的时候启动工作，RAT 泵（冲压涡轮驱动泵）仅在 RAT 放下时驱动主飞控系统。

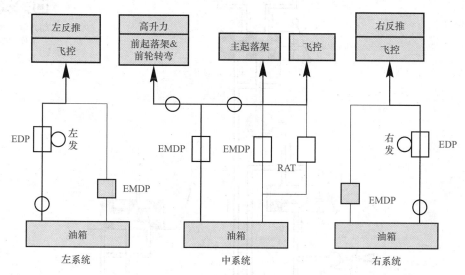

图 1-2-3　波音 B787 飞机液压系统

液压能源系统为飞控系统、高升力系统、发动机反推系统、起落架收放系统、前轮转弯系统提供液压能源。

1.2.3　工作滑台液压传动系统模型分析

为了更进一步根据功能了解液压系统的组成部分及功能，采用一个简化了的液压工作滑台的液压传动系统模型来分析。图 1-2-4 所示为一台简化了的工作滑台液压传动系统模型。

其工作原理如下：液压泵 4 由电动机驱动后，从油箱 1 中吸油。油液经过滤器 2 进入液压泵，在图 1-2-4（a）所示的状态下，通过换向阀 9、节流阀 13、换向阀 15 进入液压缸 18 左腔，推动活塞 17 使工作滑台 19 向右移动。这时，液压缸 18 右腔的油液经换向阀 15 和回油管 14 排回油箱。

如果将换向阀 15 的换向手柄 16 转换成图 1-2-4（b）所示的状态，则压力油管 10 中的油液将经过换向阀 9、节流阀 13 和换向阀 15 进入液压缸 18 右腔，推动活塞 17 使工作滑台 19 向左移动，并使液压缸 18 左腔的油液经换向阀 15 和回油管 14 排回油箱。

工作台的移动速度是通过节流阀 13 来调节的。当节流阀 13 开大时，进入液压缸 18 的油量增多，工作滑台 19 的移动速度增大；当节流阀 13 关小时，进入液压缸 18 的油量减小，工作滑台 19 的移动速度减小。这种现象说明了液压传动的一个基本原理——速度取决于流量。

如果将换向阀 9 的换向手柄转换成图 1-2-4（c）所示的状态，液压泵输出的油液经换向阀 9 流回油箱，这时工作台停止运动，液压系统处于卸荷状态。

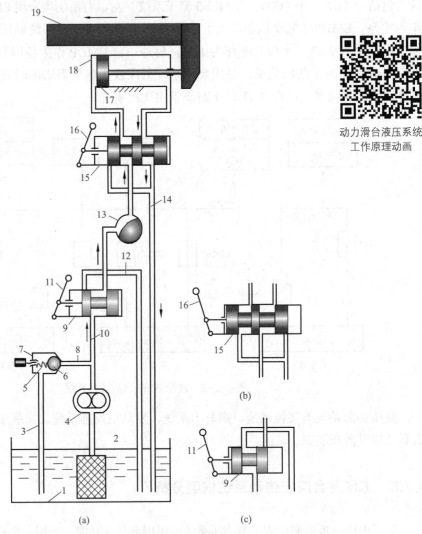

动力滑台液压系统
工作原理动画

图 1-2-4　工作滑台液压系统模型
1—油箱；2—过滤器；3、12、14—回油管；4—液压泵；5—弹簧；6—钢球；
7—溢流阀；8、10—压力油管；9、15—换向阀；11、16—换向手柄；
13—节流阀；17—活塞；18—液压缸；19—工作滑台

为了克服移动工作台时所受到的各种阻力，液压缸必须产生一个足够大的推力，这个推力是由液压缸中的油液压力所产生的。要克服的阻力越大，液压缸中的油液压力越高；反之油液压力就越低。这种现象说明了液压传动的另一个基本原理——压力取决于负载。

液压系统中工作的零部件都有一定的承载范围，当系统的工作压力超过这个承载范围时，就可能会出现安全事故，如管道爆裂、电机过热甚至烧毁等。液压系统一般采用设置安全阀的方法来限制系统的最大工作压力，保护设备和人员的安全。溢流阀 7 就可以起到安全阀的作用。

另外，液压系统要能正常工作，还必须有储存液压油的容器——油箱，有连接各元器件的管道，还得有过滤系统油液、防止杂质进入泵和液压系统的过滤器，另外，还有蓄能器、压力表等作为液压系统辅助元件。

液压传动系统的组成

1.2.4 液压传动系统的组成部分及功能

从平面磨床工作台液压传动系统的工作过程可以看出，液压传动是以液体为工作介质，通过动力元件将原动机的机械能转换为液体的压力能，然后通过管道、液压控制及调节装置等，借助执行元件，将液体的压力能转换为机械能，驱动工作负载实现直线往复运动或旋转运动。一个完整的、能够正常工作的液压系统，根据其功能来分类，应该包含以下 5 个部分：

（1）动力元件。动力元件是供给液压系统压力油，把机械能转换成压力能的装置。最常见的动力元件是液压泵。

（2）执行元件。执行元件是把压力能转换成机械能以驱动工作机构的装置。其形式有做直线运动的液压缸，有做回转运动的液压马达。

（3）控制元件。控制元件是对系统中的压力、流量或流动方向进行控制或调节的装置，如溢流阀、节流阀、换向阀等。

（4）辅助元件。在液压系统中除上述 3 部分外的其他各类组成元件，如油箱、过滤器、油管、压力表等。其作用是提供必要的条件使系统得以正常工作和便于监测控制。

（5）工作介质。工作介质是传递能量的流体，即液压油等。液压系统就是通过工作介质实现运动和动力传递的。

1.2.5 液压传动系统的图形符号表示方法

图 1-2-4 所示的工作滑台液压系统模型是一种半结构式的工作原理图，它具有直观性强、容易理解的优点，当液压系统发生故障时，根据原理图检查十分方便；但图形比较复杂，绘制比较麻烦。我国已经制定了一种用规定的图形符号来表示地面设备液压原理图中的各元件和连接管路的国家标准，即流体传动系统及元件图形符号和回路图国家标准，即《流体传动系统及元件　图形符号和回路图　第 1 部分：图形符号》（GB/T 786.1—2021）；另外，在航空航天领域，专门制定了航空航天液压、气动系统和组件图形符号国家标准，即《航空航天液压、气动系统和组件图形符号》（GB/T 30208—2013）。

图 1-2-5 所示为图 1-2-4 工作滑台液压系统模

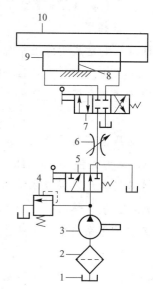

图 1-2-5　工作滑台液压系统用
图形符号绘制的原理图
1—油箱；2—过滤器；3—液压泵；
4—溢流阀；5、7—换向阀；6—节流阀；
8—活塞；9—液压缸；10—工作滑台

9

型用图形符号绘制的工作原理图。使用这些图形符号可使液压传动系统图简单明了，且便于绘图。

【重点知识考核】

1. 考核要点

（1）典型飞机液压系统的组成。

（2）液压传动系统根据功能分类的组成部分及其功能。

（3）液压传动中液压缸的运动速度取决于进入液压缸的液压油的流量大小。

（4）液压传动中液压系统的工作压力取决于工作负载的大小。

2. 考核例题

（1）简述空客系列飞机液压系统的组成。

（2）简述波音系列飞机液压系统的组成。

（3）根据功能分类，液压传动系统一般包括哪些组成部分？各部分的功能是什么？

（4）填空题。

①液压传动中液压缸的运动速度取决于进入液压缸的液压油的_____大小。

②液压传动中液压系统的工作压力取决于_____的大小。

③液压传动系统按照功能分类，包括 5 大组成部分：动力元件、_____、_____元件、辅助元件、工作介质。

④液压传动系统按照功能分类，包括 5 大组成部分，液压泵属于液压传动系统的_____元件，液压缸属于液压系统的_____元件。

（5）选择题。

①液压马达属于液压系统中的（　　　）元件。

A．动力 　　　　　B．执行 　　　　　C．控制 　　　　　D．辅助

②过滤器、压力表等属于液压系统中的（　　　）元件。

A．动力 　　　　　B．执行 　　　　　C．控制 　　　　　D．辅助

③液压油等属于液压系统中的（　　　）。

A．动力元件 　　　B．工作介质 　　　C．控制元件 　　　D．辅助元件

④液压传动是以液体的（　　　）来传递动力的。

A．压力能 　　　　B．动能 　　　　　C．势能 　　　　　D．化学能

⑤在液压系统中，将液体压力能转换为机械能的是（　　　）元件。

A．动力 　　　　　B．执行 　　　　　C．控制 　　　　　D．辅助

⑥在液压系统中，将电动机的机械能转换为液体压力能的是（　　　）元件。

A．动力 　　　　　B．执行 　　　　　C．控制 　　　　　D．辅助

任务 1.3　液压传动基础

【学习目标】

1. 掌握液压油的性质及污染防治措施；
2. 掌握静止液体的压力传递原理；
3. 了解流动液体的基本概念，掌握液体流动的连续性原理与连续性方程；
4. 掌握液体流动的伯努利方程及液体流速与压力之间的关系；
5. 了解液体流动时的压力损失及液压冲击与气穴等现象。

【情景引入】

飞机液压系统需要使用航空液压油（图 1-3-1），还必须定期检测更换液压油，那么，我们使用的液压油有何特性？液压油的污染问题如何防控？液压油是如何进行压力传递的？流动状态的液体其流动速度和压力有何关系？液体流动时压力损失、液压冲击和气穴又是如何产生的？

图 1-3-1　航空液压油

任务具体要求见表 1-3-1。

表 1-3-1　液压传动基础任务单

项目一	认识液压传动技术
任务 1.3	液压传动基础
布置任务	
学习目标	1. 掌握液压油的性质及污染防治方法； 2. 掌握静止液体的压力传递原理及压力的表示方法； 3. 了解流动液体的基本概念，掌握液体流动的连续性原理与连续性方程； 4. 掌握液体流动的伯努利方程及液体流速与压力之间的关系； 5. 了解液体流动时的压力损失及液压冲击与气穴等现象
任务描述	1. 通过液压油的性质理解液压油的选用及污染防治方法； 2. 通过帕斯卡原理理解静止液体的压力传递原理； 3. 通过流动液体的连续性方程与伯努利方程推导液体流速与压力之间的关系，理解液体流动时的压力损失及液压冲击与气穴等现象
任务分析	根据提供的学习资源，理解液压油的性质及其污染防治方法，掌握液体压力传递原理及压力表示方法；根据连续性方程与伯努利方程理解流动液体的流速与压力之间的关系，了解液体流动时的压力损失及液压冲击与气穴等现象

【相关知识】

1.3.1　液压油

在液压系统中，液压油作为工作介质，用来传递动力，并对液压元件进行润滑，有防腐、防锈功能，还可以对液压系统进行冷却。

液压油的特性（1）　液压油的特性（2）

1. 液压油的性质

（1）密度。单位体积液体的质量称为该液体的密度，用 ρ 表示。即

$$\rho = \frac{m}{V} \text{（kg/m}^3\text{）} \tag{1-3-1}$$

式中　m——液体的质量；

　　　V——液体的体积。

液体的密度随着液体的温度或压力变化而变化，对于液压传动中常用的液压油来说，在常用的温度和压力范围内，密度变化很小，可视为常数。一般液压油的密度 $\rho = 900\ \text{kg/m}^3$。

（2）可压缩性。液体受压力作用而发生体积减小的性质称为液体的可压缩性。由于液体抵抗压缩的能力很强，故在一般的液压系统中，基本不考虑压缩性，将液压油当作理想液体不可压缩。只有在研究液压系统的动态特性和高压（$p > 32\ \text{MPa}$）情况下，才考虑油液的可压缩性。为了迅速传递压力，液压油的可压缩性应尽可能小一些。液压油本身的压缩性是可以满足这一要求的。但是，如果液压油中含有气泡，其可压缩性将显著增大，这样就会引起传压迟缓，甚至使液压系统的工作受到破坏。因此，要求液压油中不含有气泡。

（3）润滑性。油液的润滑性，是指液体能够在两个附件的摩擦面之间形成一层"油膜"的特性。这层"油膜"覆盖着附件的表面，使它们的摩擦面不直接接触，因而可减小附件之间的摩擦力，并减小附件表面的磨损。飞机的液压系统是利用液压油来润滑的，所以，液压油必须具有良好的润滑性。

（4）黏性。黏性是指液体在外力作用下流动时，分子间的内聚力阻碍分子间的相对运动而产生内摩擦力的特性。静止液体则不显示黏性。

液体黏性的大小可用黏度来度量。黏性是液体的根本特性，黏度是选择液压油的重要指标。常用的黏度有动力黏度、运动黏度和相对黏度三种。

1）动力黏度（绝对黏度）μ。液体在外力作用下流动时，由于内聚力的作用，其流动受到牵制，且在流动截面上各点的流速不同。各层液体之间有相互牵制作用，这种相互牵制的力就是液体的内摩擦力或黏性力，用"F"表示。由试验测定可知，F与液层间的接触面积 A 及液层间的相对运动速度成正比，而与液层间的距离 $\mathrm{d}y$ 成反比，即

$$F=\mu A\frac{\mathrm{d}u}{\mathrm{d}y} \tag{1-3-2}$$

式中　μ——比例系数，称为动力黏度；

　　　$\dfrac{\mathrm{d}u}{\mathrm{d}y}$——速度梯度，即相对运动速度对液层距离的变化率。

式（1-3-2）又称为牛顿内摩擦定律，如图1-3-2所示。

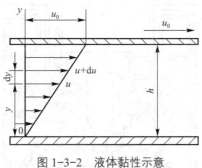

图1-3-2　液体黏性示意

动力黏度由式（1-3-2）可得

$$\mu=\frac{F}{A\dfrac{\mathrm{d}u}{\mathrm{d}y}} \tag{1-3-3}$$

物理意义：当速度梯度为1时接触液层间单位面积上的内摩擦力。

动力黏度的法定计量单位为帕·秒（Pa·s）或用 N·s/m^2 表示。

2）运动黏度 v。动力黏度 μ 与液体密度 ρ 之比称为运动黏度，即

$$v = \frac{\mu}{\rho} \qquad\qquad (1\text{-}3\text{-}4)$$

运动黏度的法定计量单位为 m²/s、斯（cm²/s、St）、厘斯（mm²/s、CSt）。它们之间的换算关系为 1 m²/s=10⁴ St=10⁶ CSt。由于单位中只有运动学要素，故称为运动黏度，它没有明确的物理意义。液压油的黏度等级就是以其 40 ℃时运动黏度的平均值来表示，如 L-HM32 液压油的黏度等级为 32，即 40 ℃时其运动黏度的平均值为 32 CSt。

3）相对黏度。相对黏度又称条件黏度，是采用特定的黏度计，在规定的条件下测得的液体黏度。根据测量条件不同，各国采用的相对黏度的单位也不同。我国、俄罗斯、德国等采用恩氏黏度°E，美国采用赛氏黏度 SSU，英国采用雷氏黏度 R。

恩氏黏度表示 200 mL 被测液体在 t ℃时，通过恩氏黏度计小孔（ϕ=2.8 mm）流出所需的时间 t_1，与同体积 20 ℃的蒸馏水通过同样小孔流出所需时间 t_2 的比值。工业上常用 20 ℃、50 ℃和 100 ℃作为测定恩式黏度的标准温度，分别以 °E20、°E50、°E100 表示。恩氏黏度计原理如图 1-3-3 所示。恩氏黏度计只能用来测定比水黏度大的液体。

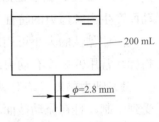

图 1-3-3 恩氏黏度计原理

恩式黏度与运动黏度（mm²/s）的换算关系为

$$v = \left(7.31° E_t - \frac{6.31}{° E_t}\right) \times 10^{-6} \qquad (1\text{-}3\text{-}5)$$

赛氏黏度是在温度为 100°F 下，测定 60 mL 的油液在自重作用下流过赛波尔特黏度计（图 1-3-4）中一个标准节流孔（孔径为 1.76 mm）所需的时间，这个时间称为该温度下油液的赛氏黏度，单位为赛氏通用秒（SSU）。

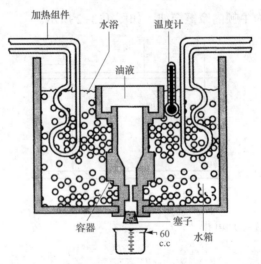

图 1-3-4 赛波尔特黏度计

当压力增大时，液体分子之间的距离减小，内聚力增大，其黏度也有所增加。液体黏度随压力变化的性质称为黏压特性。但对一般的液压系统来说，当压力在 32 MPa 以下且变化不大时，压力对黏度的影响较小，一般可忽略不计。

液体的黏度对温度很敏感，液体的温度升高其黏度下降。液体黏度随温度变化的性质称为黏温特性。图 1-3-5 所示是几种国产液压油的黏温特性曲线。

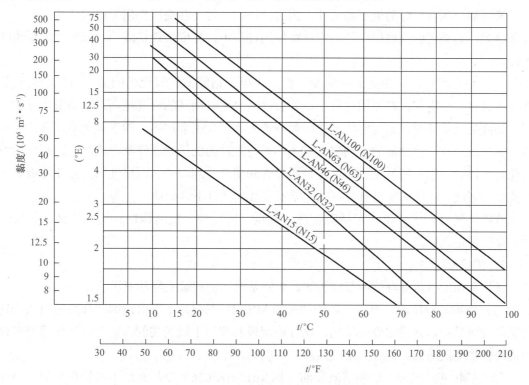

图 1-3-5　几种国产液压油的黏温特性曲线

根据润滑性要求，液压系统所用油液的黏度必须在合适的范围内，黏度过高或过低都会影响油液的润滑性。另外，黏度的高低对系统的功率损失也有重大影响：黏度过低，系统泄漏损失将增大，容积效率下降；而黏度太高，会造成较大的流动阻力和摩擦，即机械损失增大，机械效率下降。油液黏度大小对系统损失的影响如图 1-3-6 中的曲线所示。

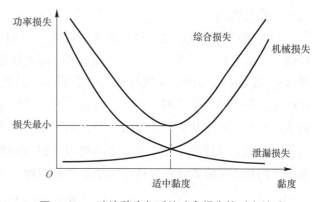

图 1-3-6　油液黏度与系统功率损失的对应关系

（5）耐燃性。衡量耐燃性的一般指标为闪点、着火点和自燃着火温度。油液的闪点是指在此温度下，液体能产生足够的蒸汽，在特定条件下以一个微小的火焰接近它们时，在油液表面上的任何一点都会出现火焰闪光的现象。着火点就是油液所达到的某一温度，在该温度下油液能连续燃烧 5 s（在有火焰点燃的情况下）。自燃着火温度就是指油液在该温度下会自动着火。

航空液压油必须具有良好的防火性能，主要是具有高的闪点。

（6）机械稳定性。油液的机械稳定性，是指液体在长时间的高压作用（主要是挤压作

15

用）下，保持其原有的物理性质（如黏性、润滑性等）的能力。油液的机械稳定性越好，在受到长时间的高压作用后，其物理性质的变化就越小。

液压油应具有良好的机械稳定性。因为液压油经常要在高压作用下通过一些附件的小孔和缝隙，如果它的机械稳定性不好，在使用过程中，黏度会很快减小，以致影响系统的工作。

（7）化学安定性。油液的化学安定性，主要是指液体抗氧化的能力。液压油内或多或少地含有一些空气，在使用过程中必然会逐渐氧化。油液的温度越高，它的氧化就越剧烈。油液受到扰动时，它与空气的接触面积增大，氧化也会加剧。油液氧化后，会产生一些黏稠的沉淀物，使油液的流动阻力增大，并使附件内的活动零件黏滞或堵塞油孔。油液氧化后，还会产生一些酸性物质，使金属导管和附件受到腐蚀，而腐蚀物又会使油液更快地变质。因此，液压油应具有良好的化学安定性，并且不含杂质。

液压油还有许多性质，包括防锈性、凝点、抗凝性、抗泡沫性、抗乳化性、热稳定性、水解稳定性等。

2．常见液压油

飞机常用的液压油有植物基液压油、矿物基液压油和磷酸酯基液压油。

（1）植物基液压油。植物基液压油（如 MIL-H-7644）主要由蓖麻油和酒精组成，具有刺鼻的酒精味，并通常染成蓝色。这种油液最初被用于较老式的飞机上，天然橡胶密封件适用植物基液压油。这种类型的油液是易燃的。

（2）矿物基液压油。矿物基液压油（如 MIL-H-5056）是从石油中提炼出来的，具有刺激性的气味，通常染成红色。这种类型的液压油适用于合成耐油橡胶密封件。这种类型的油液是可燃的。

（3）磷酸酯基液压油。磷酸酯基液压油（如 MIL-H-8446）是由多种磷酸酯和添加剂用化学方法合成，润滑性较好、凝固点低、防火性能好，广泛用于民航机上。现在应用较多牌号 Skydrol@-500A 的液压油为透明紫色，其他牌号的液压油颜色为绿色或琥珀色。磷酸酯基液压油比水的密度稍大，具有较宽的使用温度范围，为 $-65^\circ F \sim 225^\circ F$。磷酸酯基液压油非常易于从大气中吸收水分而被污染，因此必须有很好的密封。另外，它对聚氯乙烯、普通合成橡胶、油漆等非金属材料有很强的腐蚀性，液压系统中必须采用异丁烯橡胶或聚四氟乙烯橡胶做密封件。常用液压油的种类和特性见表 1-3-2。

表 1-3-2　常用液压油的种类和特性

特性 种类	颜色	耐燃性	黏度	稳定性	毒性	吸水性	适用的密封材料	应用
植物基	蓝色	易燃	大	低	无毒	小	天然橡胶	老式飞机
矿物基	红色	可燃	适中	较高	无毒	小	合成耐油橡胶	减震支柱
磷酸酯基	紫色	难燃	较小	高	低毒	大	异丁烯橡胶 聚四氟乙烯	大型客机

3．液压油的选用

（1）对液压油的要求。

1）合适的黏度和良好的黏温特性，使用温度范围宽；

2）良好的润滑性；

3）纯净度好，杂质少；

4）对系统所用金属及密封件材料具有良好的相容性；

5）对热、氧化水解都有良好的稳定性，使用寿命长；

6）抗泡沫性、抗乳化性和防锈性好，腐蚀性小；

7）比热和传热系数大，体积膨胀系数小，闪点和燃点高，流动点和凝固点低（凝点——油液完全失去其流动性的最高温度）；

8）对人体无害，对环境污染小，价格低。

（2）液压油的选择。液压油的选择，首先是选择液压油的品种，当品种确定后，再选择油液的黏度等级。在选择液压油时，要根据具体情况或系统的要求来选用黏度合适的油液。选择时一般考虑以下几个方面：

1）液压系统的工作压力。工作压力较高的液压系统宜选用黏度较大的液压油，以减少系统泄漏；反之，可选用黏度较小的液压油。

2）环境温度。环境温度较高时宜选用黏度较大的液压油。

3）运动速度。液压系统执行元件运动速度较高时，为减小液流的功率损失，宜选用黏度较小的液压油。

4）液压泵的类型。在液压系统的所有元件中，以液压泵对液压油的性能最为敏感，因为泵内零件的运动速度很高，承受的压力较大，润滑要求苛刻，温升高。因此，常根据液压泵的类型及要求来选择液压油的黏度。

4．液压油的使用注意事项

（1）对液压系统的防护。错误使用液压油，会导致液压系统性能下降甚至丧失全部功能，造成重大事故。为保证液压系统工作正常，在使用液压油时应注意以下事项：

1）不同规格的液压油绝不能混用。错误使用液压油可能会引起密封件、胶管和其他非金属部分迅速损坏，使系统无法使用。若加错液压油则应放出油液，冲洗油箱和系统，并更换可能损坏的密封件及软管。

维护飞机时，任何容器、试验及检测用具应与飞机所用液压油为同一型号。

2）保持油液必要的清洁度。为保持油液的清洁，首先，系统必须加装油滤，更换液压油时，要彻底清洗系统，加入的新液压油必须过滤；其次，机务人员在维护液压系统时，必须严格按规定实施操作，避免污染系统，要确保以下几点：

①保持所有工具和工作区（工作台和测试设备）与工作环境清洁，没有尘土；

②在拆开导管或部件之前，应用清洁剂清洁该部件的周围区域并吹干；

③所有的液压导管和部件在拆开之后，应立即用堵盖盖住或堵塞塞住；

④在安装任何液压附件之前，应用良好的纯净清洁剂清洗附件的所有部分，并在安装前将部件完全干燥并涂上推荐的防腐剂或液压油；

⑤在部件重新安装时，应该更换所有密封件和垫圈；这些密封件和垫圈应为制造工厂所推荐的型号；

⑥所有部件在连接时必须小心，以避免从有螺纹的部位剥落下来的金属碎片进入系统，所有附件和导管的安装与拧紧度应根据厂家提供的技术说明书进行。

3）防止系统进入空气。

①保证液压系统完全密封（特别是液压泵吸油管路），以防止吸入空气；

②为使系统中的空气得以排除，在维修后应排气；

③保证油箱的油量在规定范围内，防止油泵因油箱内油量过低而吸入空气。

（2）对其他系统和飞机结构的防护。在维护液压系统时，应避免液压油污染其他系统和飞机结构，尤其是轮胎、胶管等非金属结构和飞机表面的油漆涂层。在维护时，一旦发生油液溅出的情况，应立即用干净的抹布擦净，用肥皂水和热水彻底冲洗。

（3）对维护人员的防护。磷酸酯基油液有较强的毒性，对人体皮肤、眼睛和呼吸道黏膜有较强的刺激性。因此，在进行维护时，维护人员应该在手和胳膊上涂抹皮肤药膏，佩戴耐油手套，当有可能被油液喷溅到眼睛上时（如进行压力测试或元件渗漏），应该佩戴防护镜。

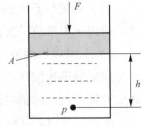
液体静力学基本规律

1.3.2　液体静力学基本知识

1．液体（静）压力 p

（1）液体（静）压力。液体静压力是指液体处于相对静止状态时的压力。液体（静）压力 p 的定义为液体单位面积上所受的法向作用力，如图 1-3-7 所示。

$$p=\frac{F}{A} \quad (\text{N/m}^2、\text{Pa}) \tag{1-3-6}$$

液体（静）压力在物理学上称为压强，在实际工程应用中习惯上称为压力。压力的国际单位为 Pa（帕）或 N/m²，1 MPa=10^6 Pa。其他压力单位还有 bar、atm（标准大气压）、at（工程大气压）、mmHg 等。

（2）液体（静）压力的特性。

1）液体（静）压力垂直于其承压面，其方向和该面的内法线方向一致。

图 1-3-7　液体压力计算

2）静止液体内任意一点所受到的静压力在各个方向上都相等（静止液体内任意一点所受的压力平衡）。

2．液体静力学基本方程

如图 1-3-8 所示，在一个开放的容器里面装满液体，设液面上的液体压力为 p_0，液体密度为 ρ，求液面深度为 h 处的液体压力值 p。取垂直小液柱为研究对象分析，液柱的底面面积为 ΔA，建立平衡方程可知：

$$p \Delta A=p_0 \Delta A+\rho g h \cdot \Delta A \tag{1-3-7}$$

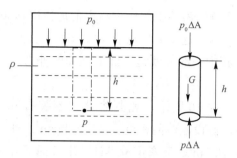

图 1-3-8　液体静压力学方程推算

将方程化简，则得到液体静力学基本方程。即

$$p=p_0+\rho gh \tag{1-3-8}$$

式中　p——静止液体中深度为 h 处的任意点上的压力；

　　　p_0——液面上的压力。

由液体静力学基本方程分析可得到以下结论：

（1）液体压力由液面上的压力 p_0 和液体自重形成的压力 ρgh 两部分组成。当容积不密封时，$p_0=p_a$（大气压）。

（2）随着深度 h 增大，压力 p 增大。

（3）连通器内，深度相同的液体各点的压力相等，称为等压面。等压面为一水平面。

3．压力的表示方法

根据度量基准的不同，压力的表示方法有两种，分别是绝对压力和相对压力。绝对压力是以绝对真空（零压）为基准度量；相对压力是以大气压力为基准度量。

绝对压力和相对压力的关系如图 1-3-9 所示。

从图 1-3-9 可以看出，绝对压力和大气压力的关系，如果绝对压力大于大气压力，则绝对压力、大气压力和相对压力的关系如下：

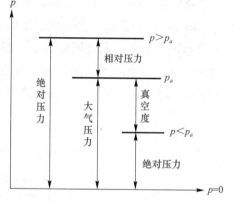

图 1-3-9　绝对压力和相对压力的关系

　　　　绝对压力 $p=$ 大气压力 p_a+ 相对压力

如果绝对压力小于大气压力，则此时相对压力为负值，则其关系如下：

$$大气压力 - 绝对压力 =|- 相对压力 |= 真空度$$

此时相对压力的绝对值称为真空度。真空度是正值，平时压力表上看到的表压力是指相对压力。

国际上所用的压力单位为帕斯卡，简称帕（Pa），即牛顿 / 平方米（N/m²）。

4．静止液体内压力传递原理

若在处于密封容器中静止液体的部分边界面上施加外力使其压力发生变化，只要液体仍保持其原来的静止状态不变，则液体中任一点的压力均将发生同样大小的变化。这就是说，在密闭容器内，施加于静止液体上的压力将等值地传递到液体各点。这就是帕斯卡原理，或称为静压传递原理。其实这个原理从静力学方程中已得到解释，液体内部任意一点的压力都由两部分构成，其中一部分就是界面上施加的外力造成的压力。

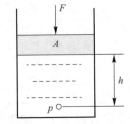

【例 1-3-1】 如图 1-3-10 所示，密封容器内容装有液体，液体上面用活塞密封，假设液体的密度 $\rho=1\,000\ \text{kg/m}^3$，外力作用 $F=1\,000\ \text{N}$，$A=1\times10^{-2}\ \text{m}^2$，活塞重量不计，求液面下方深度 $h=1\ \text{m}$ 处的压力。

图 1-3-10　帕斯卡原理例题

【解】 根据液体静力学方程可知，深度 h 处的压力分为液面以上的压力和液体本身的压力，那么液面上的压力 p_0 为

$$p_0=F/A$$

$$p_0=1\,000/(1\times10^{-2})=1\times10^5\ （\text{Pa}）$$

那么，深度 h 处的压力 p 为

$$p=p_0+\rho gh$$

$$p=1\times10^5+1\,000^3\times10\times1\ \text{m}=1.1\times10^5\ （\text{Pa}）$$

从上面的例题中可以看出，液体本身的自重所产生的那部分静压力占比很小。如果忽略液体本身自重，则可以得到两个结论。

结论 1：静止液体内各点处压力相等。

结论 2：液体内的压力是由外界负载作用所形成的，即液体内的压力取决于外界负载，这是液压传动中的一个重要的基本概念。

图 1-3-11 所示的是应用帕斯卡原理的实例。图中大小两个液压缸由连通管相连构成密闭容积。其中，大液压缸活塞面积为 A_1，作用在活塞上的负载为 F_1，液体所形成的压力 $p=F_1/A_1$。由帕斯卡原理可知，小活塞处的压力也为 p，若小活塞面积为 A_2，则为防止大活塞下降，在小活塞上应施加的力为

$$F_2=pA_2=\frac{A_2}{A_1}F_1 \tag{1-3-9}$$

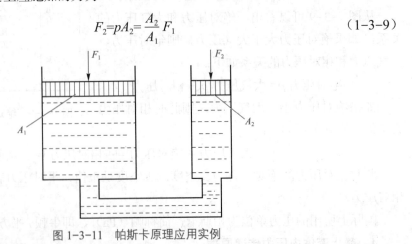

图 1-3-11　帕斯卡原理应用实例

由式（1-3-9）可知，由于 $(A_2/A_1)<1$，所以用一个小的推力 F_2，就可以推动一个比较大的负载 F_1。液压千斤顶就是根据这一原理制成的。从负载和压力的关系还可以发现，

活塞上的负载 F_1=0 时，不考虑活塞自重和其他阻力，则无论怎样推动小液压缸的活塞，也不能在液体中形成压力，这说明液体内的压力是由外负载决定的。

1.3.3 液体动力学基础

液体动力学基础

1. 理想液体和实际液体

理想液体是指无黏性又不可压缩的假想液体；实际液体是指具有一定黏性且可以被压缩的液体。

2. 恒定流动和非恒定流动

在打开水龙头时，可以看到自来水的流出速度并不是一个恒定值，这与自来水的压力有关，根据液体在流动过程中压力、流速和密度是否变化，可将液体的流动分为两种流动状态，分别是恒定流动和非恒定流动。

（1）恒定流动。恒定流动是指液体在流动过程中任一点的压力、流速和密度都不随时间而变化。如图 1-3-12（a）所示，容器里面的液体流出口处的压力、流速、密度是不随着时间变化而变化的。

（2）非恒定流动。非恒定流动是指液体在流动过程中压力、速度和密度中任一个随时间变化而变化。如图 1-3-12（b）所示，容器里面的液体，流出口处的压力和流速是随着时间变化而变化的。

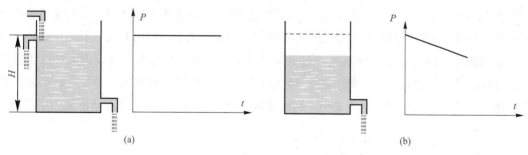

图 1-3-12 恒定流动与非恒定流动

（a）恒定流动；（b）非恒定流动

3. 通流截面、流量和平均流速

（1）通流截面是指垂直于流动方向的截面。如图 1-3-13 所示，液体沿着管道流通，那么垂直于液体流动方向的横截面 A，称为通流截面。

（2）流量是指单位时间内流过某一通流截面的流体体积。常用 q_v 表示，即

$$q_v = \frac{V}{t} \qquad （1-3-10）$$

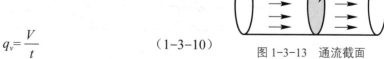

图 1-3-13 通流截面

式中　q_v——液体流量，其法定单位为立方米 / 秒（m^3/s），工程中常用升 / 分钟（L/min）表示；

　　　V——时间 t 内流过某一通流截面的液体体积（m^3、L）；

　　　t——时间，秒、分钟（s、min）。

（3）平均流速：假设通流截面上各点的流速均匀分布，平均流速 v 是液体在单位时间内移动的距离，即

$$v=\frac{q_v}{A} \qquad (1-3-11)$$

式中　q_v——液体流量，立方米/秒（m^3/s）、升/分钟（L/min）；

　　　A——液体流过的横截面面积（m^2）；

　　　v——液体的平均流速（m/s）。

在实际工程中，平均流速才具有应用价值。在液压缸工作时，活塞的运动速度就等于缸内液体的平均流速。当液压缸的有效面积一定时，根据式（1-3-11）可知，活塞的运动速度 v 由进入液压缸的流量 q_v 决定，即速度取决于流量，这是液压传动中的另一个重要的基本概念。

4．液体的流态

液体的流动会呈现出两种不同的状态，分别是层流和紊流。可以通过物理现象观察出来，即雷诺试验。其试验装置如图1-3-14（a）所示。容器6和容器3中分别装满了水和密度与水相同的红色液体，容器6由水管2供水，并由溢流管1保持液面高度不变。打开阀8使水从玻璃管7中流出，这时打开阀4，红色液体也经细导管5流入水平玻璃管7。调节阀8使玻璃管7中的流速较小时，红色液体在玻璃管7中呈一条明显的直线，将细导管5的出口上下移动，则红色直线也上下移动，而且这条红线和清水层次分明，不相混杂，如图1-3-14（b）所示，液体的这种流动状态称为层流。当调整阀8使玻璃管中的流速逐渐增大至某一值时，可以看到红线开始出现抖动而呈波纹状，如图1-3-14（c）所示，这表明层流状态被破坏，液流开始出现紊乱。若玻璃管7中的流速继续增大，红线消失，红色液体便会与清水完全混杂在一起，如图1-3-14（d）所示，表明管中液流完全紊乱，这时的流动状态称为紊流。如果将阀8逐渐关小，当流速减小至一定值时，水流又重新恢复为层流。

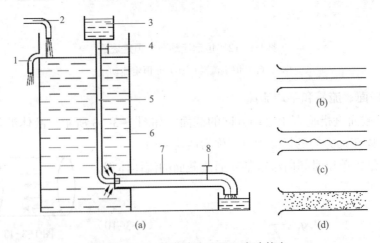

图1-3-14　雷诺试验装置及流动状态

（a）雷诺实验装置；（b）层流；（c）抖动；（d）紊流

1—溢流管；2—水管；3、6—容器；4、8—阀；5—细导管；7—玻璃管

层流与紊流是两种不同性质的流动状态。层流时液体流速较低，液体质点间的黏力起主导作用，液体质点受黏性的约束，不能随意流动；紊流时液体流速较高，液体质点间黏性的制约作用减弱，惯性力起主导作用。

液体的层流和紊流往往受到流速、管道直径、管道长度的影响，通过试验得到了一个影响液体流态的临界系数，称为雷诺系数 Re。

$$Re = \frac{vd}{v} \qquad (1-3-12)$$

式中　v——流速（m/s）；

　　　d——管道直径（mm）；

　　　v——运动黏度（mm²/s）。

每种不同材料的管道都有临界诺系数 Re_c，其是判断紊流转变为层流的依据。当 $Re < Re_c$ 时为层流；当 $Re \geq Re_c$ 时为紊流。表 1-3-3 是典型管道的临界雷诺系数值。

表 1-3-3　典型管道的临界雷诺系数值

管道材料与形状	Re_c	管道材料与形状	Re_c
光滑的金属圆管	2 320	带环槽的同心环状缝隙	700
橡胶软管	1 600～2 000	带环槽的偏心环状缝隙	400
光滑的同心环状缝隙	1 100	圆柱形滑阀阀口	260
光滑的偏心环状缝隙	1 000	锥状阀口	20～100

5. 流动液体的质量方程——连续性方程

根据质量守恒定律可知，单位时间内流过管道任一通流截面的液体质量相等，即 $M_1 = M_2$，所以 $qv_1 = qv_2$，即液体流经连通管道任一截面的流量相等，进一步推导得到连续性方程，即

$$v_1 A_1 = v_2 A_2 = qv = 常数 \qquad (1-3-13)$$

式中　v——流速（m/s）；

　　　A_1，A_2——通流面积（mm²）。

流量连续性方程是质量守恒定律在流体力学中的一种表达形式。根据连续性方程可知，恒定流动中流过各截面的不可压缩流体的流量是不变的，液体流速与通流截面面积成反比。

6. 流动液体的能量方程——伯努利方程

（1）理想液体的伯努利方程。伯努利方程实际上就是能量守恒定律在液体力学中的一种表达形式。如图 1-3-15 所示，理想液体从 1 截面流到 2 截面的过程中，它的压力能、动能、势能之和是守恒的，这三种形式的能可以互相转换。推导得到

$$p_1 + \rho g h_1 + 1/2 \rho v_1^2 = p_2 + \rho g h_2 + 1/2 \rho v_2^2 \qquad (1-3-14)$$

压力能、位能和动能之和为常数，即

$$p + \rho g h + 1/2 \rho v^2 = 常数 \qquad (1-3-15)$$

这就是流动液体的能量方程——伯努利方程。

通过伯努利方程可知：理想液体在管道中流动时，具有3种形式的能量，即压力能、动能、位能；各个通流截面上，3种能量之和恒为定值；3种能量可以相互转化。

（2）实际液体的伯努利方程。实际液体因黏性等因素存在能量损失 ΔpW，当截面上的流速不均匀，则引入动能修正系数 α，当紊流时，取 $\alpha=1$；当层流时，取 $\alpha=2$。所以，实际液体的伯努利方程为

$$p_1+\rho gh_1+1/2\rho v_1^2\alpha_1=p_2+\rho gh_2+1/2\rho v_2^2\alpha_2+\Delta pW$$

（1-3-16）

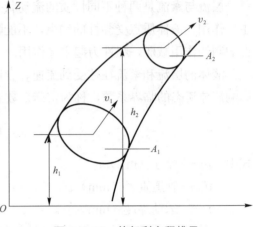

图 1-3-15　伯努利方程推导

【例 1-3-2】　如图 1-3-16 所示，试分析变截面水平管道内液体各截面上的压力，并进行比较（已知 $A_1 > A_2 > A_3$）。

【解】　因 $A_1 > A_2 > A_3$，由连续性方程可得 $v_1 < v_2 < v_3$。

由理想液体伯努利方程可得 $p_1 > p_2 > p_3$。

从上面的例题中可以得到一个结论：液体在水平管中流动时，截面小处液体的流速高、压力低；截面大处液体的流速低、压力高。固定翼飞机的升力就是这样得到的（图 1-3-17）。

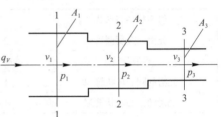

图 1-3-16　例题 1-3-2 图

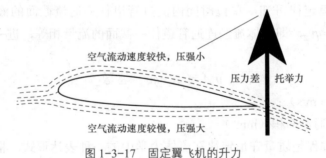

空气流动速度较快，压强小

压力差　托举力

空气流动速度较慢，压强大

图 1-3-17　固定翼飞机的升力

1.3.4　压力损失

由式（1-3-16）中实际液体的伯努利方程可知，液体流动时会产生压力损失，包括沿程压力损失和局部压力损失。液体在等直径管中流动时因黏性摩擦而产生的损失，称为沿程压力损失；液体流经管道的弯头、接头、突然变化的截面及阀口等处时，液体流速的大小和方向将急剧发生变化，因而会产生漩涡，并发生强烈的紊动现象，于是产生流动阻力，由此造成的压力损失称为局部压力损失。整个管路系统的总压力损失应为所有沿程压力损失和所有局部压力损失之和。在液压传动系统中，绝大多数压力损失会转变为热能，造成系统温度增高、泄漏

液压系统压力损失

增大，影响系统的工作性能。减小流速，缩短管道长度，减少管道截面突变，提高管道内壁的加工质量等，都可使压力损失减小。其中，流速的影响最大，故液体在管路中的流速不应过高。

1.3.5　液压冲击、气穴与气蚀

液压冲击、气穴、气蚀现象

在液压传动系统中，常常由于一些原因而使液体压力突然急剧上升，形成很高的压力峰值，这种现象称为液压冲击。系统中出现液压冲击时，液体瞬时压力峰值可以比正常工作压力大好几倍。液压冲击会损坏密封装置、管道或液压元件，还会引起设备振动，产生很大噪声。有时冲击会使某些液压元件如顺序阀等产生误动作，影响系统正常工作。

在流动的液体中，由于压力过分降低（低于其空气分离压）而有气泡形成的现象称为气穴现象。气穴的产生破坏了油液的连续状态。当所形成的气泡随着液流进入高压区时，气穴体积将急速缩小或溃灭。这一过程瞬时发生，从而产生局部液压冲击，其动能迅速转变为压力能及热能，使局部压力及温度急剧上升（局部压力可达数百甚至上千大气压，局部温度可达 1 000 ℃），并引起强烈的振动及噪声。过高的温度将加速工作油液的氧化变质。如果该局部液压冲击作用在金属表面上，金属表面在反复液压冲击、高温及游离出来的空气中氧的侵蚀下将产生剥蚀，这种现象通常称为气蚀。

【重点知识考核】

1．考核要点

（1）液压油的性质。

（2）液体静力学基本知识。

（3）流体动力学基本知识。

（4）压力损失与液压冲击。

2．考核例题

（1）一个真空密封箱中装有一定量的油，则液面上的压力为多少？

（2）平时所用的压力表上显示的压力为绝对压力还是相对压力？

（3）千斤顶可以实现较小的力提升较重的物体，这里涉及液压传动的哪个原理？

（4）如图 1-3-18 所示，现在建立了一个简单的液压系统，忽略摩擦力、油自重、活塞重，假设活塞受到 3 种不同的负载作用，其受力情况如图 1-3-18 所示，根据外界负载 F，分析液压缸内的液体压力各为多少？并根据分析，得出相应的结论。

（5）如图 1-3-19 所示，不计液压油自重及活塞、缸体重量，求两种情况下液压缸内的压力。

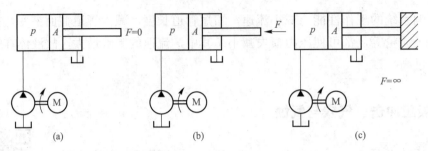

图 1-3-18 习题（4）图

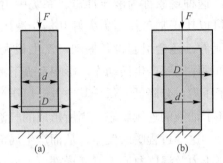

图 1-3-19 习题（5）图

（6）如图 1-3-20 所示，液压泵以 q_v 的流量向液压缸左腔供油，已知的参数为 $d_1=d_2$、d、D、q_v，求 v_1、v_2、v。并比较 v_1、v_2 的大小。

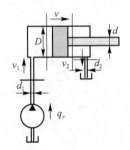

图 1-3-20 习题（6）图

（7）选择液压油主要考虑哪些因素？

（8）管路中的压力损失有哪几种？各受哪些因素的影响？

（9）简述连通管道中流动液体的流速与压力之间的关系。

液压元件选用及液压基本回路分析

任务 2.1　液压动力元件选用

【学习目标】

1. 掌握容积式液压泵的工作原理；
2. 掌握齿轮泵的种类、主要结构、工作原理及特点；
3. 掌握柱塞泵的种类、主要结构、工作原理及特点；
4. 掌握叶片泵的种类、主要结构、工作原理及特点。

【情景引入】

从系统的功能观点来看，液压系统可分为液压源系统和工作系统两大部分。

液压源系统包括液压泵、油箱、油滤系统、冷却系统、压力调节系统及蓄能器等。在结构上有分离式与柜式两种。飞机液压源系统多为分离式［图 2-1-1（a）］；而柜式液压源系统［图 2-1-1（b）］多用于地面设备，且已形成系列化产品，在标准机械设计中可对液压源系统进行整体选用。

飞机发动机驱动泵

飞机电力驱动泵

飞机空气驱动泵

飞机手摇泵

（a）

（b）

图 2-1-1　液压源系统
（a）分离式；（b）柜式

液压源系统的功能是建立足够的压力以克服负载，提供足够的流量以满足执行元件运动速度的要求。液压源系统中的关键元件液压泵该如何选择？有哪些种类？它们是如何工作的？各自有何特点？

任务具体要求见表 2-1-1。

表 2-1-1　液压动力元件选用任务单

项目二	液压元件选用及液压基本回路分析
任务 2.1	液压动力元件选用
布置任务	
学习目标	1. 掌握容积式液压泵的工作原理及图形符号； 2. 掌握齿轮泵的种类、结构、工作原理及特点； 3. 掌握柱塞泵的种类、结构、工作原理及特点； 4. 描述叶片泵的种类、结构、工作原理及特点
任务描述	根据提供的液压泵工作原理图，说明各液压泵的主要结构及工作原理
任务分析	根据提供的学习资源，分析各类液压泵的主要结构及工作原理，了解各类液压泵的主要特点及应用

【相关知识】

液压泵是液压源系统的动力元件，它由原动机驱动，把输入的机械能转换成油液的压力能输入系统，为系统的工作提供动力。飞机液压源系统常用的液压泵都是容积式液压泵。

2.1.1　液压泵概述

2.1.1.1　液压泵的分类

液压泵概述

液压泵可以根据结构形式、流量可调性和流动方向是否可以改变进行分类，具体的分类方法如图 2-1-2 所示。

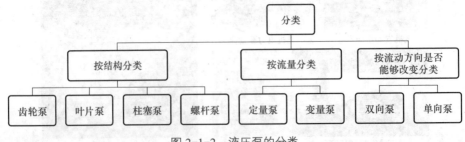

图 2-1-2　液压泵的分类

按泵的压力进行分类，可分为低压泵、中压泵、中高压泵、高压泵和超高压泵。具体的压力值范围见表 2-1-2。

表 2-1-2　按照压力进行分类

类型	压力值范围 /MPa	类型	压力值范围 /MPa
低压泵	≤ 2.5	高压泵	> 16 ～ 32
中压泵	> 2.5 ～ 8	超高压泵	> 32
中高压泵	> 8 ～ 16		

　　根据流量可变性和流动方向是否可以改变，泵总共分为 4 大类，分别是单向定量泵、单向变量泵、双向定量泵和双向变量泵。4 类液压泵的图形符号如图 2-1-3 所示。

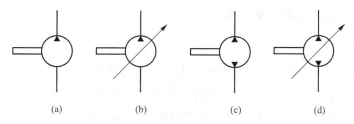

图 2-1-3　液压泵的图形符号
（a）单向定量泵；（b）单向变量泵；（c）双向定量泵；（d）双向变量泵

2.1.1.2　容积式液压泵工作原理

图 2-1-4 所示为容积式液压泵的工作原理图。

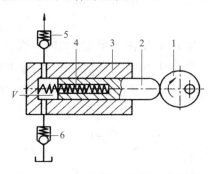

图 2-1-4　容积式液压泵的工作原理
1—偏心轮；2—柱塞；3—泵体；4—弹簧；5、6—单向阀；V—密封容积

　　泵体 3 和柱塞 2 构成一个密封空间 V，偏心轮 1 由原动机带动旋转，偏心轮转动时，柱塞在偏心轮和弹簧 4 的作用下左右移动。当柱塞向右移动时，密封容积逐渐增大，形成局部真空，油箱中的油液在大气压的作用下经单向阀 6 和油管吸入泵体密封空间，实现吸油；当柱塞向左移动时，密封容积逐渐减小，已吸入的油液受到挤压，受压的油液将单向阀 6 关闭（防止油液倒流回油箱），并且顶开单向阀 5 进入液压系统，实现压油。这样，液压泵就将原动机输入的机械能转换成液体的压力能。原动机驱动偏心轮不断旋转，液压泵就不断地吸油和压油。

　　由此可见，液压泵是通过密封空间容积的周期性变化来实现吸油和压油的。其排油量的大小取决于密封空间容积的变化量，故这种泵又称为容积式液压泵。

根据容积式液压泵的工作原理分析可知，容积式液压泵能够正常工作的条件如下：

（1）具有若干个密封且又可以周期性变化的密封空间。密封空间变大时，形成一定的真空度完成吸油；密封空间变小时，油液受到挤压排到系统中，完成压油。

（2）油箱内液体的绝对压力必须恒等于或大于大气压力。这是液压泵正常工作的外部条件。为保证液压泵能正常吸油，油箱必须与大气相通，或采用密闭的充压油箱。飞机液压系统一般采用充压油箱。

（3）具有相应的配流装置。配流装置能保证当密封空间变大时和吸油管相连，密封空间变小时和排油管相连。图 2-1-4 中的单向阀 5、6 就起此作用，是配流装置的一种。

2.1.1.3 液压泵的主要性能参数

1．液压泵的压力

液压泵压力可分为工作压力 p、额定压力 p_n、最高允许压力 p_{max}。

（1）工作压力 p：泵工作时输出油液的实际压力，其大小取决于外负载。

（2）额定压力 p_n：泵在工作中允许达到的最大工作压力，液压泵铭牌上标注的压力为额定压力值。

（3）最高允许压力 p_{max}：允许泵短暂运行的最高压力值 $p_{max}=1.1p_n$。

泵的工作状态：当 $p \leqslant p_n$ 时，泵正常工作；当 $p > p_n$ 时，泵过载。

2．排量和流量

排量 V 是指泵轴每转的排油体积（mL/r、mm^3/r），其大小取决于泵中密封容积的几何尺寸。

液压泵的流量分为理论流量 Q_{th}、实际流量 Q_{ac} 和额定流量 Q_n。其定义如下：

（1）理论流量 Q_{th} 是指泵单位时间内的排油体积，流量的单位为 m^3/s 或 L/min。如液压泵 1 min 内理论上设计排出液体的体积为 5 L，那么该液压泵的理论流量为 5 L/min。其计算公式为

$$Q_{th}=V \cdot n \qquad\qquad (2-1-1)$$

式中　V——液压泵的排量（mL/r）；

　　　n——液压泵的转速（r/min）。

（2）实际流量 Q_{ac} 是指泵工作时的实际输出流量，由于在实际工作过程中，泵不可能 100% 实现密封，会存在一定的泄露，假设泄漏量为 ΔQ，则实际流量与理论流量的关系为

$$Q_{ac}=Q_{th}-\Delta Q \qquad\qquad (2-1-2)$$

式中　Q_{th}——理论流量（L/min）；

　　　ΔQ——泄漏量（L/min）。

（3）额定流量（铭牌流量）Q_n 是指泵正常工作时，能达到的最大输出流量。

理论流量 Q_{th}、实际流量 Q_{ac} 和额定流量 Q_n 的关系为 $Q_{ac} \leqslant Q_n < Q_{th}$。

3．功率

功率是指物体在单位时间内所做的功的多少，即功率是描述做功快慢的物理量。泵的功率有输入功率和输出功率，根据前面的分析可知，泵存在泄露和自身摩擦等因素，所以

存在能量损失，一般输入功率大于输出功率。

机械输出功率 P_{ac} 是各类能源或能源转换设备（如动力、照明设备）向外输出的能量与时间的比值，即单位时间内能源或设备向外界提供的能量。

$$P_{ac}=p \cdot Q_{ac} \qquad (2\text{-}1\text{-}3)$$

式中　p——输出压力值（Pa）；

　　　Q_{ac}——实际流量（L/min）。

输入功率 p_m 是指设备所吸收的功率。其计算公式为

$$P_m=\omega \cdot T_{ac} \qquad (2\text{-}1\text{-}4)$$

式中　ω——角速度（rad/s）；

　　　T_{ac}——转矩（N·m）。

4．效率

液压泵的效率可分为容积效率 η_v、机械效率 η_m 和总效率。

（1）容积效率 η_v 是指泵的实际流量与理论流量之比。

$$\eta_v=Q_{ac}/Q_{th} \qquad (2\text{-}1\text{-}5)$$

（2）机械效率 η_m 是指理论转矩与实际输入转矩之比。

$$\eta_m=T_{th}/T_{ac} \qquad (2\text{-}1\text{-}6)$$

（3）总效率：

$$\eta=P_{ac}/P_m=\eta_v \cdot \eta_m \qquad (2\text{-}1\text{-}7)$$

【例 2-1-1】　液压泵的额定流量为 100 L/min，额定压力为 3 MPa，当转速为 1 450 r/min 时，机械效率 $\eta_m=0.9$。由试验测得，当泵出口压力为零时，流量为 105 L/min，当压力为 3 MPa 时，流量为 100.5 L/min，试求泵的容积效率。

【解】　根据定义可知，容积效率是指泵的实际流量 Q_{ac} 与理论流量 Q_{th} 之比。根据题干可知，当泵出口压力为零时，流量为 105 L/min，此流量为理论流量 Q_{th}，当压力为 3 MPa 时，流量为 100.5 L/min，此流量为实际流量 Q_{ac}。将其代入式（2-1-5）可得

$$\eta_v=100.5/105=0.957$$

即该泵的容积效率为 0.957。

2.1.2　齿轮泵

在现代飞机液压源系统中，中低压系统多采用齿轮泵，如飞机滑油系统用的就是齿轮泵。按其齿轮啮合方式的不同，齿轮泵可分为外啮合齿轮泵和内啮合齿轮泵两类。其中以外啮合齿轮泵应用最广。

2.1.2.1　外啮合齿轮泵

1．工作原理

在外啮合齿轮泵壳体内装有一对互相啮合的齿轮，齿轮和泵体及与齿轮前后端面贴合的前后端盖间形成密封工作腔，齿轮啮合线又将它们分隔

齿轮泵

成两个互不相通的吸油腔和压油腔，如图2-1-5所示。当电动机驱动主动齿轮按图示箭头方向旋转时，吸油腔的轮齿逐渐脱开啮合，使吸油腔的密封容积逐渐增大，形成局部真空，油箱中的油液在大气压的作用下，经吸油腔吸入齿间，并被旋转的齿轮带到压油腔。压油腔的轮齿逐渐进入啮合，使压油腔的密封容积逐渐减小，齿间的油液被挤出，经压油口输入系统。齿轮不断旋转，吸油、压油过程便连续进行。

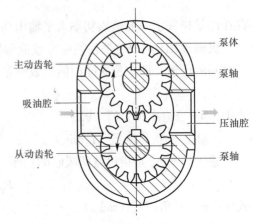

图2-1-5　外啮合齿轮泵工作原理

2. 存在的问题

由于外啮合齿轮泵采用了普通齿轮的轮齿啮合泵油结构，使其出现以下几个问题：

（1）内泄漏较严重。齿轮泵存在着较为严重的内泄漏，使泵的容积效率下降。其内泄漏主要出现在齿轮的端面泄漏、齿轮的径向泄漏和齿轮的啮合区泄漏3个部位，如图2-1-6所示。

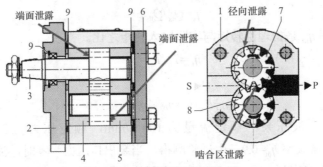

图2-1-6　齿轮泵内泄露位置

1—泵体；2—前端盖；3—传动轴；4—前轴套；5—后轴套；
6—后端盖；7—主动齿轮；8—从动齿轮；9—密封圈

内泄漏量最大的部位是齿轮的端面间隙所引起的端面泄漏，据试验统计，经齿轮的两端面所造成的泄漏量可占泵的总内泄漏量的75%～80%，其根本原因是这部分泄漏的面积大，泄漏途径短。齿轮与端盖间的间隙越大，内泄漏量就越大，而过小的端部间隙又容易造成齿轮工作受热膨胀后挤死在两端盖之间，所以，齿轮的轴向间隙与内泄漏是一对不可避免的结构矛盾。

齿轮的径向泄漏是指齿轮的齿顶与壳体内腔之间留有较大的径向间隙，它也是为防止齿体受热膨胀而预留出的膨胀空间，这一间隙的存在降低了各齿间密封容积的相互密封的程度，但由于从最左边的压力腔到最右边的吸油腔，压力是逐渐递减的，泄漏的油液要经过多个密封的齿间才能到达吸油腔，再加上齿轮高速旋转的带动，能够泄漏到吸油腔的径向泄漏量所剩无几，一般这部分泄漏只占泵总泄漏量的15%左右。

齿轮的啮合区泄漏是指高压的油液通过齿的啮合面强行窜入低压区，这往往是由于齿形误差和齿轮啮合的偏载所致，这部分泄漏量一般占到泵的总泄漏量的5%左右。

在这三类间隙中，端面间隙的泄漏量最大。压力越高，由间隙泄漏的液压油就越多，因此，齿轮泵适用低压液压系统，一般压力 $p < 8\,MPa$。

对以上泄漏问题解决的基本思路：严格控制齿轮泵各部分的配合间隙，保证齿轮和轴承的制造与装配精度，防止过大的间隙与偏载。但是，采用较严格的小间隙只能够解决新泵的端面泄漏，随着泵的使用和磨损，其端面间隙仍然很快会增大，为提高齿轮泵的工作压力，减小端面泄漏，有些泵采用了齿轮端面间隙自动补偿的方法，利用压力油或弹簧力来减小或消除两齿轮的端面间隙。

如图 2-1-7 所示，在两齿轮的左、右两端分别设置了浮动轴套 1 和 2，并利用特制的通道将泵内压油腔的压力油引导到浮动轴套 1 和 2 的外

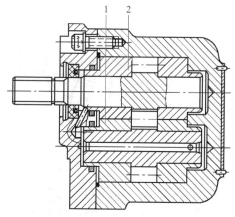

图 2-1-7　采用浮动轴套消除端面间隙
1、2—浮动轴套

侧，借助液压作用力，使两轴套压向齿轮端面，使轴套始终自动贴紧齿轮端面，从而减小了泵内齿轮端面的泄漏，达到减少泄漏、提高压力的目的。

（2）有困油现象。齿轮泵要平稳工作，齿轮啮合的重叠系数必须大于1，也就是说在一对齿轮即将脱开啮合之前，后面的一对轮齿要进入啮合，这样，在两对轮齿同时啮合的这一部分区域内，会有一部分油液滞留在两齿的重叠区之间，如图 2-1-8（a）所示。随着齿轮的不断回转，后一对齿要不断地进入啮合，这就意味着刚进入啮合的齿要与对面的齿槽发生对挤，而此时被啮合齿槽由于两齿的齿厚相等的结构条件，基本上是处于封闭状态，如图 2-1-8（b）所示，所以，这部分被困在齿槽中的油液将由于齿的不断啮入运动和齿槽密封空间的不断减小而受到强烈挤压，如图 2-1-8（c）所示。由于油液的可压缩性极小，被困油的压力会急剧上升，这部分油液会寻找任何一处缝隙向外部拼命挤出，甚至阻碍齿轮的继续转动，挤压的油液给齿轮带来了极大的径向力。在转过啮合节点 P 后，如图 2-1-8（d）所示，各齿要逐渐脱出啮合，封闭的齿槽空间不断地扩大，这会造成该封闭空间的真空负压，如果没有油液及时地补充进来，会使油液中的空气分离析出，造成油液产生气穴，引起振动和噪声。

以上现象发生在每一对齿的啮合区内，这种由于齿厚相等而使被封闭在齿间的油液先挤压后真空负压的现象，称为齿轮泵的困油现象。

困油现象严重影响泵的工作稳定性和使用寿命，当封闭容积减少时油压急剧升高，轴及轴承等机件会受到额外负载；当封闭容积增大时产生气穴，引起噪声、振动和气蚀，所以，需要设法消除齿轮泵的困油现象。

目前消除困油的方法通常如下，在齿轮泵的两侧端盖上铣两条卸荷槽，如图 2-1-8（e）所示，当困油受到强烈挤压时，使挤压空间通过卸油槽与压油腔相连通；而当困油区形成真空负压时，使其与吸油腔相通，这样可以部分解决困油问题。

（3）有径向不平衡力。在齿轮泵工作时，作用在齿轮外圆上的压力是不相等的，压油腔的压力高，吸油腔的压力低，加之在齿轮和壳体内孔的径向间隙中油液压力由压油腔压力逐渐分级下降至吸油腔压力，如图 2-1-9 所示。在这些油液压力综合作用下对齿轮产生了不平衡径向力，泵的工作压力越大，径向不平衡力也越大。径向不平衡力会使齿轮轴弯曲变形，加速轴承磨损，严重时造成齿顶接触泵体产生摩擦。

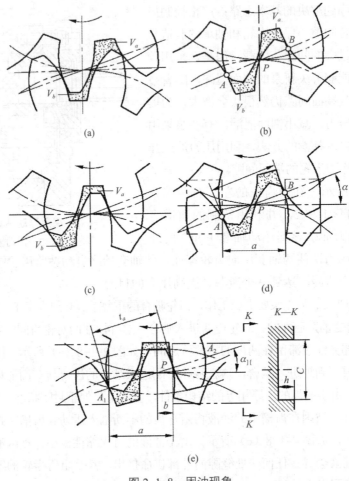

(a)

(b)

(c)

(d)

(e)

图 2-1-8 困油现象

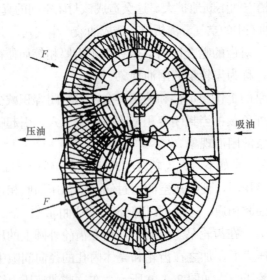

图 2-1-9 径向力不平衡

减小径向不平衡力的方法是缩小压油口，使压油腔的油压仅仅作用在一到两个齿的范围内，使径向力随之减小。由于吸、压油口的口径不相等，因此，外啮合齿轮泵的液流只能单向流动，泵为单向泵。

　　3．基本结构

　　图 2-1-10 所示为一种外啮合齿轮泵的基本结构，它的主体结构采用了主泵体 7 和前、后端盖的三片式结构。3 片间通过两个定位销 17 进行定位，并由 6 个螺钉 9 加以紧固。两个齿轮中的主动齿轮 6 用键 5 固定在传动轴 12 上，由电动机带动进行连续转动，从而带动从动齿轮 14 旋转。在后端盖上开有吸油口和压油口，开口大的为吸油口，与进油管相连接，保证了吸油腔始终与油箱的油液相通；开口小的为压油口，通过压力油管与系统保持相通。为使齿轮转动灵活，同时保证内泄漏量要尽量小，在齿轮端面与两个端盖之间留有极小的轴向间隙；为减小泵体与端面之间的油压作用，减小螺钉紧固力，并防止油泄漏到泵外，在泵体的两端面开有密封圈 16，把两齿轮端部的压力油液引回吸油腔进行了卸压。

齿轮泵的拆装

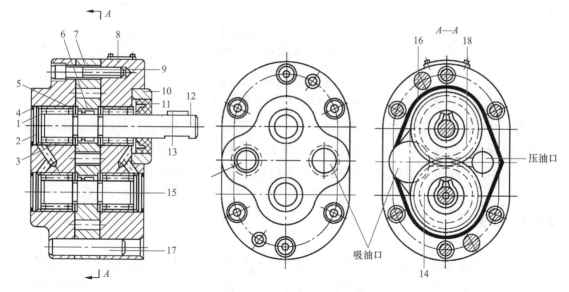

图 2-1-10　CB 齿轮泵的基本结构

1—弹簧挡圈；2—轴承端盖；3—滚针轴承；4—后端盖；5、13—键；6—主动齿轮；7—泵体；8—前端盖；9—螺钉；10—油封端盖；11、16—密封圈；12—传动轴；14—从动齿轮；15—从动轴；17—定位销；18—困油卸荷槽

　　外啮合齿轮泵具有结构简单、制造方便、价格低、体积小、重量轻、自吸性能好、对油液污染不敏感、工作可靠、便于维护修理等优点；其缺点是齿轮轴受径向不平衡力作用，磨损严重；流量脉动大，噪声大；排量不可调，只能做定量泵；泄露大，容积效率低，压力提高受限制，齿轮泵一般用于小于 2.5 MPa 的低压场合。现代飞机主要用于发动机燃油系统。

2.1.2.2　内啮合齿轮泵

　　内啮合齿轮泵有渐开线齿形和摆线齿形两种。其工作原理如图 2-1-11 所示。这两种内啮合齿轮泵的工作原理和主要特点皆同于外啮合齿轮泵。小齿轮为主动轮，按图示方向旋转时，轮齿退出啮合容积增大而吸油，进入啮合容积减小而压油。在渐开线齿形内啮合齿轮泵腔中，小齿轮和内齿轮之间要安装一块月牙形隔板，以便把吸油腔和压油腔隔开，如图2-1-11（a）所示。摆线齿形内啮合齿轮泵又称摆线转子泵，在这种泵中，小齿轮和内齿轮只相差一齿，因而不需设置隔板，如图2-1-11（b）所示。

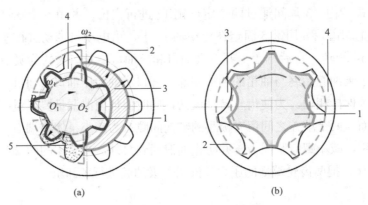

图 2-1-11　内啮合齿轮泵
（a）渐开线齿形内啮合齿轮泵
1—内齿轮；2—外齿轮；3—月牙板；4—吸油腔；5—压油腔
（b）摆线齿形内啮合齿轮泵
1—内齿轮；2—外齿轮；3—吸油腔；4—压油腔

内啮合齿轮泵的结构紧凑、尺寸小、重量轻、运转平稳、噪声低，在高速工作时有较高的容积效率。但在低速、高压下工作时，压力脉动大，容积效率低，所以一般用于中、低压系统中。其缺点是制造工艺较复杂，价格较高，远不如外啮合齿轮泵使用普遍。

2.1.3　柱塞泵

柱塞泵是通过柱塞在柱塞孔内往复运动时密封工作容积的变化来实现吸油和压油的。柱塞泵具有工作可靠、供油量大、供油压力高、供油量可调等优点，所以，在现代飞机液压源系统中，对于高压系统一般都采用柱塞泵。

柱塞泵按柱塞排列方向的不同，可分为轴向柱塞泵和径向柱塞泵两大类。轴向柱塞泵按其结构特点又分为斜盘式和斜轴式两大类。

2.1.3.1　斜盘式轴向柱塞泵

1．工作原理

如图2-1-12所示，斜盘式轴向柱塞泵由斜盘1、柱塞2、缸体3、配油盘4和传动轴5等组成。斜盘和配油盘固定不动，斜盘法线和缸体轴线有一夹角。缸体上均匀分布了若干个轴向柱塞孔，孔内装有柱塞。当缸体由传动轴带动按图2-1-12所示的方向转动时，由于斜盘的作用，迫使柱塞在缸体内做往返运动，使各柱塞与缸体之间的密封容积增大或缩小变化，通过配油盘上的配油窗口实现吸油和压油。

斜盘式轴向柱塞泵

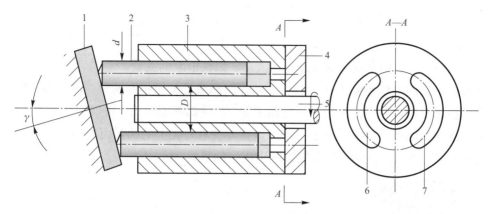

图 2-1-12　斜盘式轴向柱塞泵工作原理

1—斜盘；2—柱塞；3—缸体；4—配油盘；5—传动轴；6—吸油窗口；7—压油窗口

当最低位置的柱塞在自下而上旋转半周内，柱塞逐步向左运动，柱塞端部的缸孔内密封容积增大，经配油盘吸油窗口吸油；当最高位置的柱塞在自上而下的旋转半周内，柱塞被斜盘逐步压入缸体，柱塞端部密封容积减小，经配油盘压油窗口压油。转子每转一周，每个柱塞完成吸油、压油各一次。

改变斜盘倾角，就能改变柱塞行程的长度，即改变液压泵的排量；改变斜盘倾角的方向，就能改变吸油和压油的方向，故称为双向变量泵。由于柱塞与缸体内孔均为圆柱表面，因此加工方便，配合精度高，密封性好，所以，斜盘式轴向柱塞泵具有压力高（工作压力可达 40 MPa）、结构紧凑、效率高及流量易于调节等优点；缺点是自吸性差，对油液污染敏感，结构复杂，成本高，常用于高压、大流量和变量的液压系统。

2．主要结构

图 2-1-13 所示为一种斜盘式轴向柱塞泵的结构，它由右边的主体结构和左边的变量调整机构所组成。其主体部分由装在中间泵体 16 内的缸体 10、柱塞 17、斜盘 4 和配流盘 13 组成，缸体 10 由传动轴 12 带动旋转。在缸体的各个轴向柱塞孔内各装有柱塞 17，柱塞头部与滑履 1 采用球面配合，而外面加以铆合，使柱塞和滑履既不会脱落，又使配合球面间能相对运动；使回程盘 2 和柱塞滑履一同转动时，在排油过程中借助斜盘 4 推动柱塞做轴向运动；中心弹簧 11 通过钢球 8 推压回程盘 2，以便在吸油时依靠回程盘、钢球和弹簧所组成的回程装置将滑履 1 紧紧压在斜盘 4 的表面上滑动，这样就可以使泵具有自吸能力。传动轴 12 通过其左端的花键来带动缸体 10 进行旋转，柱塞在随缸体旋转的同时在缸体中做往复运动。缸体中柱塞底部的密封工作容积是通过配流盘 13 与泵的进出口相通的。随着传动轴的转动，液压泵就会连续地吸油和排油。

在滑履 1 与斜盘 4 相接触的部位有一油室，它通过柱塞 17 中间的小孔与缸体 10 中的工作腔相连，以便使压力油进入油室后在滑履与斜盘的接触面间形成一层油膜，起到静压支承的作用，使滑履作用在斜盘上的力大大减小，磨损也随之减小。滑履的工作原理及实物如图 2-1-14 所示。

缸体 10 通过大轴承 9 支承在中间泵体上，这样斜盘 4 通过柱塞作用在缸体上的径向分力可以由大轴承承受，使传动轴 12 不受弯矩，并改善了缸体的受力状态，从而保证缸体端面与配流盘更好地接触。

左边的变量调整机构用来进行输出流量的调节。在变量轴向柱塞泵中都设置有专门的变量调整机构，可以用来改变斜盘倾角的大小，以调节泵的流量。

轴向柱塞泵的变量控制形式一般有手动控制和液压伺服控制两种。图 2-1-13 所示为手动变量控制机构。其工作原理为：转动手轮 7，使螺杆 6 转动，可以使变量活塞 5 做上下移动，从而带动插入变量活塞 5 下端的斜盘 4 绕着外壳上的圆弧面进行摆动，使斜盘 4 的倾斜角度发生改变，达到了手动控制输出流量的目的。

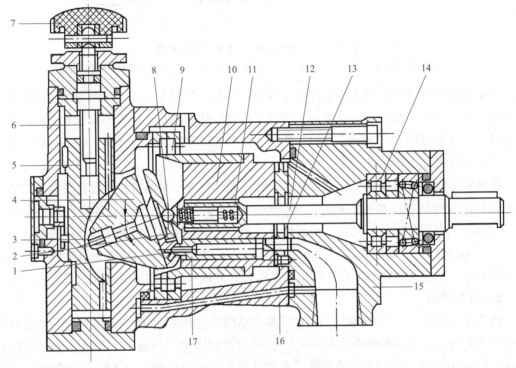

图 2-1-13　斜盘式轴向柱塞泵

1—滑履；2—回程盘；3—销轴；4—斜盘；5—变量活塞；6—螺杆；7—手轮；8—钢球；9—大轴承；
10—缸体；11—中心弹簧；12—传动轴；13—配流盘；14—前轴承；15—前泵体；16—中间泵体；17—柱塞

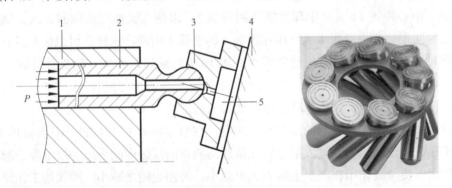

图 2-1-14　滑履的工作原理及实物

1—缸体；2—柱塞；3—滑履；4—斜盘；5—油室

图 2-1-15 所示为一种液压伺服变量控制机构。其控制机构由壳体 5 和随动活塞 4 组成。

这种液压伺服变量控制机构基本工作原理：泵输出的压力油由通道经单向阀 a 进入变量机构壳体 5 的下腔 d，液压力作用在变量活塞 4 的下端。当与伺服阀阀芯 1 相连接的拉杆不动时（图示状态），变量活塞 4 的上腔 g 处于封闭状态，变量活塞不动，斜盘 3 在某一相应的位置上。当使拉杆向下移动时，推动阀芯 1 一起向下移动，下腔 d 的压力油经通道 e 进入上腔 g。由于变量活塞上端的有效面积大于下端的有效面积，向下的液压力大于向上的液压力，故变量活塞 4 也随之向下移动，直到将通道 e 的油口封闭为止。变量活塞的移动量等于拉杆的位移量。当变量活塞向下移动时，通过轴销带动斜盘 3 摆动，斜盘倾斜角度增加，泵的输出流量随之增加；当拉杆带动伺服阀阀芯向上运动时，阀芯将通道 f 打开，上腔 g 通过卸压通道接通油箱而卸压，变量活塞向上移动，直到阀芯将卸压通道关闭为止。它的移动量也等于拉杆的移动量。这时斜盘也被带动做相应的摆动，使倾斜角减小，泵的流量也随之减小。

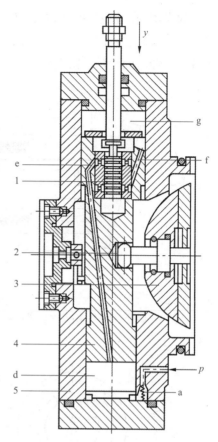

图 2-1-15 液压伺服变量机构

1—阀芯；2—铰链；3—斜盘；4—活塞；5—壳体；
a—单向阀；d—下腔；e、f—通道；g—上腔

由上述可知，伺服变量机构是通过操作液压伺服阀动作，利用泵输出的压力油来推动变量活塞实现变量的，加在拉杆上很小的力，就可以灵敏地控制较大的活塞 4，所以变量活塞 4 被称为伺服随动活塞。拉杆可用手动方式或机械方式操作，斜盘可以倾斜 ±18°，故在工作过程中泵的吸压油方向可以变换，因而这种泵就称为双向变量液压泵。

由图 2-1-16 可见，使缸体紧压配流盘端面的作用力，除机械装置或弹簧作为预密封的推力外，还有柱塞孔底部台阶面上所受的液压力，此液压力比弹簧力大得多，而且随泵的工作压力增大而增大。由于缸体始终受液压力紧贴着配流盘，从而使端面间隙得到自动补偿。

2.1.3.2　斜轴式轴向柱塞泵

斜轴式轴向柱塞泵结构较斜盘式轴向柱塞泵复杂，但因其能达到的输出压力更高，且具有更高的容积效率，在军用飞机及某些民用飞机的液压系统中也得到广泛应用。其工作原理如图 2-1-17 所示。主要由传动轴 1、连杆 2、柱塞 3、缸体 4、配油盘 5 和中心轴 6 等组成。斜盘和配油盘固定不动，传动轴和中心轴有一夹角 γ。缸体上均匀分布了若干个轴向柱塞孔，孔内装有柱塞。当缸体由传动轴带动如图 2-1-17 所示的方向转动时，由于斜轴的作用，迫使柱塞在缸体内做往返运动，使各柱塞与缸体之间的密封容积增大或缩小变化，通过配油盘上的配油窗口 a、b 分别实现吸油和压油。当最低位置的柱塞在自下而

上旋转的半周内，柱塞逐步向右运动，柱塞端部的缸孔内密封容积增大，经配油盘吸油窗口吸油；当最高位置的柱塞在自上而下的旋转半周内，柱塞逐步压入缸体，柱塞端部密封容积减小，经配油盘排油窗口压油。

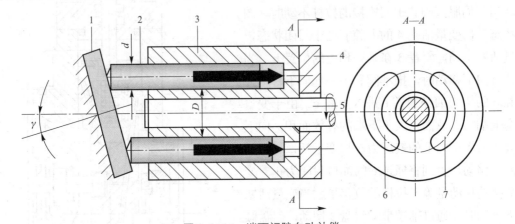

图 2-1-16　端面间隙自动补偿
1—斜盘；2—柱塞；3—转子；4—配油盘；5—传动轴；6—吸油窗口；7—压油窗口

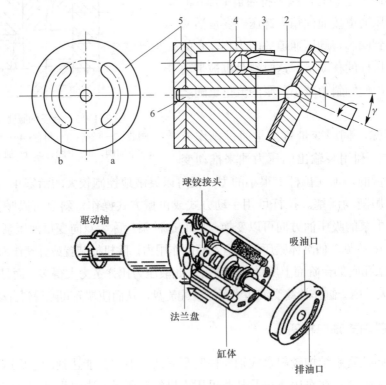

图 2-1-17　斜轴式轴向柱塞泵工作原理图
1—传动轴；2—连杆；3—柱塞；4—缸体；5—配油盘；6—中心轴；
a、b—配油窗口；γ—夹角

2.1.3.3　径向柱塞泵

径向柱塞泵是活塞或柱塞的往复运动方向与驱动轴垂直的柱塞泵。图 2-1-18 所示为径向柱塞泵的结构原理图。柱塞 1 径向排列装在缸体 2 中，缸体由原动机带动连同柱塞 1 一起旋转，因而缸体 2 一般称为转子。柱塞 1 在离心力（或压力油）的作用下抵紧定子 4 的内壁，当转子按图示方向回转时，由于定子和转子之间有偏心距 e，柱塞绕经上半周时要向外伸出，则柱塞底部的容积会逐渐增大，形成部分真空，因此，便经过衬套 3（衬套 3 是压紧在转子内，并与转子一起回转）上的油孔从配油轴 5 的吸油口 b 吸油；当柱塞转到下半周时，定子内壁将柱塞向里推，柱塞底部的容积逐渐减小，向配油轴的压油口 c 压油，当转子回转一周时，每个柱塞底部的密封容积完成一次吸油、压油，转子连续运转，即完成连续泵油工作。

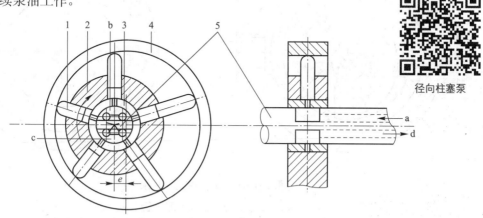

径向柱塞泵

图 2-1-18　径向柱塞泵结构原理
1—柱塞；2—缸体；3—衬套；4—定子；5—配油轴；e—偏心距；
a—进油孔；b—吸油口；c—压油口；d—压油孔

配油轴 5 是固定不动的，油液从配油轴上半部的两个进油孔 a 流入，从下半部两个压油孔 d 压出。为了实现配油，配油轴在与衬套 3 相接触的部位开有上下两个缺口，从而形成吸油口 b 和压油口 c，而留下的部分则形成封油区。封油区的宽度能封住衬套上的吸油孔、压油孔，以防止吸油口和压油口相连通。

径向柱塞泵的输出流量受偏心距 e 大小的控制，若偏心距 e 做成可调的（一般是使定子做水平移动以调节偏心距），泵就成为变量泵；若偏心的方向改变，进油口和压油口也随之互相变换，这就形成了双向变量泵。

径向柱塞泵的柱塞是沿转子的径向分布的，所以，泵的外形结构尺寸大，且由于配油结构较复杂，自吸能力较差，配油轴的径向作用力不平衡，易单向弯曲并加剧磨损，因此限制了径向柱塞泵转速和压力的提高，目前径向柱塞泵的应用较少。

2.1.4　叶片泵

叶片泵与其他液压泵相比具有工作压力较高、结构紧凑、流量均匀、工作平稳、噪声较小等优点，在各种地面设备中有非常广泛的应用。叶片泵按每转吸油、压油次数可分为单作用式和双作用式。单作用式叶片泵的工作压力达 7 MPa；双作用式叶片泵的工作压力达 21 MPa。

2.1.4.1　单作用式叶片泵

1．工作原理

图 2-1-19 所示为单作用式叶片泵。

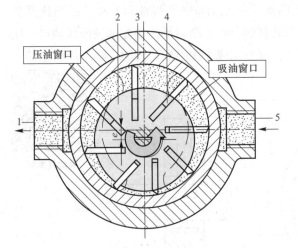 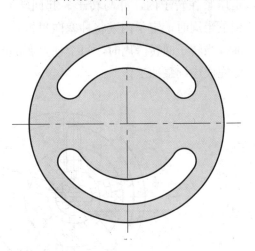

图 2-1-19　单作用式叶片泵

（a）工作原理；（b）配油盘
1—压油口；2—转子；3—定子；4—叶片；5—吸油口；e—偏心距

单作用式叶片泵由转子 2、定子 3、叶片 4 和泵体、配油盘等组成。定子内表面是圆形的，定子和转子之间具有偏心距 e，配油盘上有一个吸油窗口和一个压油窗口。当电动机带动转子按图 2-1-19 所示的箭头方向旋转时，叶片在离心力的作用下紧贴定子内表面，这样在转子、定子、叶片和两侧的配油盘之间，就形成了一个个密封容积，当叶片经过定子的右半部时，叶片向外伸，密封容积加大，叶片泵通过配油盘上的吸油窗口吸油；当叶片经过定子的左半部时，叶片缩回，密封容积减小，通过配油盘上的压油窗口压油。泵轴每转一转，每个密封工作腔完成吸、压油各一次，故称为单作用式叶片泵。

2．结构特点

（1）叶片后倾。为了减少叶片与定子之间的磨损，叶片底部油槽采取在压油区通压力油，在吸油区与吸油腔相通的结构形式，因而，叶片的底部和顶部所受的液压力是平衡的。这样，叶片的向外运动主要靠旋转时所受到的惯性力。根据力学分析，叶片后倾一个角度（通常为 24°）更有利于叶片在惯性力作用下向外伸出。

由于叶片向后倾斜安装，泵轴只能沿着一个方向旋转，吸压油腔不可互换，因而单作用式叶片泵是单向泵。

（2）径向力不平衡。由于吸油口和压油口的压力大小不同，所以转子受到不平衡径向力，压力越大，不平衡力越大，这就限制了泵的工作压力的提高。所以，不宜用于高压，一般为 2 ～ 7 MPa。

（3）叶片数均为奇数。单作用式叶片泵的流量是有脉动的，理论分析表明，泵内叶片数越多，流量脉动率越小，奇数叶片泵的脉动率比偶数叶片泵的脉动率小。所以，单作用式叶片泵的叶片数均为奇数，一般为 13 片或 15 片。

（4）变量机构。单作用式叶片泵的转子中心与定子中心之间的偏心距 e 可以进行调节，偏心距越大，则密封容积变化越大，流量增大；偏心距越小，则密封容积变化越小，流量减小。因此，改变偏心距的大小可以改变流量大小，所以是变量泵。

单作用式叶片泵的变量方法有手调和自调两种。自调变量泵又根据其工作特性的不同分为限压式、恒压式和恒流式 3 类。其中以限压式应用较多。限压式变量叶片泵是利用泵的排油压力的反馈作用来实现变量的，其可分为外反馈式和内反馈式两种。

1）限压式外反馈变量叶片泵。图 2-1-20 所示为限压式外反馈变量叶片泵的工作原理，它能根据泵的出口负载压力的大小自动调节泵的排量。图中转子 1 的中心 O 是固定不动的，定子 3 的中心 O_1 则可以左右移动。定子在左侧限压弹簧 2 的作用下，被推向右端和反馈柱塞 5 贴紧，从而使定子和转子间有原始偏心量 e_0，其大小可通过最大流量调节螺钉 6 调节，它决定了泵的最大流量。泵的出口压力经泵体内通道作用于右侧反馈柱塞 5 上，使反馈柱塞对定子 3 产生一个作用力 pA_x（A_x 为柱塞面积）。由于泵的出口压力随外负载变化而变化，当作用在定子上的反馈力 pA_x 小于作用在定子上的弹簧力 kx_0 时，限压弹簧 2 把定子推向最右边，泵的输出流量最大。当泵的工作压力升高到 pA_x 大于弹簧力 kx_0 时，限压弹簧被压缩，定子左移，偏心量减少，泵的流量也随之减小。泵的工作压力越高偏心量就越小，泵的流量也越小。当压力达到使泵的偏心所产生的流量全部用于补偿泄漏时，泵的输出流量为零，无论外负载如何加大，泵的输出压力不会再升高，所以，这种泵称为限压式外反馈变量叶片泵。

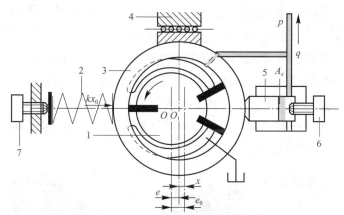

图 2-1-20　限压式外反馈变量叶片泵工作原理
1—转子；2—限压弹簧；3—定子；4—滑块滚针支承；5—反馈柱塞；
6—最大流量调节螺钉；7—限定压力调节螺钉

2）限压式内反馈变量叶片泵。图 2-1-21 所示为限压式内反馈变量叶片泵的工作原理。其结构与外反馈基本相同，只是没有反馈柱塞缸。内反馈式变量泵操纵力来自泵本身的排油压力。其反馈力的产生是配油盘上吸、压油窗口偏转一个角度 θ，致使压油区的液压力作用在定子上的径向不平衡力 F 的水平分力 F_2 与弹簧力 kx_0 方向相反。随着工作压力 p 的升高，F_2 也增大。当 F_2 大于限压弹簧的预紧力 kx_0 时，定子就向左移动，减小了定子和转子的偏心距，从而使流量相应变小。

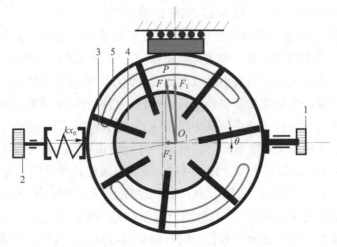

图 2-1-21　限压式内反馈变量叶片泵变量原理
1—最大流量调节螺钉；2—限定压力调节螺钉；3—叶片；4—转子；5—定子

3）限压式变量叶片泵的流量压力特性。限压式变量叶片泵的流量压力特性曲线如图 2-1-22 所示。曲线表示泵工作时流量随压力变化的关系。当泵的工作压力小于 p_B 时，其特性曲线相当于定量泵用线段 AB 表示，线段 AB 和水平线的差值称为泄漏量。B 点为特性曲线的转折点，其对应的压力 p_B 是限定压力，它表示在初始偏心距 e_0 时，泵可以达到的最大工作压力。当泵的工作压力超过 p_B 以后，限压弹簧被压缩，偏心距减小，

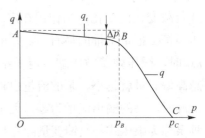

图 2-1-22　限压式变量叶片泵的流量压力特性曲线

流量随压力增加而急剧减小，其变化情况用线段 BC 表示。C 点对应的压力为极限压力（又称截止压力），这时限压弹簧被压缩到最短，偏心距减至最小，泵的实际输出流量为零。

如图 2-1-20 和图 2-1-21 所示，调节最大流量调节螺钉可改变偏心距 e_0，输出流量随之变化，AB 曲线上下平移。调节限定压力调节螺钉改变了 x_0，可使 BC 曲线左右平移。若改变弹簧刚度 k，则可改变 BC 段的斜率。

2.1.4.2　双作用式叶片泵

1. 工作原理

双作用式叶片泵泵轴每转一转，各密封容积完成两次吸油、压油。图 2-1-23 所示为双作用式叶片泵的工作原理图。从图中可以看出，双作用式叶片泵分别有 2 个吸油窗口和 2 个压油窗口。

双作用叶片泵

双作用式叶片泵由转子、定子、叶片和泵体、配油盘（图中未画出）等组成。定子内表面由两段长半径圆弧、两段短半径圆弧和四段

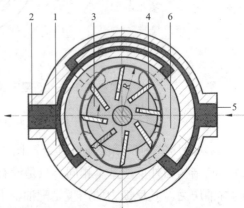

图 2-1-23　双作用式叶片泵工作原理图
1—泵体；2—压油口；3—转子；4—叶片；
5—吸油口；6—定子

过渡曲线组成。配油盘上 4 个腰形配流窗口中，两个与吸油口连通，两个与压油口连通。定子和转子同轴安装，当电动机带动转子按图 2-1-23 所示的箭头方向旋转时，叶片在离心力及其叶片底部油压的作用下紧贴定子内表面，这样在转子、定子、叶片和两侧的配油盘之间，就形成了一个个密封容积。当叶片经过定子的右上半部时，叶片向内伸，密封容积变小，叶片泵压油；当叶片经过定子的右下半部时，叶片伸出，密封容积增大，实现吸油。同样的动作在转子的左、右两侧同时进行，这种叶片泵具有对称的两个吸油腔和两个压油腔。因而，在转子每转一周的过程中，每个密封空间要完成两次吸油和压油，所以称为双作用式叶片泵。

双作用式叶片泵采用了两侧对称的吸油腔和压油腔结构，所以，作用在转子上的径向作用力是相互平衡的，不会给高速转动的转子造成径向的偏载。因此，双作用式叶片泵又称为卸荷式叶片泵。

为了要使径向力完全平衡，密封空间数（即叶片数）应当保持双数，而且定子曲线要对称，双作用式叶片泵的叶片数一般为 12 片或 16 片。

2. 结构特点

图 2-1-24 所示为一种 YB 型双作用叶片泵的基本结构，整个泵采用分离结构，泵体由前泵体 7 和后泵体 1 及前端盖 8 组成，转子 3、定子 4 和叶片 5 成为泵的主要结构，它的两侧配置有配流盘 2 和 6。由图可以看出，吸油口和压油口分别设置在后泵体 1 和前泵体 7 上，具有较远的距离，可以解决隔离与密封问题。整个转子由花键轴两端的滚动轴承 11、12 支承在泵体内，密封圈 10 可以防止油液的外泄，同时阻止了外部灰尘和污物的侵入。

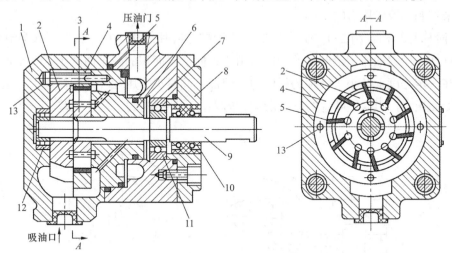

图 2-1-24　YB 型双作用叶片泵结构
1—后泵体；2、6—左右配流盘；3—转子；4—定子；5—叶片；7—前泵体；
8—前端盖；9—传动轴；10—密封圈；11、12—滚动轴承；13—固定螺钉

（1）叶片的倾角。在叶片运动到压油区时，会受到定子内表面施加给它的很大的作用力，来迫使叶片挤回槽内，而此时由于定子表面的曲线比较陡，施加给叶片的压力角会很大，影响了叶片的顺利退回，这会造成叶片、定子和转子槽之间的压力增大，加剧相互间的磨损，严重时甚至会造成叶片卡死的现象，为了减小叶片此时的压力角，将叶片顺着转

子回转方向前倾一个 θ 角，这样就可以有效地减小压力角，使叶片可以较顺利地在槽中灵活移动，减少了定子表面的压力和磨损，根据双作用叶片泵定子内表面的几何参数，其压力角的最大值为24°，一般取为10°～14°，YB型叶片泵叶片的前倾角为13°。

（2）叶片压力不均衡的解决方法。为了使叶片顶部与定子内表面紧密接触，一般双作用叶片泵的叶片底部都采取通压力油的顶出结构，但这样做的后果会使得叶片转到吸油区时，由于顶部压力过小而紧紧地挤压在定子表面上，造成定子吸油区曲线的过度磨损，这同时也严重地影响了双作用式叶片泵工作压力的进一步提高，所以在高压叶片泵的结构上，经常可以看到以下叶片径向压力均衡结构：

1）阻尼油槽。为了减小叶片底部的油液的作用力，可以设法降低油液的压力，方法是将泵的压油腔的油通过一个阻尼槽或内装式小减压阀再通到吸油区叶片的底部，从而减小了作用在叶片底部的油液压力，使叶片经过吸油腔时，叶片压向定子内表面的作用力不致过大。

2）薄叶片结构。减小叶片底部承受压力油作用的面积，就可以减小叶片底部的受力，通常采用减小叶片厚度的办法，但目前的叶片最小厚度一般为1.8～2.5 mm，再小就会影响叶片的强度和刚性。

3）复合式叶片结构。图2-1-25（a）所示为一种复合式叶片（也称子母叶片）结构，叶片做成子母复合结构，在母叶片的底部中间与子叶片形成一个独立的油腔 C，并通过配油盘和油槽 K 使油腔 C 总是接通压力油，而母叶片底部的油腔 L，则借助于虚线所示的油孔，始终与顶部油液压力相同。这样，当叶片处在吸油腔时，只有油腔 C 的压力油作用在面积很小的母叶片承载面上，减小了叶片底部的作用力，而且可以通过调整该部分面积的大小来控制油液作用力的大小。

4）阶梯片结构。图2-1-25（b）所示为阶梯形叶片结构。压力油腔 b 设置在叶片的中部，这样，压力油作用给叶片的径向力由于径向承载面积的减小而减小了一半，这种方法虽然在一定程度上减小了叶片的径向力，但油液同时也作用在叶片的侧面上，造成叶片附加的侧面压力，阻碍了叶片的顺利滑动。另外，这种结构的工艺性较差。

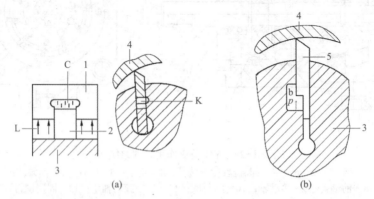

图2-1-25　减小叶片作用面积
（a）复合式叶片结构；（b）阶梯形叶片结构
1—母叶片；2—子叶片；3—转子；4—定子；5—叶片；C、L—油腔；K—油槽；b—压力油腔

5）双叶片结构。图2-1-26（a）所示为双叶片结构，在每一槽中同时放置两片可以自由滑动的叶片 1 和 2，而在两叶片的贴合面处有孔 c 与叶片的顶部形成的油腔 a 保持相

通。这样就可以通过孔 c 起到使叶片顶部和底部的液体压力得到均衡的目的。

图 2-1-26（b）所示为装有弹簧的叶片顶出结构，这种结构叶片 1 较厚，顶部与底部有小孔相通，叶片底部的油液是由叶片顶部经叶片的小孔引入的，若不考虑小孔的压力降，则叶片上、下油腔油液的作用力始终是平衡的，叶片基本上是靠底部弹簧的力量紧贴在定子的内表面来保证密封的。

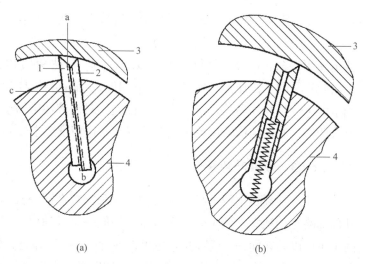

图 2-1-26　液压力平衡叶片结构
（a）双叶片结构；（b）装有弹簧的叶片顶出结构
1、2—叶片；3—定子；4—转子；a、b—油腔；c—孔

（3）配油盘。

1）封油区。图 2-1-27 所示为 YB 型双作用叶片泵的配油盘结构。为达到密封和配流的目的，在盘上有两个吸油窗口 2、4 和两个压油窗口 1、3，两组窗口之间为封油区，通常应使封油区对应的中心角 β 稍大于或等于两个叶片之间的夹角，否则会使吸油腔和压油腔连通，造成两腔体的内泄漏。

2）卸荷槽。在两叶片之间的密封油液从吸油区过渡到封油区（长半径圆弧处）的过程中，油液的压力基本上与吸油压力相同，但当转子再继续旋转一个微小角度时，该密封腔将突然与压油腔相通，使油腔的压力突然升高，造成

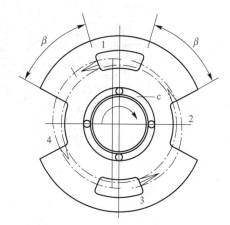

图 2-1-27　YB 型双作用叶片泵的配油盘结构
1、3—压油窗口；2、4—吸油窗口；c—环形槽

很大的压力冲击，油液的体积会突然收缩，导致压油腔中的油液发生倒流现象，引起液压泵流量的脉动、压力的脉动和噪声，为减轻此时的压力冲击，在配油盘的两个压油窗口 1 和 3 靠叶片封油区进入压油区的一边各开有一个截面形状为三角形的卸荷槽（又称眉毛槽），使两叶片之间的封闭油液在未进入压油区之前就通过该三角槽与压力油相连，其压力逐渐地上升，从而缓和了流量和压力的脉动，降低了噪声。

3）环形槽 c。为了保证在高速回转中，叶片能够及时地沿径向槽甩出并紧贴住定子的内腔表面，在配流盘的中部设置了一个环形槽，该槽与压油腔相通并与转子叶片槽底部相通，可以使叶片的底部作用有压力油，帮助叶片在压力油的作用下快速地向外运动。

综上所述，由于双作用式叶片泵的叶片与径向存在一定的前倾角，因此，旋转方向不可改变，即吸油和压油口的方向不可互换，所以是单向泵。由于定子和转子不存在偏心安

装，因此，密封容积的大小不可改变，流量不可变，所以是定量泵。

双作用式叶片泵具有流量均匀，运转平稳，噪声小，转子所受径向液压力彼此平衡，轴承使用寿命长，耐久性好，容积效率较高，可达 95% 以上，工作压力较高。目前，双作用叶片泵的工作压力一般为 7 ～ 16 MPa，有时可达 21 MPa，结构紧凑，外形尺寸小且排量大。但是叶片易咬死，工作可靠性差，对油液污染敏感，故要求工作环境清洁，油液要求严格过滤，结构较齿轮泵复杂，零件制造精度要求较高。

2.1.4.3 双联叶片泵

双联叶片泵是由两个相互独立的叶片泵安装在同一根驱动轴上组成的。两个叶片泵的外部油路互相独立。两个叶片泵可以共用同一个进油口，但它们的压油口是各自独立的。两个泵可以装在同一个壳体里，也可以各自单独设置外壳。如图 2-1-28（a）所示的是两个泵共用同一个壳体，但出油口各自独立的双联泵，它们由驱动轴 7 共同带动。图 2-1-28（b）所示为其符号。

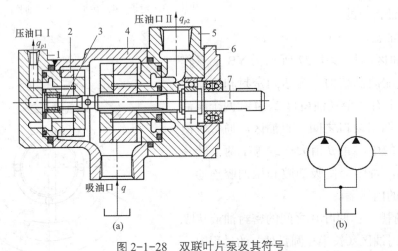

图 2-1-28　双联叶片泵及其符号
（a）共用一个壳体的两泵；（b）符号
1—前泵体；2—定子；3—转子；4—中间泵体；5—右泵体；6—右端盖；7—驱动轴

双联叶片泵常应用于有快速移动和慢速工作进给要求的机械传动，这时的双联泵常由一个高压小流量泵和一个低压大流量泵组成。当需要快速移动时，可以利用低压大流量泵供油，或者两个泵同时供油；当需要慢速的工作进给时，由高压小流量泵供油，同时使低压大流量泵卸荷，以节省动力并防止油液的发热。这种泵往往采用一个低压大流量泵和一个高压小流量泵的双联结构。

【重点知识考核】

1. 考核要点

（1）容积式液压泵的工作原理。

（2）柱塞泵的种类、结构及工作原理。

（3）齿轮泵的种类、结构及工作原理。

（4）叶片泵的种类、结构及工作原理。

2．考核例题

（1）容积式液压泵共同的工作原理是什么？

（2）液压传动中常用的液压泵分为哪些类型？

（3）齿轮泵分为哪几种？外啮合齿轮泵的工作原理是怎样的？

（4）叶片泵分为哪几种？单作用式叶片泵的工作原理是怎样的？它如何实现变量？

（5）简述齿轮泵、叶片泵的优点及缺点。

（6）柱塞泵分为哪几种？柱塞泵工作原理是怎样的？它如何实现变量？

（7）填空题。

①按结构形式来分，常见的液压泵可分为_____泵、_____泵、柱塞泵3种类型。

②当容积式液压泵密封容腔容积增大时，泵实现_____（吸／压油）。

③外啮合齿轮泵轮齿逐渐进入啮合时，密封工作容积变小，_____油。

④按输出流量是否可变，外啮合齿轮泵属于_____泵。

⑤按输出流量是否可变，单作用式叶片泵属于_____泵。

⑥按输出流量是否可变，轴向柱塞泵属于_____泵。

（8）选择题。

①齿轮泵的功能是（　　）。

A．将液体压力能转换为机械能　　　　B．将电动机的机械能转换为液体压力能

C．控制液压系统工作压力　　　　　　D．控制液压油的流量

②下列图形符号是双向定量泵符号的是（　　）。

A. 　　　　　　　　　　　　B.

C. 　　　　　　　　　　　　D.

③容积式液压泵工作过程叙述正确的是（　　）。

A．密封容积变大，压油　　　　　　　B．密封容积变小，吸油

C．密封容积变大，吸油　　　　　　　D．密封容积不变，压油

④对轴向柱塞泵叙述正确的是（　　）。

A．单向变量泵　　　　　　　　　　　B．单向定量泵

C．双向定量泵　　　　　　　　　　　D．双向变量泵

任务 2.2　液压执行元件选用

【学习目标】

1. 掌握常用液压执行元件的种类及功能；
2. 掌握常用液压缸（作动筒）的种类、工作原理、特点及图形符号；
3. 了解液压马达的种类、工作原理、特点及图形符号。

【情景引入】

飞机减速板收放动作液压控制系统是典型的液压控制系统，飞机减速板能够收放自如所依靠的就是液压执行元件中的液压缸（作动筒）（图 2-2-1）。液压执行元件除常见的液压缸外，还有液压马达。那么，液压缸和液压马达的种类有哪些？其工作原理和结构又是怎样的？

任务具体要求见表 2-2-1。

图 2-2-1　飞机减速板收放液压缸（作动筒）

表 2-2-1　液压执行元件选用任务单

项目二	液压元件选用及液压基本回路分析
任务 2.2	液压执行元件选用
布置任务	
学习目标	1. 掌握常用液压缸（作动筒）的种类、工作原理、特点及图形符号； 2. 了解常用液压马达的种类、工作原理、特点及图形符号
任务描述	1. 根据提供的液压缸工作原理图，理解其工作原理、功能特点及图形符号； 2. 根据提供的液压马达工作原理图，理解其工作原理、功能特点及图形符号
任务分析	根据提供的学习资源，分析液压缸的主要结构、工作原理及功能特点，了解各类液压马达的工作原理及功能

液压缸是液压系统中常用的一种执行元件，是将液压能转变成机械能的一种能量转换装置，主要用于实现机构的直线往复运动或摆动。液压缸结构简单，工作可靠，种类繁多，与杠杆、连杆、齿轮齿条、棘轮棘爪、凸轮等机构配合，能实现多种机械运动。液压马达也是执行元件，它与液压缸一样可以将液体的压力能转换为机械能，输出转矩和转速。

2.2.1 液压缸（作动筒）

常见的液压缸有活塞式、柱塞式、伸缩式和摆动式 4 种。其中，活塞式液压缸是最常用的液压缸。

液压缸（1）

2.2.1.1 活塞式液压缸

活塞式液压缸常见的有双杆活塞式液压缸和单杆活塞式液压缸两种类型。

1. 双杆活塞式液压缸

图 2-2-2 所示为双杆活塞式液压缸。双杆活塞式液压缸的活塞两端都带有活塞杆。

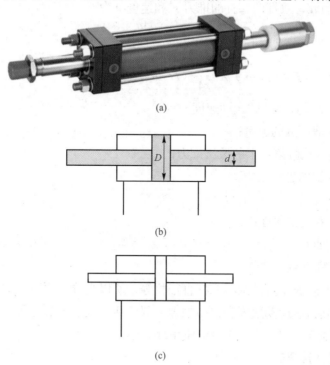

图 2-2-2　双杆活塞式液压缸
（a）液压缸实物；（b）结构原理；（c）图形符号

双杆活塞式液压缸根据安装方式不同可分为缸筒固定式和活塞杆固定式两种。图 2-2-3（a）所示为缸筒固定式的双杆活塞式液压缸。它的进、出油口布置在缸筒两端，活塞通过活塞杆带动工作台移动，当活塞的有效行程为 L 时，整个工作台的运动范围为 $3L$，所以设备占地面积大，一般适用小型设备。当工作台行程要求较长时，可采用图 2-2-3（b）所示的活塞杆固定的形式，缸体与工作台相连，活塞杆通过支架固定在设备上，动力由缸体传出。这种安装形式中，工作台的移动范围只等于液压缸有效行程 L 的两倍（$2L$），因此，占地面积小。进、出油口可以设置在固定不动的空心的活塞杆的两端，但必须使用软管连接。

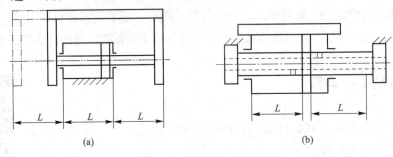

图 2-2-3　双杆活塞式液压缸
(a) 缸筒固定式；(b) 活塞杆固定式

　　由于双杆活塞式液压缸两端的活塞杆直径通常是相等的，因此它左、右两腔的有效面积也相等。当分别向左、右腔输入相同压力和相同流量的油液时，液压缸左、右两个方向的推力和速度相等。活塞的直径为 D，活塞杆的直径为 d，液压缸进、出油腔的压力为 p_1 和 p_2，输入流量为 q_v，双杆活塞缸的推力 F 和速度 v 为

$$v=\frac{q_v}{A}=\frac{4q_v}{\pi\,(D^2-d^2)} \tag{2-2-1}$$

$$F=(p_1-p_2)\,A=\frac{\pi}{4}\,(D^2-d^2)\,(p_1-p_2) \tag{2-2-2}$$

式中　v——活塞（或缸体）的运动速度；

q_v——输入液压缸的流量；

F——活塞（或缸体）上的液压推力；

p_1——液压缸的进油压力；

p_2——液压缸的回油压力；

A——活塞有效工作面积；

D——活塞直径；

d——活塞杆直径。

　　因为双杆活塞式液压缸的两活塞杆直径相等，所以当输入两腔中的液压油的流量和油液压力不变时，其往返运动速度和推力相等。双杆活塞式液压缸应用于需双向等速运动、驱动等值负载的场合，如磨床工作台液压系统。

2. 单杆活塞式液压缸

　　液压缸按照固定安装方式可分为缸固定式、杆固定式、铰链连接式；根据作用方式分为单作用式和双作用式。单作用式液压缸只有一个方向的运动由液压驱动，反向运动则由弹簧力或重力完成；双作用式液压缸两个方向的运动均由液压实现。图 2-2-4 所示为双作用式单杆活塞式液压缸。

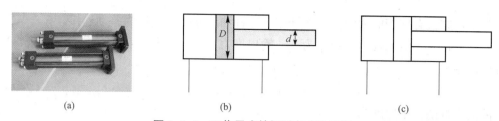

(a)　　　　　　　　　　(b)　　　　　　　　　　(c)

图 2-2-4　双作用式单杆活塞式液压缸

（a）液压缸实物；（b）结构原理；（c）图形符号

　　单杆活塞式液压缸的活塞仅一端带有活塞杆，活塞双向运动可以获得不同的速度和输出力。其简图及油路连接方式如图 2-2-5 所示。

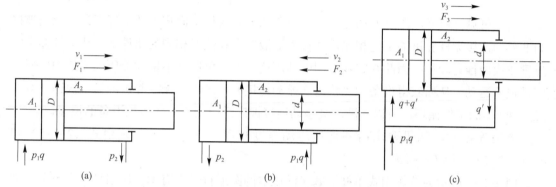

图 2-2-5　单杆活塞式液压缸的几种油路连接方式

（a）无杆腔进油；（b）有杆腔进油；（c）差动连接

　　当无杆腔进油时，如图 2-2-5（a）所示，活塞的运动速度 v_1 和推力 F_1 分别为

$$v_1 = \frac{q_v}{A_1} = \frac{4q_v}{\pi D^2} \tag{2-2-3}$$

$$F_1 = p_1 A_1 - p_2 A_2 = \frac{\pi}{4} D^2 p_1 - \frac{\pi}{4} (D^2 - d^2) p_2 \tag{2-2-4}$$

　　当有杆腔进油时，如图 2-2-5（b）所示，活塞的运动速度 v_2 和推力 F_2 分别为

$$v_2 = \frac{q_v}{A_2} = \frac{4q_v}{\pi (D^2 - d^2)} \tag{2-2-5}$$

$$F_2 = p_1 A_2 - p_2 A_1 = \frac{\pi}{4} (D^2 - d^2) p_1 - \frac{\pi}{4} D^2 p_2 \tag{2-2-6}$$

式中　A_1，A_2——液压缸无杆腔进油和有杆腔进油时的液压油有效作用面积。

　　当无杆腔进油有杆腔回油时，活塞杆伸出，液压油有效作用面积为活塞面积，速度慢，推力大；当有杆腔进油无杆腔回油时，活塞杆缩回，有效作用面积为活塞面积减去活塞杆的面积，速度快，推力小。单杆活塞式液压缸适用伸出时为工作行程（需承受工作载荷且慢速运动），缩回时为空回行程（空载或轻载且快速运动）的场合，如液压刨床液压系统。

　　当将单杆液压缸的两腔同时通入压力油时，如图 2-2-5（c）所示，由于无杆腔面积大于有杆腔面积，两腔互通且压力相等，活塞向右的作用力大于向左的作用力，这时活塞向右运动，并使有杆腔的油液流入无杆腔，这种油路连接方式称为差动连接。

差动连接时，活塞杆运动速度为 v_3，输出推力为 F_3，有杆腔排出的流量 $q'_v = v_3 A_2$ 进入无杆腔，则有

$$v_3 A_1 = q_v + v_3 A_2 \qquad (2-2-7)$$

故活塞杆的伸出速度为

$$v_3 = \frac{q_v}{A_1 - A_2} = \frac{4q_v}{\pi d^2} \qquad (2-2-8)$$

活塞的推力为

$$F_3 = p_1 (A_1 - A_2) = \frac{\pi}{4} d^2 p_1 \qquad (2-2-9)$$

由此可见，单杆液压缸差动连接时，液压油的有效作用面积为活塞杆面积。差动连接与非差动连接无杆腔进油工况相比，在输入油液压力和流量相同的条件下，活塞杆伸出的速度较快而推力较小。因此在实际应用中利用这一点，可以在不增加液压泵流量的情况下实现快速运动，从而获得设备的"快进（差动连接）—工进（无杆腔进油）—快退（有杆腔进油）"的工作循环。所以，液压缸差动连接被广泛应用于液压机械设备的快速运动。

差动连接时，如果要求活塞往返运动速度相等，即 $v_3 = v_2$，则由式（2-2-5）和式（2-2-7）可得 $D = \sqrt{2} d$。

图 2-2-6 所示为单作用式单杆活塞式液压缸的图形符号，有弹簧压回型（常态下杆缩回）和弹簧压出型（常态下杆伸出）两种。

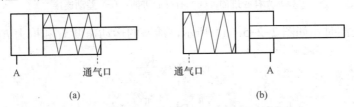

图 2-2-6　单作用式单杆活塞式液压缸的图形符号

（a）弹簧压回型；（b）弹簧压出型

由于活塞式液压缸内壁精度要求很高，当缸筒较长时，孔的精加工较困难，可改用柱塞式液压缸。

2.2.1.2　柱塞式液压缸

图 2-2-7（a）所示为单个柱塞缸。工作时，压力油从进油口进入缸筒，推动柱塞向外伸出。它只能实现一个方向的液压传动，反向运动要靠外力。若需要实现双向运动，则必须成对使用，如图 2-2-7（b）所示。

柱塞缸输出的推力和速度各为

$$F = pA = p \frac{\pi d^2}{4} \qquad (2-2-10)$$

$$v = \frac{q}{A} = \frac{4q}{\pi d^2} \qquad (2-2-11)$$

液压缸（2）

54

式中　d——柱塞直径；

　　　p——输入柱塞缸的压力；

　　　q——输入柱塞缸的流量。

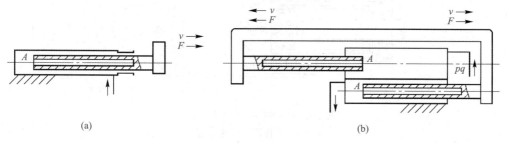

图 2-2-7　柱塞式液压缸

（a）单个柱塞缸；（b）成对使用柱塞缸

柱塞式液压缸的特点如下：

（1）柱塞和缸筒内壁不接触，缸筒内壁可以粗加工或不加工，其加工工艺性好、成本低。

（2）柱塞式液压缸是单作用缸，它的回程需要借助自重或弹簧等其他外力来完成，为了实现双向往复运动，柱塞式液压缸常成对使用。

（3）柱塞工作时恒受压，因而要有足够的刚度。

（4）柱塞较粗，质量较重，水平安装时因自重会下垂，引起密封件和导向套单边磨损，故柱塞缸适宜垂直安装使用。

柱塞式液压缸结构简单、制造容易、维修方便，常用于长行程设备，如龙门刨床、导轨磨床、大型拉床等。

2.2.1.3　伸缩式液压缸

伸缩式液压缸由两个或多个活塞缸套装而成，前一级活塞缸的活塞杆内孔是后一级活塞缸的缸筒，伸出时可获得很长的工作行程，缩回时可保持很小的结构尺寸。典型伸缩式液压缸叠合后的长度在其伸出长度的 20%～40% 变化。所以，当安装空间受限制而应用场合又需要长行程时，伸缩缸是最佳的解决方案。

伸缩式液压缸可以是图 2-2-8（a）所示的单作用式，也可以是图 2-2-8（b）所示的双作用式。前者靠外力回程；后者靠液压回程。图 2-2-8（c）所示为双作用式伸缩式液压缸结构示意。

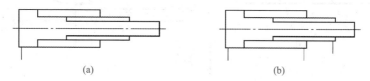

图 2-2-8　伸缩式液压缸

（a）单作用式；（b）双作用式

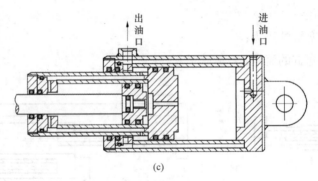

(c)

图 2-2-8　伸缩式液压缸（续）

（c）双作用式结构示意

伸缩式液压缸的外伸动作是逐级进行的。先是最大直径的缸筒以最低的油液压力开始外伸，当到达行程终点后，稍小直径的缸筒开始外伸，直径最小的末级最后伸出。随着工作级数变大，外伸缸筒直径越来越小，输出推力逐渐减小，工作速度逐渐加大。

2.2.1.4　摆动式液压缸

摆动式液压缸也称回转式液压马达。当通入压力油时，它的主轴能输出小于360°的摆动运动。它经常用于辅助运动，如送料和转位装置、液压机械手及间歇进给机构。由于近些年来密封材料的改善，应用范围已扩大到中、高压。摆动式液压缸如图 2-2-9 所示。

摆动式液压缸分为单叶片式和双叶片式两种。图 2-2-9（a）所示为单叶片式摆动缸，它只有一个叶片，其摆动角度较大，可达 300°；图 2-2-9（b）所示为双叶片式摆动缸，它有 2 个叶片；其摆动角一般小于 150°。双叶片式摆动缸与单叶片式相比，摆动角度虽然较小，但在相同条件下，双叶片式摆动缸的转矩是单叶片式的两倍，而角速度是单叶片式摆动缸的一半。

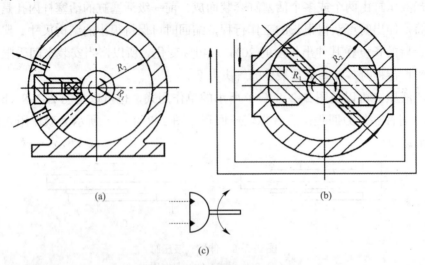

(a)　　　　　　(b)

(c)

图 2-2-9　摆动式液压缸

（a）单叶片式；（b）双叶片式；（c）图形符号

2.2.1.5 齿条活塞液压缸

齿条活塞液压缸也称无杆液压缸，其工作原理如图 2-2-10 所示。压力油进入液压缸后，推动具有齿条的活塞直线运动，齿条带动齿轮旋转，从而可带动机构回转运动。

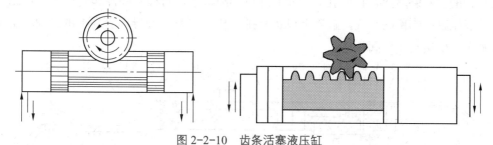

图 2-2-10 齿条活塞液压缸

2.2.1.6 增速缸

图 2-2-11 所示的增速缸是由活塞缸与柱塞缸复合而成的。当压力油只经过柱塞孔进入增速缸小腔 1 时，推动活塞快速右移，此时大腔 2 需要充液，活塞输出推力较小。当压力油同时进入增速缸小腔 1 和大腔 2 时，活塞转为慢进，输出推力增大。采用增速缸使得执行机构获得尽可能大的运动速度，且功率利用合理。

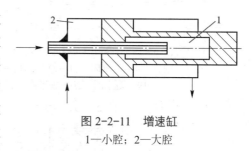

图 2-2-11 增速缸
1—小腔；2—大腔

2.2.2 液压缸的结构

2.2.2.1 液压缸的典型结构

图 2-2-12 所示为一个较常用的双作用单活塞杆液压缸。它是由缸底 1、缸筒 11、缸盖 15、活塞 8、活塞杆 12、导向套 13 和密封装置等零件组成的。缸筒一端与缸底焊接，另一端缸盖与缸筒用螺钉连接，以便拆装检修，两端设有油口 A 和 B。活塞 8 与活塞杆 12 利用半环 5、挡环 4 和弹簧卡圈 3 组成的半环式结构连在一起。活塞与缸孔的密封采用的是一对 Y 形聚氨酯密封圈 6，由于活塞与缸孔有一定间隙，采用由尼龙 1010 制成的耐磨环（又称支撑环）9 定心导向。活塞杆 12 和活塞 8 的内孔由 O 形密封圈 10 密封。较长的导向套 13 则可保证活塞杆不偏离中心，导向套外径由 O 形密封圈 14 密封，而其内孔则由 Y 形密封圈 16 和防尘圈 19 分别防止油外漏和灰尘带入缸内。缸通过杆端销孔与外界连接，销孔内有尼龙衬套抗磨。

图 2-2-13 所示为一空心双活塞杆式液压缸的结构。液压缸的左右两腔是通过油口 b 和 d 经活塞杆 1 和 15 的中心孔与左右径向孔 a 和 c 相通的。由于活塞杆固定在床身上，缸体 10 固定在工作台上，工作台当径向孔 c 接通压力油，径向孔 a 接通回油时向右移动；反之则向左移动。在这里，缸盖 18 和 24 是通过螺钉（图中未画出）与压板 11 和 20 相连，并经钢丝环 12 相连，左缸盖 24 空套在托架 3 孔内，可以自由伸缩。空心活塞杆的一端用

堵头 2 堵死，并通过锥销 9 和 22 与活塞 8 相连。缸筒相对于活塞运动由左、右两个导向套 6 和 19 导向。活塞与缸筒之间、缸盖与活塞杆之间以及缸盖与缸筒之间分别用 O 形密封圈 7、V 形密封圈 4、17 和纸垫 13、23 进行密封，以防止油液的内、外泄漏。缸筒在接近行程的左右终端时，径向孔 a 和 c 的开口逐渐减小，对移动部件起制动缓冲作用。为了排除液压缸中剩留的空气，缸盖上设置有排气孔 5 和 14，经导向套环槽的侧面孔道（图中未画出）引出与排气阀相连。

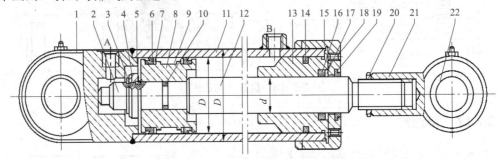

图 2-2-12　双作用单活塞杆液压缸

1—缸底；2—缓冲柱塞；3—弹簧卡圈；4—挡环；5—半环；6、10、14、16—密封圈；7、17—挡圈；8—活塞；9—支撑环；11—缸筒；12—活塞杆；13—导向套；15—缸盖；18—锁紧螺钉；19—防尘圈；20—锁紧螺母；21—耳环；22—耳环衬套圈；A、B—油口

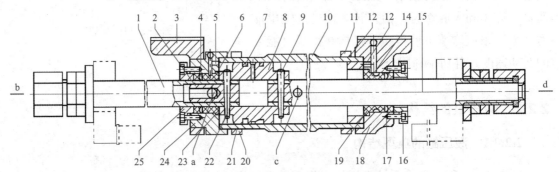

图 2-2-13　空心双活塞杆式液压缸的结构

1、15—活塞杆；2—堵头；3—托架；4、17—V 形密封圈；5、14—排气孔；6、19—导向套；7—O 形密封圈；8—活塞；9、22—锥销；10—缸体；11、20—压板；12、21—钢丝环；13、23—纸垫；16、25—压盖；18、24—缸盖；a、c—径向孔；b、d—油口

2.2.2.2　液压缸的组成

从上面所述的液压缸典型结构中可以看到，液压缸的结构基本上可分为缸体组件、活塞组件、密封装置、缓冲装置、排气装置和锁定装置 6 个部分，分述如下。

1. 缸体组件

缸体组件包括缸筒、端盖及其连接件等。缸体组件和密封装置构成了液压缸的密封容积来承受液压力，所以，缸体组件要有足够的强度、刚度和可靠的密封性。一般来说，缸筒和缸盖的结构形式及其使用的材料有关。工作压力 $p < 10$ MPa 时，使用铸铁；$p < 20$ MPa 时，使用无缝钢管；$p > 20$ MPa 时，使用铸钢或锻钢。

图 2-2-14 所示为缸筒和缸盖的常见结构形式。图 2-2-14（a）所示为法兰连接式，结构简单，容易加工，也容易装拆，但外形尺寸较小，重量较重，常用于铸铁制的缸筒

上。图 2-2-14（b）所示为半环连接式，它的缸筒外壁因开了环形槽而削弱了强度，为此有时要加厚缸壁，它容易加工和装拆，重量较轻，常用于无缝钢管或锻钢制的缸筒上。图 2-2-14（c）所示为螺纹连接式，它的缸筒端部结构复杂，外径加工时要求保证内外径同心，装拆要使用专用工具，它的外形尺寸较小，重量都较轻，常用于无缝钢管或铸钢制的缸筒上。图 2-2-14（d）所示为拉杆连接式，结构的通用性大，容易加工和装拆，但外形尺寸较大，且重量较重。2-2-14（e）所示为焊缝连接式，结构简单，尺寸小，但缸底处内径不易加工，且可能引起变形。

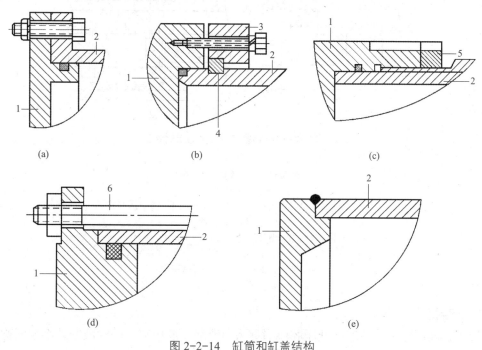

图 2-2-14　缸筒和缸盖结构

（a）法兰连接式；（b）半环连接式；（c）螺纹连接式；（d）拉杆连接式；（e）焊缝连接式

1—缸盖；2—缸筒；3—压板；4—半环；5—防松螺母；6—拉杆

2. 活塞组件

活塞组件包括活塞、活塞杆及其连接件等。随工作压力、安装方式和工作条件的不同，活塞组件有多种结构形式。可以把短行程的液压缸的活塞杆与活塞做成一体，这是最简单的形式。但当行程较长时，这种整体式活塞组件的加工较烦琐，所以，常把活塞与活塞杆分开制造，然后连接成一体。图 2-2-15 所示为几种常见的活塞与活塞杆的连接形式。

图 2-2-15（a）所示为活塞与活塞杆之间采用螺纹连接，它适用负载较小，受力无冲击的液压缸。螺纹连接虽然结构简单，安装方便且可靠，但在活塞杆上车螺纹将削弱其强度。图 2-2-15（b）、（c）所示为半环式连接方式。图 2-2-15（b）中活塞杆 5 上开有一个环形槽，槽内装有两个半环 3 以夹紧活塞 4，半环 3 由轴套 2 套住，而轴套 2 的轴向位置用弹簧卡圈 1 来固定。图 2-2-15（c）中的活塞杆，使用了两个半环 4，它们分别由两个密封圈座 2 套住，半圆形的活塞 3 安放在密封圈座的中间。半环连接一般用在高压大负荷的场合，特别是当工作设备有较大振动的情况下。图 2-2-15（d）所示是一种径向锥销式连接结构，用锥销 1 把活塞 2 固连在活塞杆 3 上。这种连接方式特别适用于双出杆式活塞，对于轻载的磨床更为适宜。

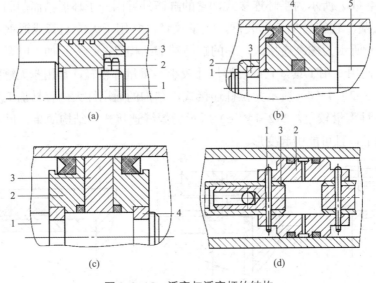

图 2-2-15　活塞与活塞杆的结构
（a）螺纹连接
1—活塞杆；2—螺母；3—活塞
（b）单半环连接
1—弹簧卡圈；2—轴套；3—半环；4—活塞；5—活塞杆
（c）双半环连接
1—活塞杆；2—密封圈座；3—活塞；4—半环
（d）锥销连接
1—锥销；2—活塞；3—活塞杆

3. 密封装置

液压缸高压腔中的油液向低压腔泄漏称为内泄漏；液压缸中的油液向外部泄漏称为外泄漏。由于液压缸存在内泄漏和外泄漏，使得液压缸的容积效率降低，从而影响液压缸的工作性能，严重时使系统压力上不去，甚至无法工作，并且外泄漏还会污染环境。因此，为了防止泄漏的产生，液压缸中需要密封的地方必须采取相应的密封措施。液压缸中需要密封的部位有活塞、活塞杆和端盖等处。

设计和选用密封装置的基本要求：密封装置应具有良好的密封性能，并随压力的增加能自动提高；动密封处运动阻力要小；密封装置要耐油、抗腐蚀、耐磨、寿命长、制造简单、拆装方便。常用的密封装置如图 2-2-16 所示。

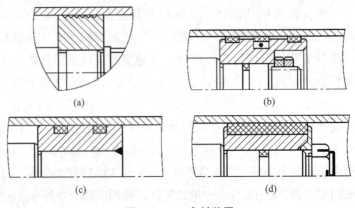

图 2-2-16　密封装置
（a）间隙密封；（b）摩擦环密封；（c）、（d）密封圈密封

（1）间隙密封。如图 2-2-16（a）所示，它依靠两运动件配合面间保持一很小的间隙，

使其产生液体摩擦阻力来防止泄漏的一种密封方法。为了提高这种装置的密封能力，常在活塞的表面上制出几条细小的环形槽，其尺寸为 0.5 mm×0.5 mm，槽间距为 3 ～ 4 mm，这些环形槽的作用有两个方面，一是提高间隙密封的效果，当油液从高压腔向低压腔泄漏时，由于油路截面突然改变，在小槽中形成旋涡而产生阻力，于是使油液的泄漏量减少；二是阻止活塞轴线的偏移，从而有利于保持配合间隙，保证润滑效果，减少活塞与缸壁的磨损，增强间隙密封性能。它的结构简单，摩擦阻力小，可耐高温，但泄漏大，加工要求高，磨损后无法恢复原有能力，只有在尺寸较小、压力较低、相对运动速度较高的缸筒和活塞之间使用。

（2）摩擦环密封。如图 2-2-16（b）所示，它依靠套在活塞上的摩擦环（尼龙或其他高分子材料制成）在 O 形密封圈弹力作用下贴紧缸壁而防止泄漏。这种材料效果较好，摩擦阻力较小且稳定，可耐高温，磨损后有自动补偿能力，但加工要求高，装拆较不便，适用缸筒和活塞之间的密封。

（3）密封圈（O 形圈、Y 形圈、V 形圈等）密封。如图 2-2-16（c）、（d）所示，它利用橡胶或塑料的弹性使各种截面的环形圈贴紧在静、动配合面之间来防止泄漏。它结构简单，制造方便，磨损后有自动补偿能力，性能可靠，在缸筒和活塞之间、缸盖和活塞杆之间、活塞和活塞杆之间、缸筒和缸盖之间都能使用。

（4）防尘圈。对于活塞杆外伸部分来说，由于它很容易把脏物带入液压缸，使油液受污染，使密封件磨损，因此常需在活塞杆密封处增添防尘圈，并放在向着活塞杆外伸的一端，如图 2-2-12 所示。

4. 缓冲装置

液压缸一般都设置缓冲装置，特别是对大型、高速或要求高的液压缸。为了防止活塞在行程终点时和缸盖相互撞击，引起噪声、冲击，必须设置缓冲装置。

缓冲装置的工作原理是利用活塞或缸筒在其走向行程终端时封住活塞和缸盖之间的部分油液，强迫它从小孔或细缝中挤出，以产生很大的阻力，使工作部件受到制动，逐渐减慢运动速度，达到避免活塞和缸盖相互撞击的目的。常见缓冲装置的结构有环状间隙式、节流口面积可变式和节流口面积可调式等，如图 2-2-17 所示。

（1）环状间隙式。如图 2-2-17（a）、（b）所示，当缓冲柱塞进入与其相配的缸盖上的内孔时，孔中的液压油只能通过间隙 δ 排出，使活塞速度降低。图 2-2-17（b）活塞设计成锥形，使间隙逐渐减小，从而使阻力逐渐增大，缓冲效果更好。

（2）节流口面积可变式缓冲装置。如图 2-2-17（c）所示，在缓冲柱塞上开有三角槽，随着柱塞逐渐进入配合孔，其节流面积越来越小，使活塞运动速度逐渐减慢而实现制动缓冲作用。

（3）节流口面积可调式缓冲装置。如图 2-2-17（d）所示，在端盖上装有节流阀，当缓冲凸台进入凹腔 c 后，活塞与端盖（a 腔）间的油液经节流阀 2 的开口流入 c 腔而排出，于是回油阻力增大，形成缓冲液压阻力，使活塞运动速度减慢，实现制动缓冲。节流阀 2 的开口可根据负载情况调节，从而改变缓冲的速度。当活塞 1 反向运动时，压力油由 c 腔经单向阀 3 进入 a 腔，使活塞迅速启动。

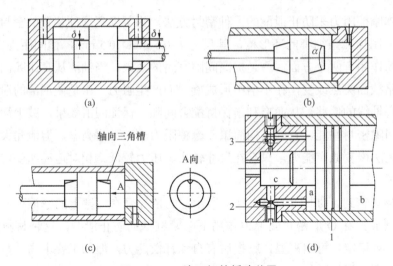

图 2-2-17　液压缸的缓冲装置

（a）、（b）环状间隙式；（c）节流口面积可变式；（d）节流口面积可调式

1—活塞；2—节流阀；3—单向阀

5．排气装置

液压缸在安装过程中或长时间停放重新工作时，液压缸里和管道系统中会渗入空气，为了防止执行元件出现爬行、噪声和发热等不正常现象，需把液压缸中和系统中的空气排出。一般可在液压缸的最高处设置进出油口把气带走，也可在最高处设置图 2-2-18（a）所示的排气孔或专门设置图 2-2-18（b）、（c）所示的排气阀。

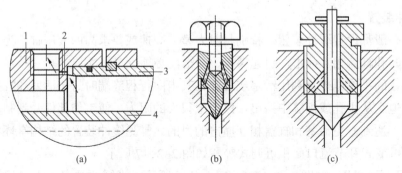

图 2-2-18　排气装置

（a）排气孔；（b）、（c）排气阀

1—缸盖；2—排气小孔；3—缸体；4—活塞杆

6．锁定装置

飞机上的一些部件（如舱门）在收上和放下位置没有设置单独的定位锁，而是依靠附属于液压缸（作动筒）的锁定装置来保持其位置的。液压缸内的锁定装置通常是机械锁。图 2-2-19 所示为一种常见的机械锁——钢珠锁，它由钢珠、锁槽、锥形活塞和弹簧等组成。钢珠安装在活塞上，锁槽则设在外筒上。

锁定过程如图 2-2-19 所示。高压油从 A 口进入作动筒的左腔后，向右推活塞，钢珠就随着活塞一起向右移动。当钢珠与锥形活塞接触时，将液压作用力传递给锥形活塞，克服弹簧张力，使锥形活塞也向右移动。当钢球移动到锁槽处，锥形活塞在弹簧力作用下，利用其顶端的斜面把钢珠推入锁槽，并依靠锥形活塞的侧壁挡住钢珠，使之不能脱出锁槽。这样，带杆活塞就被钢珠锁定在外筒上。上锁后，带杆活塞所受到的外力或液压作用力是通过钢珠传到外筒上的，所以钢珠会受到挤压作用。

打开钢珠锁的过程与上述相反。高压油从 B 口进入，向右推锥形活塞，使它离开钢珠，带杆活塞在高压油液作用下，可使钢珠滑出锁槽，并向左移动。

以上所述的是单面钢珠锁，它只能把被传动部件锁在一个极限位置。如果被传动部件在收上和放下时，都要利用作动筒来固定其位置，则往往采用带双面钢珠锁的作动筒。

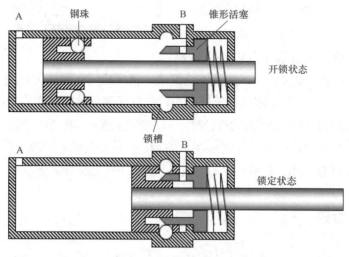

图 2-2-19 机械锁——钢珠锁

图 2-2-20 所示为波音 737 飞机地面扰流板的收放作动筒，它由外筒、活塞及活塞杆、锁定活塞、锁销、锁定衬套、弹簧、A 和 B 接头组成。此作动筒有一个内部锁机构，可将作动筒活塞杆锁定在缩入的位置。当没有液压时，锁簧使其保持在锁定位置。

作动筒活塞杆初始在缩入位置，内部机械锁将作动筒活塞杆锁定在此位置。当 B 口通压力油，A 口通回油时，压力油克服锁定活塞弹簧力，推动锁定活塞右移，锁销可以向内缩入，在 B、A 两腔压力差作用下，首先打开机械锁，活塞开始伸出，直到到达完全伸出位置。

当 A 口通压力油，B 口通回油时，在压力差作用下，活塞向左运动。

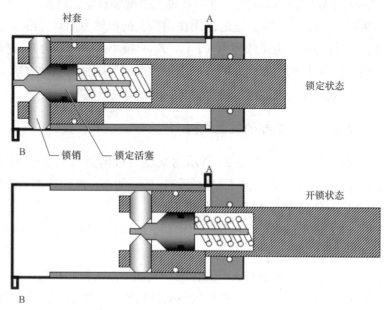

图 2-2-20 波音 737 飞机地面扰流板的收放作动筒

63

当运动到极左位置，锁簧将锁定活塞推出，锁销向外伸出，将作动筒活塞杆锁定在缩入位置。此时即使 A 口无液压油，锁簧也会将活塞锁定在完全缩入位置。

液压锁是作动筒的一个外部附件。它通过封闭作动筒的回油路来锁住带杆活塞。图 2-2-21 所示为一种单面液压锁，它只能封闭作动筒一边的回油路，因而只能将作动筒活塞杆锁定在完全伸出位置。这种液压锁由壳体、钢珠、弹簧、开锁活塞及顶杆组成。

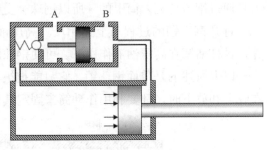

图 2-2-21　单面液压锁

高压油液从接头 A 进入时，能顶开钢珠活门入作动筒，使带杆活塞向右移动。当带杆活塞杆移动到右边极限位置时，油液停止流动，钢珠活门在弹簧力作用下随即关闭，使作动筒左腔不能回油，由于油液的压缩性很小，带杆活塞就被锁定在右边的极限位置。

高压油液从接头 B 进入液压锁的右腔时，一方面向左推开锁活塞，通过顶杆将钢珠活门顶开，使作动筒左腔的油液能流回油箱；另一方面进入作动筒的右腔液压，把带杆活塞推回左边。这种液压锁不能封闭作动筒右腔的回油路，因此不能把带杆活塞锁在左边的极限位置。

2.2.3　液压助力器

某型飞机副翼操纵系统的传动机构由传动杆、摇臂、换向机构、非线性传动机构、载荷感觉器、液压助力器等组成。其中，载荷感觉器的功用：在无回力的液压助力操纵系统中，为了使飞行员能感受到适当的驾驶杆力，以便凭力的感觉来准确地掌握操纵量，控制飞机的飞行状态。这是因为用无回力液压助力操纵副翼时，飞行员只需要克服液压助力器之前的系统摩擦力（$T_{助前}$）和液压助力器配油柱塞的摩擦力（$T_{配}$），带动配油柱塞，打开油路，副翼即可偏转。这时作用在副翼上的枢轴力矩只传给液压助力器的安装座，而传不到驾驶杆上去。由于摩擦力（$T_{助前}+T_{配}$）很小，飞行员会感到操纵副翼很轻，而不易掌握操纵量。液压助力器是利用液压作用力来克服副翼的枢轴力矩，帮助飞行员操纵副翼。下面以副翼操纵系统的液压助力器 ZL-5 为例进行说明。

2.2.3.1　助力器的主要结构

图 2-2-22～图 2-2-24 所示为某型飞机副翼操纵系统 ZL-5 型液压助力器工作原理图。ZL-5 型液压助力器主要由外筒、传动活塞和配油柱塞三部分构成。

（1）外筒固定在机翼肋的固定架上。

（2）传动活塞可以在外筒内移动，活塞杆的后端与通向副翼的传动摇臂相连，前端装有头部壳体。

（3）配油柱塞装在头部壳体内，其前端点与铰接在头部壳体 b 点上的小摇臂相连；小摇臂的下端 c 点与通向驾驶杆的传动杆相连，它在头部壳体上的圆孔内有游动间隙 $2s$。另外，头部壳体内装有连通活门和限动销、单向活门和四钢珠活门、转换活门等组件。

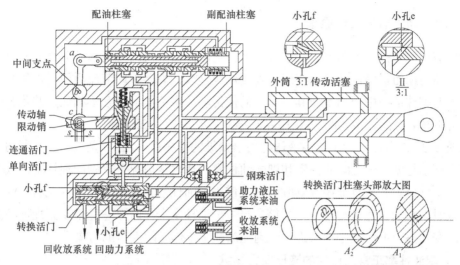

图 2-2-22 ZL-5 液压助力器工作原理图（当助力液压油压大于收放系统油压的一半时）

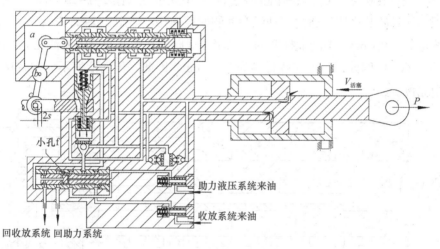

图 2-2-23 ZL-5 液压助力器工作原理图（当助力液压系统油压压力小于收放系统的一半时）

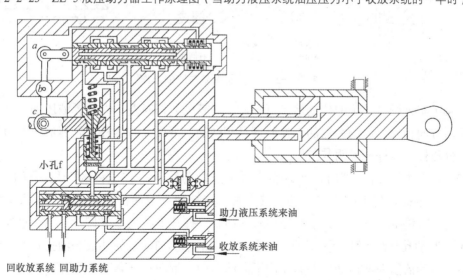

图 2-2-24 ZL-5 液压助力器工作原理图（当来油路接头与回油路沟通时，失去液压助力；此时为人力直接操纵）

2.2.3.2　助力器的工作原理

使用液压助力操纵副翼时，必须接通助力电磁开关，由助力电磁开关将液压供压部分的来油管路与助力器的进油接头接通。高压油液进入助力器单向节流活门后，顶起连通活门，进入四钢珠活门中间油室使其关闭从而使传动活塞两侧油室互不相通，并顶开限动销使小摇臂下端 c 点能在游动间隙 2s 内左右移动，如图 2-2-22 所示。

如图 2-2-22 所示，为了提高液压助力器操纵的可靠性，ZL-5 型液压助力器内实际上装有两个配油柱塞——主配油柱塞和副配油柱塞。在正常情况下，副配油柱塞由其右端弹簧保持在中立位置，飞行员操纵驾驶杆只能使主配油柱塞在副配油柱塞内左右移动，改变油路。这时副配油柱塞相当于一个衬筒。当主配油柱塞卡住时，它能带动副配油柱塞一起移动，改变油路。下面就分别来讲主、副配油柱塞工作时的液压助力操纵。

1. 主配油柱塞正常工作时的液压助力操纵

（1）驾驶杆在中立位置。主副配油柱塞处于中立位置（图 2-2-22 和图 2-2-25）。这时，主配油柱塞的凸缘堵住通向传动活塞两侧的通油孔，如图 2-2-25 中 A、B、C、D 四处，每处交叠量各为 0.1 mm；副配油柱塞的凸缘堵住通向传动活塞两侧的通油孔，如图 2-2-25 中的 E、F、G、H 四处，每处交叠量各为 0.35 mm。因此，传动活塞不能左右移动，副翼保持在中立位置。

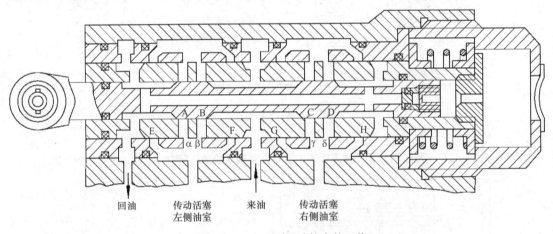

图 2-2-25　主、副配油柱塞的工作

从飞机副翼操纵系统的传动情形可知，压（驾驶）杆时左、右副翼液压助力器的传动活塞运动方向相反，但助力器的工作原理是相同的。下面以右压杆右副翼液压助力器的工作为例分压杆、停杆来说明其工作。

（2）右压杆。右压杆时，小摇臂下端 c 点向前移动。在压杆的开始瞬间传动活塞并不运动，小摇臂将围绕 b 点转动，其上端 a 点带动主配油柱塞向后运动压入头部壳体（图 2-2-23 和图 2-2-25）。主配油柱塞移动后，打开来油孔 C 和回油孔 A，这时来油经来油孔 C 和油孔 γ 流入传动活塞的后油室，传动活塞的前油室的油液经油孔 α 和回油孔 A 回油箱，传动活塞在两边油压差力作用下向前运动，带动右副翼向上偏转。

连续右压杆时，小摇臂下端 c 点不断向前移动，主配油柱塞保持来油与来油孔 C、回油孔与回油孔 A 始终处于接通状态，传动活塞便连续向前移动，带动右副翼连续向上偏转。

压杆速度越快，主配油柱塞打开的来油孔 C 和回油孔 A 的开度就越大，油液流进、流出液压助力器的流量越多，传动活塞的运动速度也就越快，右副翼向上偏转速度也就越快。

（3）右压杆后停杆。飞行员右压杆到任意位置后停止压杆，c 点立即不动，而传动活塞由于来油孔 C、回油孔 A 仍处于打开状态，它在油压作用下还要继续向前运动，并带着小摇臂绕 c 点沿逆时针方向转动。由于 a 点转动半径比 b 点大（即 ac>bc），小摇臂绕 c 点反转时主配油柱塞向前的移动量比传动活塞大，所以只要传动活塞稍微向前移动一小段距离，主配油柱塞即可相对头部壳体向外移动而将来油孔 C 和回油孔 A 同时关闭，使传动活塞停止运动。这时传动活塞两侧油室的油液均被封闭而不能流出和流入。因此，作用在副翼上的空气动力不能反过来推动传动活塞，副翼就保持在一定偏转角的位置上。

（4）左压杆。左压杆时，右副翼液压助力器的工作情况大体与上述相同，但油液通过的油孔和传动活塞运动的方向有变化。左压杆时，主配油柱塞相对头部壳体向前移动，打开来油孔 B 和回油孔 D，来油经来油孔 B、油孔 β 流进传动活塞的前油室，与此同时传动活塞后油室的油液经油孔 δ、回油孔 D 回油。传动活塞向后运动，右副翼向下偏转。停杆时，来油孔 B 和回油孔 D 关闭，传动活塞停止运动。

总的来说，主配油柱塞工作正常时液压助力器的基本情况：压杆（c 点先动），通过油孔打开，传动活塞随之运动；压杆速度越快，通油孔开度越大，传动活塞运动速度也越快；停杆（c 点停），传动活塞稍微移动后通油孔随之关闭，传动活塞停止运动，副翼被"锁"在某一个位置上。无论是压杆、连续压杆还是停杆，空气动力对副翼转轴的枢轴力矩，都是通过油液传压，经过助力器外筒及其凸销，最终传到固定架上，而不会传动驾驶杆上去。助力的实质就在这里。

2．主配油柱塞卡住后，副配油柱塞工作时的液压助力操纵

主配油柱塞卡住后，要依靠副配油柱塞控制油孔的打开与关闭进行工作。副配油柱塞的工作基本情况是相同的，都能使传动活塞在液压作用下跟随驾驶杆而动作，但又有其特点。下面仍以右副翼液压助力器的主配油柱塞卡住为例来说明。

（1）主配油柱塞卡在中立位置后，副配油柱塞工作时的液压助力操纵。主配油柱塞卡住中立位置后（图 2-2-22），右压杆时主配油柱塞即带着副配油柱塞克服弹簧力量向后移动，当副配油柱塞相对头部壳体移动 0.35 mm 后，来油孔 G 和回油孔 E 即被打开。于是来油经过来油孔 G 通往传动活塞的后油室，而传动活塞的前油室经回油孔 E 通回油，传动活塞向前移动，右副翼向上偏转。

同样的道理，左压杆时，右副翼液压助力器的主配油柱塞带着副配油柱塞克服弹簧的力量向前移动，当副配油柱塞相对头部壳体移动 0.35 mm 后，来油与来油孔 F 接通、回油与回油孔 H 接通，传动活塞向后移动，右副翼向下偏转。

无论右压杆或左压杆后使驾驶杆停住，传动活塞在两边油压差作用下再稍微移动一小段距离后，即通过小摇臂带动主副配油柱塞相对于壳体向前或向后运动而关闭原来打开的来、回油孔，使传动活塞停止运动。

由上述可知，主配油柱塞卡在中立位置时，液压助力器的工作和正常时的不同点是，副配油柱塞工作时所需要克服的阻力较大（包括弹簧张力和小摇臂、副配油柱塞的摩擦力，约为 200 N）。这个力要传到驾驶杆上，所以这种情况下操纵副翼时，驾驶杆力要比正常情况下大。

（2）主配油柱塞卡在某一极限位置后，副配油柱塞工作时液压助力操纵。这里以右副翼液压助力器的主配油柱塞卡在后极限位置为例来说明。

1）对驾驶杆中立位置的影响。右副翼液压助力器主配油柱塞卡在后极限位置（图 2-2-25）。这时不用操纵，来油就能从来油孔 C 通往传动活塞的后油室，而前油室的油液可经回油孔 A 回油，传动活塞在液压差作用下向前运动。这时可能有以下两种情况：

一种情况：如果驾驶杆是松开的，油压就会使传动活塞连续向前运动，带着副翼和驾驶杆偏离中立位置，与此同时还要压缩载荷感觉器的弹簧。直到载荷感觉器的弹簧张力增大到能够克服副配油柱塞移动阻力时，才将主、副配油柱塞同时从壳体内拉出很小一段距离（稍大于 0.35 mm）堵住油孔 α 和油孔 γ（图 2-2-25），使传动活塞停止运动。这时驾驶杆保持在向右倾斜的位置上，在空中，飞机就会出现右坡度。

另一种情况：为了保持飞机平衡，应当将驾驶杆握住在中立位置不动。这样，传动活塞带着主副配油柱塞稍微向前移动一点，即可将主、副配油柱塞同时从壳体内拉出很小一段距离（稍大于 0.35 mm），把油孔 α 和油孔 γ 堵住（图 2-2-25），使传动活塞停止运动。但是，在这种情况下，副配油柱塞弹簧的张力将会传到驾驶杆上来，因此，必须使用一定的向左压杆的力，才能使驾驶杆保持在中立的位置。

2）左压杆。驾驶杆握住在中立位置时向左压杆，主配油柱塞便带着副配油柱塞相对头部壳体再向前拉出一小段距离（大于 0.35 mm），将通向传动活塞前油室的来油孔 F 和后油室的回油孔 H 打开（图 2-2-25），传动活塞向后运动，右副翼向下偏转，停杆时，传动活塞再稍微向后移动一点，使主副配油柱塞对头部壳体后移，而关闭来油孔 F 和回油孔 H（图 2-2-25），于是传动活塞即停在一定位置上。驾驶杆停在左倾斜位置时，除需要克服载荷感觉器的弹簧力外，还需要克服副配油柱塞的弹簧力，所以，杆力比正常情况下要大。

3）右压杆。驾驶杆握住在中立位置时向右压杆，主、副配油柱塞相对头部壳体向后运动，重新打开回油孔 α 和油孔 γ（图 2-2-25）传动活塞向前移动，右副翼向上偏转。停杆时，传动活塞再稍微向前移动一点，使主、副配油柱塞相对头部壳体前移而关闭油孔 α 和油孔 γ（图 2-2-25），于是传动活塞停在一定位置上。驾驶杆停在右倾斜位置时，由于副配油柱塞弹簧力和载荷感觉器弹簧力对驾驶杆的作用力方向相反，所以，杆力比正常情况下小。

由上述可知，副翼液压助力器的主配油柱塞卡在后极限位置时，液压助力器工作时：松开驾驶杆时杆自动向右倾斜，飞机产生右坡度；握住驾驶杆在中立位置时必须使用一定的左压杆力。驾驶杆停在左倾斜位置时，左压杆力比正常情况下大；驾驶杆停在右倾斜位置时，右压杆力比正常情况下小。

下面将右副翼液压助力器的主配油柱塞卡在中立位置、卡在后极限位置时的杆力曲线与主配油柱塞工作正常时的杆力曲线做比较。

图2-2-26中横轴表示压杆量向右为正（向左为负），纵轴表示压杆力向右为正（向左为负）。曲线 *AOB* 表示正常时的杆力。曲线 *A′O″OO′B′* 表示右副翼 ZL-5 主配油柱塞卡在中立位置时的杆力，它说明此时无论是左压杆还是右压杆，其杆力都比正常情况大。曲线 *A′O″M″B″* 表示右副翼 ZL-5 主配油柱塞卡在后极限位置时的杆力，它说明杆在中立位置时有一定的向左压杆力，无杆力位置在右压杆一定位置上；右压杆力比正常情况下小，左压杆力比正常情况下大。

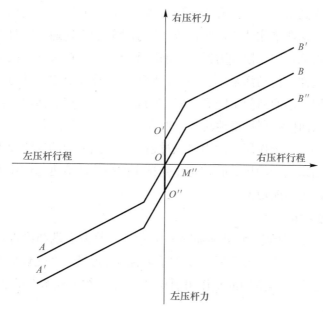

图2-2-26 杆力曲线变化示意

综上所述分析可知，主配油柱塞卡住以后，液压助力器还可依靠副配油柱塞控制油路，操纵副翼偏转，这就增加了液压助力器工作的可靠性。但需要指出，副配油柱塞一旦进行工作，便说明液压助力器已经有了故障，它的性能已变差了。所以，确保主配油柱塞工作正常，仍然是十分重要的，其中做好液压油的清洁工作尤为重要。

3. 液压助力操纵失效，转为人力直接操纵时的工作

如果液压源系统或液压助力器有故障，可以关断副翼助力器操纵电门（开关），转为由人力直接操纵副翼。这时助力电磁开关断开供油管路，并使助力器的来油接头也与回油路沟通。于是连通活门下的油压消失，在弹簧力作用下连通活门下移使传动活塞两边油室沟通，限动销则插入限动连接件将小摇臂和配油柱塞销住在中立位置（图2-2-24）。飞行员压杆时，就凭人力直接带动传动活塞克服副翼枢轴力矩，使副翼偏转。传动活塞前后油室的油液则经连通活门串流。此时，飞行员操纵副翼所需压杆力除要用来克服载荷感觉器的弹簧力外，还要用来克服全系统的摩擦力、油液经连通活门串流的阻力和副翼的枢轴力矩。

4. 单向节流活门和四钢珠活门的工作

在飞行员压杆进行液压助力操纵的过程中，如果系统油压突然下降，或者关闭副翼助力器电门消除助力器进口油压，副翼上的空气动力就要反过来推动传动活塞，如果液压助力器上未装单向节流活门和四钢珠活门，传动活塞一侧的油液就可从来油接头迅速倒流回系统，或者经过连通活门打开的油路流到传动活塞另一侧。这样，传动活塞就会在副翼上的空气动力作用下迅速返回，从而使杆力突然增大，飞行员可能掌握不住而引起飞机状态突然变化。

为防止出现上述现象，ZL-5 液压助力器中装有单向节流活门和四钢珠活门，它们的作用：在压杆操纵过程中当来油压力突然下降时，使连通活门缓慢地接通传动活塞两侧油室的油路，保证平稳、缓和地转为人力直接操纵。例如，右压杆过程中系统油压突然消失，右副翼助力器的传动活塞在副翼空气动力作用下要向后移动（图 2-2-23），传动活塞后侧油室的油液受到挤压。油压升高，顶开四钢珠活门右边一对钢珠，进入连通活门下油室。同时左边一对钢珠堵住油路，防止传动活塞两侧油室连通。这时单向节流活门因油压升高而关闭，起限流作用，使助力器内的油液不能从来油接头迅速倒流，因而连通活门也不会迅速打开。这样，传动活塞不会突然返回而将副翼上的空气动力传给驾驶杆。必须待传动活塞逐渐返回，连通活门下降到 $0.5^{+0.3}$ MPa 以下时，连通活门才会下移，将传动活塞两侧油室连通，从而使副翼平稳地转为人力直接操纵。

单向节流活门的另一个作用：助力操纵过程中，遇到强烈的气流使副翼上传到助力器的作用力大于传动活塞上的油压力时，防止受挤压的高压油液迅速倒流入系统，使管路受到过高压力和副翼产生回缩现象。

5. 转换活门的工作

如图 2-2-22 所示，转换活门由衬筒和柱塞组成。柱塞右端凸缘直径较大，助力系统来油与该凸缘右端接通，主系统则通入该凸缘左端的环形槽。在此环形槽中，两侧液压作用面积抵消一部分以后，剩余的油压作用面积 A_2 较小，约为柱塞右端液压作用面积 A_1 的一半，即 $A_2 \approx \frac{1}{2} A_1$。

当两个系统（主液压系统和助力液压系统）的油压相等时，柱塞右端的液压作用力大于左侧的液压作用力，即

$$p_{助} = p_{主}$$
$$p_{助} A_1 > p_{主} A_2$$

柱塞保持在左极限位置（图 2-2-22）。助力系统来油即经衬筒中间的环形槽和柱塞上的宽环形槽通往配油柱塞。从配油柱塞来的回油则经过转换活门左端油室和柱塞中心通往助力系统油箱。

当助力系统油压下降到小于主液压压力一半时，转换活门柱塞右端的液压作用力（即助力液压系统油压作用力）就会小于左侧的液压作用力（即主液压系统油压作用力），即

$$p_{助} < \frac{1}{2} p_{主}$$
$$p_{助} A_1 < p_{主} A_2$$

因此，柱塞就可在这两个液压作用力的差值作用下，克服摩擦力移动到右极限位置（图 2-2-23）。于是，主系统来油经柱塞上的宽环形槽通往配油柱塞。由配油柱塞

来的回油则经转换活门左端油室和柱塞中心通往主系统油箱。

柱塞向右移动时，其右端油室容积变小，油液可经柱塞中心和衬筒上的旁流孔 f 通往回油路。在柱塞右移的后半程，主系统来油压力经衬筒上的小孔 e 通入柱塞的环形槽。

当助力系统液压回升到主系统液压的一半以上时，转换活门柱塞右端的液压作用力又会大于左侧的液压作用力。柱塞会在液压作用力的作用下，克服摩擦力向左移动到极限位置。助力器又转为由助力系统供压。

2.2.4　液压马达

液压马达也是液压系统的执行元件，它将液体的压力能转换为机械能，用来驱动工作机构工作。它与液压泵在结构上基本相同，也可分为齿轮式、叶片式和柱塞式三种。

2.2.4.1　齿轮式液压马达

图 2-2-27 所示为齿轮式液压马达的工作原理，齿轮式液压马达与齿轮式液压泵的结构基本相同，最大的不同是齿轮式液压马达的两个油口一样大，且内泄漏单独引回油箱。当高压油进入右腔时，由于两个齿轮的受压面积存在差异，因而产生转矩，推动齿轮转动。这种马达适用高转速、低扭矩的场合。

2.2.4.2　叶片式液压马达

图 2-2-28 所示为叶片式液压马达的工作原理，这种马达由转子、定子、叶片、配油盘、转子轴和泵体等组成。其在结构上与叶片泵有一些重要的区别。叶片式液压马达的叶片径向放置，以便马达可以正反向旋转；在吸、压油腔通入叶片根部的通路上设有单向阀，使叶片底部能与压力油相通，以保证马达的正常启动；在每个叶片根部均设有弹簧，使叶片始终处于伸出状态，以保证密封。

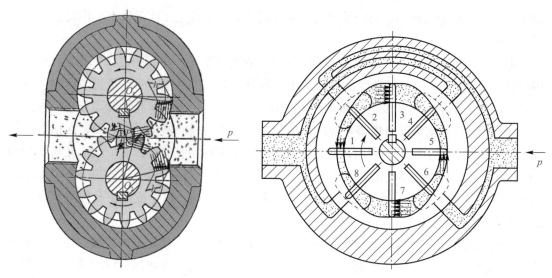

图 2-2-27　齿轮式液压马达的工作原理　　　　图 2-2-28　叶片式液压马达的工作原理

当压力油进入压油腔后，在叶片 3、7 和叶片 1、5 上，一面作用有压力油，另一面无压力油，由于叶片 3、7 的受压面积大于叶片 1、5 的，从而由叶片受力差构成的力矩推动转子和叶片顺时针旋转。当改变输油方向时，液压马达就会反转。

叶片式液压马达的转子惯性小，动作灵敏，可以频繁换向，但泄漏量较大，不宜用于低速场合。因此，叶片液压马达多用于转速高、转矩小、动作要求灵敏的场合。

2.2.4.3 柱塞式液压马达

1. 轴向柱塞式液压马达

图 2-2-29 所示为斜盘式轴向柱塞马达的工作原理，这种马达由转子、柱塞、倾斜盘、配油盘、定子等组成。工作时，压力油经配油盘进入柱塞底部，柱塞受压力油作用外伸，并紧压在斜盘上，这时在斜盘上产生一反作用力 F，F 可分成轴向分力 F_x 和径向分力 F_y，轴向分力 F_x 与作用在柱塞上的液压力相平衡，而径向分力 F_y 使转子产生转矩，使缸体旋转，从而带动液压马达的传动轴转动。

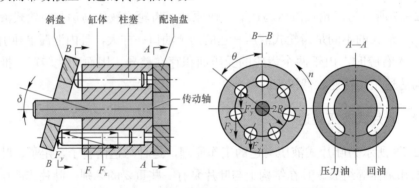

图 2-2-29 斜盘式轴向柱塞马达的工作原理

2. 径向柱塞式液压马达

图 2-2-30 所示为多作用内曲线径向柱塞式液压马达的工作原理，它具有尺寸小、径向受力平衡、转动脉动小、转动效率高、能在很低转速下稳定工作等优点，因此获得了广泛的应用。

定子 1 的内表面由各段形状相同做均匀分布的曲线组成，曲面的数目 x 就是马达的作用次数（本例 $x=6$）。每一曲线的凹部的顶点处分为对称的两半，一半是进油区段（工作区段），另一半是回油区段。缸体 2 有 z（本例 $z=10$）个径向柱塞孔沿圆周分布，柱塞孔中装有柱塞 6，柱塞头部与横梁 4 接触，横梁可在缸体的径向槽中滑动。安装在横梁两端轴颈上的滚轮 5 可沿定子内表面滚动。在缸体内，每个柱塞孔底部都有一配流孔与配流轴 3 相通。配流轴是固定不动的，其上有 $2x$ 个配流窗孔沿圆周均匀分布，其中有 x 个窗孔 c 与轴中心的进油孔相通，另外，x 个窗孔 e 与回油孔道相通，这个配流窗孔位置又分别和定子内表面的进、回油区段位置一一相对应。

当压力油输入马达后，通过配流轴上的进油窗孔 g 分配到处于进油区段的柱塞底部油腔。油压使滚轮顶紧在定子内表面上，滚轮所受到的法向反力 N 可以分解为两个方向的分力，其中径向分力 P 和作用在柱塞后端的液压力相平衡，切向分力 T 通过横梁对缸体产生转矩。同时，处于回油区段的柱塞受压缩回，把低压油从回油窗孔排出。

缸体每转一周，每个柱塞往复移动 x 次。由于 x 和 z 不等，所以任一瞬时总有一部分柱塞处于进油区段，使缸体转动。

当马达的进、回油口互换时，马达将反转。

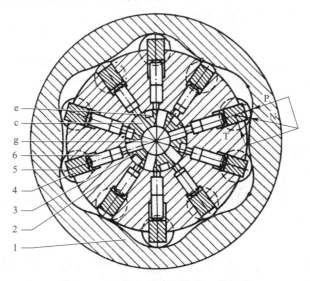

图 2-2-30 径向柱塞马达的工作原理
1—定子；2—缸体；3—配流轴；4—横梁；5—滚轮；6—柱塞
c—配流轴上与轴中心的进油孔相通的窗孔；e—配流轴上与回油孔道相通的窗孔；g—配流轴上的进油孔

额定转速高于 500 r/min 的液压马达属于高速液压马达；额定转速低于 500 r/min 的液压马达属于低速液压马达。高速液压马达的基本形式有齿轮式、叶片式和轴向柱塞式等。高速液压马达的主要特点是转速高、转动惯量小，便于启动和制动。通常，高速液压马达输出转矩不大（仅几十到几百），所以又称为高速小转矩马达。低速液压马达的基本形式是径向柱塞式，低速液压马达的主要特点是排量大、体积大、转速低（可达每分钟几转甚至零点几转）、输出转矩大（可达几千 N·m 到几万 N·m），所以又称为低速大转矩液压马达。图 2-2-31 所示为马达的图形符号。

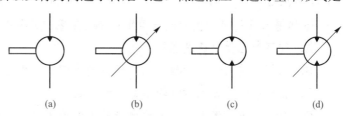

图 2-2-31 马达的图形符号
（a）单向定量马达；（b）单向变量马达；
（c）双向定量马达；（d）双向变量马达

【重点知识考核】

1. 考核要点

（1）活塞式液压缸的工作原理及典型结构。

（2）单杆活塞式液压缸和双杆活塞式液压缸的功能特点。

（3）液压马达的功能及图形符号。

2．考核例题

（1）双杠活塞式液压缸的功能有何特点？

（2）单杆活塞式液压缸的功能有何特点？

（3）飞机作动筒常见的锁定装置有哪些？

（4）填空题。

①活塞式液压缸按照其结构不同可分为_____活塞式液压缸和双杆活塞式液压缸；按固定方式不同分为_____固定、杆固定和铰链连接式三种。

②液压马达和液压缸是液压系统的_____元件，其作用是将液体压力能转换为机械能。

③单杆活塞式液压缸无杆腔进油，活塞杆_____（伸出／收回），液压油有效作用面积为_____面积。

④单杆活塞式液压缸有杆腔进油，活塞杆_____（伸出／收回），液压油有效作用面积为_____面积。

（5）选择题。

①在流量相同的情况下，单杆活塞式液压缸无杆腔进油时活塞杆伸出的速度 v_1 与有杆腔进油时活塞杆缩回的速度 v_2 大小关系正确的是（　　）。

A．$v_1 > v_2$　　　　　　　　　　B．$v_1 = v_2$

C．$v_1 < v_2$　　　　　　　　　　D．不确定

②在油压力相同的情况下，单杆活塞式液压缸无杆腔进油时的推力 F_1 与有杆腔进油时的推力 F_2 大小关系正确的是（　　）。

A．$F_1 = F_2$　　　　　　　　　　B．$F_1 > F_2$

C．$F_1 < F_2$　　　　　　　　　　D．不确定

③如果液压系统的供油流量恒定，单杆活塞式液压缸的动力输出特点是（　　）。

A．往返行程运动速度相同

B．无杆腔进油伸出行程要比有杆腔进油缩入行程运动速度快

C．有杆腔进油缩入行程输出力比无杆腔进油伸出行程输出力大

D．有杆腔进油缩入行程要比无杆腔进油伸出行程运动速度快

④如果液压源系统的供油流量恒定，双杆活塞式液压缸的动力输出特点是（　　）。

A．往返行程运动速度相同

B．左移行程要比右移行程运动速度快

C．右移行程输出力比左移行程输出力大

D．右移行程要比左移行程运动速度快

任务 2.3　液压辅助元件选用

【学习目标】

掌握常用液压辅助元件的种类、工作原理及图形符号。

【情景引入】

由图 2-3-1 所示的某型飞机液压系统管路图可知，飞机液压系统除需要铺设各类液压油管外，还需要液压油箱、过滤器、蓄能器、压力表、冷却器、密封装置等各类辅助元件，才能保证液压系统能够正常可靠的工作。这些辅助元件各有哪些种类？它们又是如何工作的？

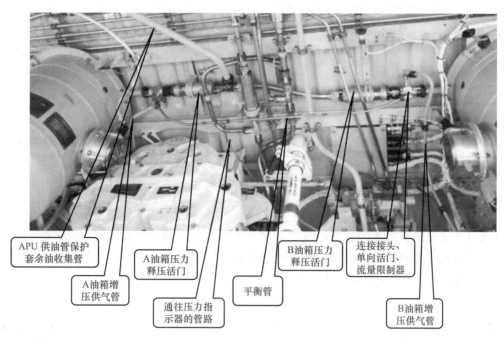

图 2-3-1　某型飞机液压系统管路图

图 2-3-1 某型飞机液压系统管路图（续）

- A油箱 (25.8 L) 油量传感器和指示
- 系统回油
- EDP1供油（立管）
- EMDP2供油（立管）

任务具体要求见表 2-3-1。

表 2-3-1 液压辅助元件选用任务单

项目二	液压元件选用及液压基本回路分析
任务 2.3	液压辅助元件选用
布置任务	
学习目标	掌握常用液压辅助元件的种类、工作原理及图形符号
任务描述	根据提供的常用液压辅助元件工作原理图，理解其工作原理、功能及图形符号
任务分析	根据提供的学习资源，分析各类液压辅助元件的主要结构、工作原理、功能特点及图形符号

【相关知识】

　　飞机液压系统要能正常工作，必须有储存液压油的容器——油箱，有连接各元器件的管道，还得有过滤系统油液、防止杂质进入泵和液压系统的过滤器。另外，有蓄能器、压力表、冷却器等作为液压系统辅助元件。

2.3.1 过滤器

　　液压系统中 75% 以上的故障和液压油的污染有关，油液中不可避免地存在着颗粒状的固体杂质，它会划伤液压元件运动副的结合面，严重磨损或卡死运动件，堵塞阀口，增加内部泄漏，降低效率，增加发热，加剧

过滤器

油液的化学作用，使油液变质，致使系统可靠性大为降低。所以，保持油液的清洁是液压系统可靠工作的关键。过滤器的功用在于过滤混在液压油中的杂质，使进入液压系统油液的污染度降低，保证系统正常地工作。

2.3.1.1 过滤器的主要性能参数

过滤器的主要性能参数有过滤精度、过滤比、过滤能力等。

（1）过滤精度。过滤器的过滤精度是指介质流经过滤器时滤芯能够滤除的最小杂质颗粒度的大小，以公称直径 d 表示，单位为 mm。颗粒度越小，其过滤精度越高，一般分为 4 级：粗过滤器 $d \geqslant 0.1$ mm，普通过滤器 $d \geqslant 0.01$ mm，精过滤器 $d \geqslant 0.005$ mm，特精过滤器 $d \geqslant 0.001$ mm。

（2）过滤比。过滤器的作用也可用过滤比来表示，它是指过滤器上游油液单位容积中大于某一给定尺寸的颗粒数与下游油液单位容积中大于同一尺寸的颗粒数之比。影响过滤比的因素很多，如污染物的颗粒度及尺寸分布、流量脉动及流量冲击等。过滤比越大，过滤器的过滤效果越好。

（3）过滤能力。过滤器的过滤能力是指在一定压差下允许通过过滤器的最大流量，一般用过滤器的有效过滤面积（滤芯上能通过油液的总面积）来表示。

2.3.1.2 过滤器的主要类型

过滤器按其滤芯材料的过滤机制来分，有表面型过滤器、深度型过滤器和吸附型过滤器三种。

1. 表面型过滤器

表面型过滤器将滤除的微粒污物截留在滤芯元件油液上游一面，整个过滤作用是由一个几何面来实现的，就像丝网一样把污物阻留在其外表面。滤芯材料具有均匀的标定小孔，可以滤除直径大于标定小孔的污物杂质。由于污物杂质积聚在滤芯表面，所以，此种过滤器极易堵塞。最常用的表面型过滤器有网式和线隙式两种。图 2-3-2（a）所示的是网式过滤器，它是用细铜丝网作为过滤材料，包在周围开有很多窗孔的塑料或金属筒形骨架 2上。一般滤去 0.08 ～ 0.18 mm 的杂质颗粒，阻力小，其压力损失不超过 0.01 MPa，安装在液压泵吸油口处，保护泵不受大粒度机械杂质的损坏。此种过滤器结构简单，清洗方便。

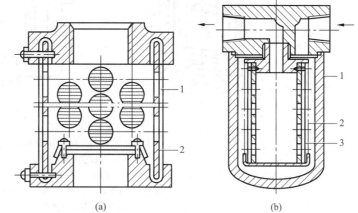

图 2-3-2　表面型过滤器
（a）网式过滤器；
1—细铜丝网；2—金属筒形骨架；
（b）线隙式过滤器
1—壳体；2—铜丝线；3—筒形骨架

图 2-3-2（b）所示的是线隙式过滤器，1 是壳体，滤芯是用铜或铝线绕在筒形骨架 3 的外圆上，利用线间的缝隙进行过滤。一般滤去 0.03 ～ 0.1 mm 的杂质颗粒，压力损失为 0.07 ～ 0.35 MPa，常用在回油低压管路或泵吸油口。此种过滤器结构简单，滤芯材料强度低，不易清洗。

2．深度型过滤器

深度型过滤器的滤芯由多孔可透性材料制成，材料内部具有曲折迂回的通道，大于表面孔径的粒子直接被拦截在靠油液上游的外表面，而较小污染粒子进入过滤材料内部，撞到通道壁上，滤芯的吸附及迂回曲折通道有利污染粒子的沉积和截留。这种滤芯材料有纸芯、烧结金属、毛毡和各种纤维类等。图 2-3-3（a）所示为纸芯式过滤器，其结构与线隙式相同，但滤芯为用平纹或波纹的酚醛树脂或木浆微孔滤纸制成的纸芯。为了增大过滤面积，纸芯常制成折叠形。它可滤去 0.05 ～ 0.03 mm 的颗粒，压力损失为 0.08 ～ 0.4 MPa，常用于对油液要求较高的场合。纸芯式过滤器过滤效果好，滤芯堵塞后无法清洗，要更换纸芯。图 2-3-3（b）所示为烧结式过滤器。它的滤芯 3 是用颗粒状青铜粉烧结而成。油液从左侧油孔进入，经杯状滤芯过滤后，从下部油孔流出。它可滤去 0.01 ～ 0.1 mm 的颗粒，压力损失较大，为 0.03 ～ 0.2 MPa，多用在回油路上。烧结式过滤器制造简单、耐腐蚀、强度高。但金属颗粒有时脱落，堵塞后清洗困难。

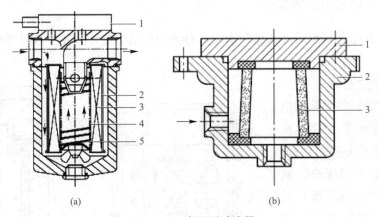

(a)   (b)

图 2-3-3　表面型过滤器

（a）纸芯式过滤器

1—发讯装置；2—外层（粗眼钢板网）；3—中层（滤纸）；
4—里层（金属丝网与滤纸折叠在一起）；5—支承弹簧；

（b）烧结式过滤器

1—端盖；2—壳体；3—滤芯

3．吸附型过滤器

磁性过滤器属于吸附型过滤器。磁性过滤器的滤芯采用永磁性材料，将油液中对磁性敏感的金属颗粒吸附到上面，如图 2-3-4 所示。常与其他形式滤芯一起制成复合式过滤器，对加工金属的机床液压系统特别适用。

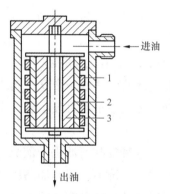

图 2-3-4　磁性过滤器

1—铁环；2—罩子；3—永久磁铁

过滤器的图形符号如图 2-3-5 所示。

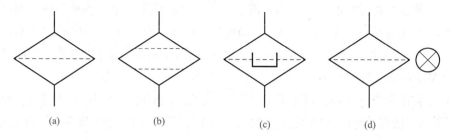

图 2-3-5　过滤器的图形符号

（a）粗过滤器（一般符号）；（b）精过滤器；（c）带磁性滤芯的过滤器；（d）带污染指示器的过滤器

2.3.1.3　过滤器的选用和安装

1. 过滤器的选用

选用过滤器时，要考虑下列几点：

（1）过滤精度应满足预定要求。

（2）要有足够的过滤能力，能在较长时间内保持足够的通流能力。过滤能力是指一定压力降下允许通过过滤器的最大流量，一般用过滤器的有效过滤面积（滤芯上能通过油液的总面积）来表示。过滤器的过滤能力还应根据过滤器在液压系统中的安装位置来考虑，如过滤器安装在吸油管路上时，为了不影响泵的吸油性能，防止发生气穴现象，其过滤能力应为泵流量的两倍以上，压力损失不得超过 0.02 MPa。

（3）滤芯要利于清洗和更换，便于拆装和维护。过滤器滤芯一般应按规程定期更换、清洗。因此，过滤器应尽量设置在便于操作的地方，避免设置在维护人员难以接近的地方。

（4）过滤器应有足够的机械强度，不能因液压力的作用而破坏。

（5）过滤器滤芯应有良好的抗腐蚀性能，并能在规定的温度下持久地工作。

2. 过滤器的安装

过滤器在液压系统中的安装位置通常有以下几种：

（1）安装在泵的吸油口：泵的吸油路上一般都安装有表面型过滤器，目的是滤去较大的杂质微粒以保护液压泵。

（2）安装在泵的出口油路上：此处安装过滤器的目的是滤除可能侵入阀类元件的污染物。其过滤精度应为 $10 \sim 15 \mu m$，且能承受油路上的工作压力和冲击压力。因此，要有一定的强度，其过滤阻力应小于 0.35 MPa，过滤能力应不小于压油管路的最大流量。为了避免滤芯堵塞而使被击穿，应在过滤器旁并联一个安全阀或污染指示器，安全阀的压力应略低于过滤器的最大允许压力降。污染指示器可显示进、出油口的压差，是用户了解滤芯堵塞情况的重要依据。

（3）安装在系统的回油路上：这种安装可滤去油液流入油箱前的污染物，为泵提供清洁的油液，但不能直接防止杂质进入系统中。因回油路压力较低，可采用滤芯强度不高的精过滤器。为了防止因堵塞或低温启动时高黏度油液流过所引起的系统压力的升高，安全阀的开启压力应略低于滤芯允许的最大压力降。过滤器的过滤能力应不小于回油管路的最大流量。

（4）安装在系统分支油路上：当泵流量较大时，若仍采用上述各种油路过滤，过滤器可能过大，为此可在只有泵流量 20% ～ 30% 的支路上安装一个小规格的过滤器，对油液起滤清作用。这种过滤方法在工作时，只有系统流量的一部分通过过滤器，因而其缺点是不能完全保证液压元件的安全。

（5）安装在重要元件前：液压系统中除整个系统所需的过滤器外，还常常在一些重要元件（如伺服阀、精密节流阀等）的前面单独安装一个专用的精过滤器来确保它们的正常工作。

（6）单独过滤系统：大型液压系统可专设一液压泵和过滤器组成独立过滤回路以保护主系统。在压力和流量的波动下，一般过滤器的功能会大幅度降低，而在系统外的单独过滤回路没有这种影响，因此过滤效果较好。

安装过滤器时应注意，一般过滤器都只能单向使用，即进、出油口不可反接，以利于滤芯清洗和安全。另外，过滤器不要安装在液流方向可能变换的油路上，因为过滤器过滤下来的污染物积聚于进油腔一侧，当液流反向流动时，会将污染物再次带入油液，造成油液污染。

3. 压力表和压力表开关

压力是液压系统中重要的参数之一。压力表可以观测液压系统中各个工作点的压力，以便控制和调整系统的压力。压力表品种规格繁多，常用的是弹簧弯管式压力表。图 2-3-6 所示为弹簧弯管式压力表，它由弹簧弯管、指针、刻度盘、杠杆、扇形齿轮、小齿轮等零件组成。弹簧弯管是一根弯成 C 形，截面呈扁圆形的空心金属管，它的封闭端通过传动机构与指针相连，另一端与进油管接头相连。当压力油进入弹簧管的空腔时，迫使管内涨产生弹性变形，导致密封端产生向外偏移，拉动杠杆，使扇形齿轮产生摆动，与其啮合的小齿轮带动指针偏转。从刻度盘上可读出压力值。

压力表不能仅靠一根细管来固定，而应将它固定在面板上，压力表应安装在调整系统压力时能直接观察到的部位。压力表接入压力管道时，应通过阻尼小孔及压力表开关，以防止系统压力突变或压力脉动而损坏压力表。图 2-3-7 所示为压力表开关，旋转手轮可打开或关闭压力表油路，也可以适当调节手轮由针阀调节油路开口，起到阻尼缓冲的作用，使压力表指针动作平稳。

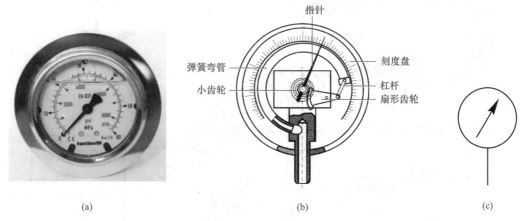

图 2-3-6 弹簧弯管式压力表

（a）压力表；（b）工作原理；（c）图形符号

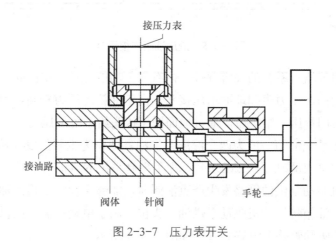

图 2-3-7 压力表开关

2.3.2 油箱

油箱主要储存油液，必须能够盛放系统中的全部油液。液压泵从油箱里吸取油液送入系统，油液在系统中完成传递动力的任务后返回油箱。另外，因为油箱有一定的表面积，还起着散发油液中热量、释出混在油液中的气体、沉淀油液中的污物、分离水分等作用。

由于早期的飞机飞行高度低，大多数采用非增压油箱（油箱与大气相通），现代民航运输机大多数油箱是增压密封的，以保证泵的进口压力维持在一定值，防止在高空产生气塞。通常增压油箱有引气增压式和自增压式两种形式。

2.3.2.1 引气增压油箱

引气增压油箱通过增压组件将飞机气源系统的增压空气引入油箱（图 2-3-8）。

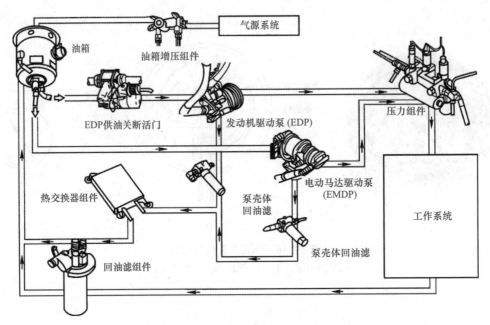

图 2-3-8　液压油箱连接示意

增压组件是引气增压系统的关键部件，内有以下功能元件：单向阀、气滤、安全释压活门、人工释压活门、压力表和地面增压接头。由于油箱内压力较高，因此在维护前，必须通过人工释压活门释压，维护后，通过地面增压接头给系统加压。

现代飞机液压系统油箱一般为两个液压泵供油，即作为主泵的发动机驱动泵（EDP）和作为备用泵的电动机驱动泵（EMDP）。为了提高系统的供油可靠性，在设计供油管路时要考虑当发动机驱动泵供油管路发生严重泄漏时，能够保存一定量的油液供给电动机驱动泵使用。因此，油箱将发动机驱动泵供油接头位置高于电动机驱动泵供油接头位置，即在发动机驱动泵的吸油管路上设置立管，如图 2-3-9 所示。

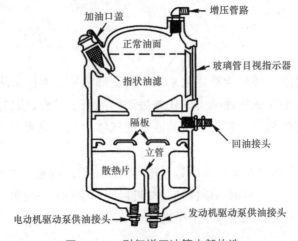

图 2-3-9　引气增压油箱内部构造

液压油箱安装在主轮舱内，通过供油管路与液压泵进油口相连。在通向发动机驱动泵的供油管路上有一个供油关断活门，也称为防火关断活门（图 2-3-8）。防火关断活门是常开活门，即在正常情况下是打开的。当发动机出现火警时，飞行员提起灭火手柄，防火关断活门就会关闭，从而切断供往发动机驱动泵的液压油，以利于发动机灭火。

2.3.2.2　自增压油箱

自增压油箱的工作原理是利用系统高压油返回作用在油箱的增压活塞上，通过液体压力在活塞上施加压力，为油箱中的液压油增压。其工作原理如图 2-3-10 所示。

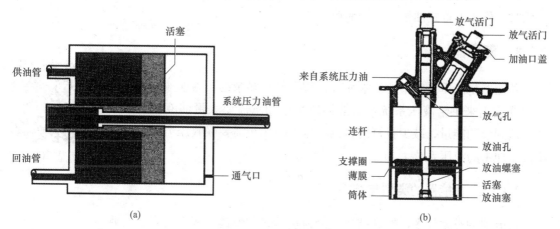

图 2-3-10　自增压油箱
（a）自增压原理；（b）自增压油箱结构

自增压油箱在加油时必须采用压力加油法，并且在加油后必须排气。因为混入油箱的气体会造成油量指示错误。

维修保养飞机的地面设备所用的油箱采用油箱液面与大气相通的开放式非增压油箱，有整体式和分离式两种。

2.3.2.3　整体式非增压油箱

利用地面设备主机的内腔作为油箱，这种油箱结构紧凑，各处漏油易于回收，但增加了设计和制造的复杂性，维修不便，散热条件不好，且会使主机产生热变形。

2.3.2.4　分离式非增压油箱

分离式油箱是一个单独的、与主机分开的装置，它布置灵活，维修保养方便，可减少油箱发热和液压振动对工作精度的影响，便于设计成通用化、系列化的产品，因而得到广泛的应用。分离式油箱的典型结构如图 2-3-11（a）所示。油箱内部用隔板 7、9将吸油管 1 与回油管 4 隔开。顶部、侧部和

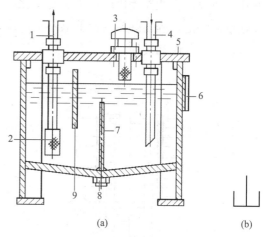

图 2-3-11　分离式油箱及其通用符号
（a）油箱剖面；（b）通用符号
1—吸油管；2—滤油网；3—空气过滤器；4—回油管；
5—顶盖；6—液位计；7、9—隔板；8—放油塞

底部分别装有滤油网2、液位计6和排放污油的放油塞8。安装液压泵及其驱动电动机的安装板则固定在油箱顶盖5上。液压油箱的通用符号如图2-3-11（b）所示。

对于一些小型液压设备，为了节省占地面积或者批量生产，常将液压泵—电动机装置及液压控制阀安装在分离油箱的顶部组成一体，称为液压站。对于大、中型液压设备，一般采用独立的分离油箱，即油箱与液压泵—电动机装置及液压控制阀分开放置。当液压泵—电动机装置安装在油箱侧面时，称为旁置式油箱；当液压泵—电动机装置安装在油箱下面时，称为下置式油箱（高架油箱）。

2.3.3　蓄能器

蓄能器是液压系统中的储能元件，用于储存多余的压力油液，并在需要时释放出来供给液压系统。蓄能器应用于间歇需要大量油液的液压系统，达到节约能量、减少投资的目的；也可应用于需要吸收压力脉动及减小液压冲击的液压系统。

蓄能器

2.3.3.1　蓄能器的类型与结构

蓄能器的类型较多，按其结构可分为重锤式、弹簧式和充气式三大类。

1. 重锤式蓄能器

重锤式蓄能器如图2-3-12所示。它利用重锤的位置变化储存和释放能量。重锤通过柱塞作用于液压油面，使之产生一定的压力。这种蓄能器结构简单、压力稳定，但质量重、体积大，所以容量不易做得过大。通常只供蓄能用，常用作大型设备的第二能源。

2. 弹簧式蓄能器

弹簧式蓄能器如图2-3-13所示。它利用弹簧来储存和释放能量。弹簧的力通过活塞作用于液压油面，油液压力由弹簧的预压缩力和活塞面积决定。由于弹簧伸缩时作用力有变化，所以，蓄能器提供的压力也是变化的，为减少这一变化量可选择刚度较低的弹簧，并限制活塞的行程。弹簧式蓄能器不适用高压和高频动作的场合，一般用于小容量、低压系统，用作蓄能和缓冲。

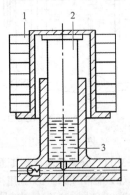

图2-3-12　重锤式蓄能器
1—重锤；2—柱塞；3—液压油

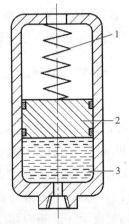

图2-3-13　弹簧式蓄能器
1—弹簧；2—活塞；3—液压油

3．充气式蓄能器

充气式蓄能器利用压缩气体储存或释放能量，是目前较常用的蓄能器。为安全起见，所充气体常采用惰性气体或氮气。充气式蓄能器按结构可分为直接接触式和隔离式两大类。直接接触式常见的是气瓶式蓄能器；隔离式又可分为活塞式、气囊式、隔膜式三种。充气式蓄能器的输出压力也是变化的，但其变化量较小。

（1）气瓶式蓄能器。气瓶式蓄能器结构简单，下半部盛油液，上半部充压缩气体，如图2-3-14（a）所示。这种蓄能器容量大、体积小、反应灵敏。其缺点是气体容易混入油液，使油液的可压缩性增加，而影响执行元件的运动平稳性。该蓄能器耗气量大，必须经常补气，因此，适用中、低压大流量系统。

（2）活塞式蓄能器。活塞式蓄能器是利用活塞使气体与油液隔离，如图2-3-14（b）所示，以减少气体浸入油液的可能性。这种蓄能器实际是一个大的气缸，因此，对缸壁及活塞外圆有较高的加工要求，使之成本提高。另外，活塞的摩擦力会影响蓄能器动作的灵敏性，且活塞不能完全防止气体浸入油液。其适用储存能量，或在中、高压系统中吸收压力脉动。

（3）气囊式蓄能器。气囊式蓄能器结构如图2-3-14（c）所示。壳体为两端成球形的圆柱体，壳体内有一个用耐油橡胶制成的气囊，气囊出口设有充气阀，充气阀只有为气囊充气时才打开，平时关闭。壳体下部装有一个受弹簧力作用的菌形阀，在工作状态下，压力油经菌形阀进出，当油液排空时，菌形阀可以防止气囊被挤出。这种蓄能器气体和液体完全隔开，而且蓄能器的质量轻、惯性小、反应灵敏，是当前应用最广泛的一种，主要用作减震器、缓冲器。

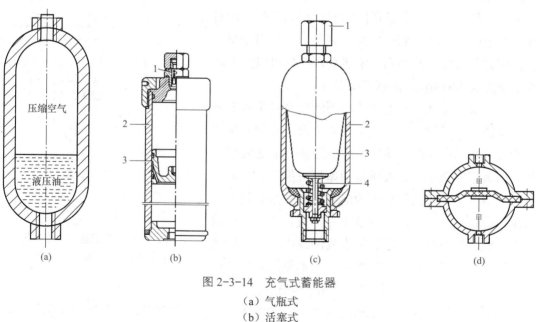

图2-3-14　充气式蓄能器
（a）气瓶式
（b）活塞式
1—气口；2—壳体；3—活塞
（c）气囊式
1—充气阀；2—壳体；3—气囊；4—菌形阀
（d）隔膜式

（4）隔膜式蓄能器。隔膜式蓄能器的工作原理与气囊式基本相同，耐油橡胶隔膜把油和气分开，如图 2-3-14（d）所示。容器为球形，质量与体积的比值最小。但容量很小，只适用吸收冲击，在航空机械中应用广泛。

图 2-3-15 所示为蓄能器的图形符号。

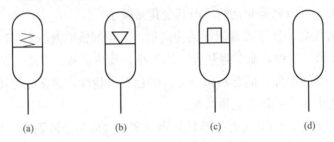

图 2-3-15　蓄能器的图形符号
（a）弹簧式蓄能器；（b）充气式蓄能器；（c）重锤式蓄能器；（d）蓄能器一般符号

2.3.3.2　蓄能器的作用

（1）辅助动力源。实现周期性动作的液压系统，在液压缸慢速运动时，需要的流量较少，可把液压泵输出的多余压力油液储存在蓄能器内；当液压缸需要大流量实现快速运动时，由于这时系统的工作压力往往较低，蓄能器将储存的压力油快速排出，与液压泵输出的油液共同供给液压缸，使其实现快速运动。使用这种方法不必采用大流量的液压泵，只需按平均流量选用液压泵就可以实现液压缸的快速运动，从而减少电动机功率损耗，降低系统温升，节省能源。

（2）停泵保压。若液压缸需要在相当长的一段时间内保压而无动作，如图 2-3-16 所示，这时可使泵卸荷，用蓄能器保压并补充系统泄漏。这样可以大大减少电动机的功率损耗，降低系统温升。

（3）应急能源。有的系统，当液压泵发生故障或停电不能正常供油时，可能会发生事故；有的系统要求在供油突然中断时，执行元件应继续完成必要的动作（如为了安全起见，液压缸活塞杆应缩回缸内）。在这种情况下，蓄能器可作为应急能源在短时间内向液压系统供油，用于保持系统压力，或将正在进行的动作完成，避免机件的损坏及事故的发生。这种用途的蓄能器应有足够容量，以保证能达到系统运行速度的要求或让所有执行元件能移动到相应位置。

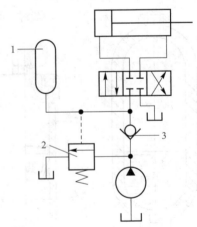

图 2-3-16　蓄能器停泵保压图
1—蓄能器；2—卸荷阀；3—单向阀

（4）吸收压力脉动，缓和液压冲击。除螺杆泵外，其他类型的液压泵输出的压力油都存在压力的脉动，溢流阀等也会产生流量和压力的脉动，通过在脉动源处设置一个蓄能器，可以有效地吸收压力脉动。

执行元件的往复运动或突然停止、控制阀的突然切换或关闭、液压泵的突然启动或停止往往都会产生液压冲击，引起机械振动，严重时还会造成系统的损坏。将蓄能器设置在易产生压力冲击的部位，可缓和压力冲击，从而提高液压系统的性能。这方面应用的蓄能器要求惯性小，灵敏度高，且应尽可能地安装在靠近冲击源的地方，如图 2-3-17 所示。

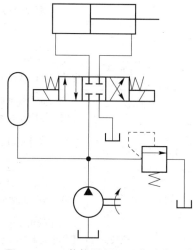

图 2-3-17　蓄能器用于吸收冲击压力

2.3.3.3　蓄能器的使用和安装

蓄能器在液压回路中的安装位置随其功用而不同：吸收液压冲击或压力脉动时宜放在冲击源或脉动源附近；补油保压时宜放在尽可能接近相关的执行元件处。

使用和安装蓄能器时须注意以下几点：

（1）充气式蓄能器中应使用惰性气体或氮气，允许工作压力视蓄能器结构形式而定，如气囊式为 3.5 ～ 32 MPa。

（2）不同的蓄能器各有其适用的工作范围，例如，气囊式蓄能器的气囊强度不高，不能承受很大的压力波动，且只能在 –20 ℃～ 70 ℃的温度范围内工作。

（3）气囊式蓄能器原则上应垂直安装（油口向下），只有在空间位置受限制时才允许倾斜或水平安装。这是因为进行倾斜或水平安装时气囊会受浮力而与壳体单边接触，妨碍其正常伸缩且加快其损坏。

（4）装在管路上的蓄能器，承受着一个相当于其入口面积和油液压力乘积的力，须用支板或支架固定。

（5）蓄能器与管路系统之间应安装截止阀，供充气、检修时使用。蓄能器与液压泵之间应安装单向阀，防止液压泵停车时蓄能器内储存的压力油液倒流。

（6）蓄能器必须安装在便于检查、维修的位置，并远离热源。

（7）为保障安全，在搬运和拆装蓄能器时应排出其中的压缩气体。

（8）蓄能器用于吸收液压冲击和压力脉动时，应尽可能安装在震源附近，用于补充泄漏。使执行元件保压时，应尽量靠近该执行元件。

2.3.4　油管及管接头

2.3.4.1　液压油管

油管是连接各液压元件的通道，对液压系统的工作可靠性、安装合理性和维修方便性等都有影响。在选择油管时，应尽可能减少液流的能量损失，为此应有足够的通流截面、最短的长度、光滑的管壁，尽可能避免急转弯和截面突变。

1．油管的种类

液压系统中使用的油管种类很多，有钢管、铜管、尼龙管、塑料管、橡胶管等，须按照安装位置、工作环境和工作压力来正确选用。油管的特点及其适用范围见表 2-3-2。

表 2-3-2　液压系统中常用油管的种类及特点

种　类		特点和适用场合
硬管	钢管	能承受高压，价格低，耐油，抗腐蚀，刚性好，但装配时不能任意弯曲，装配后能长久保持原形；常在装拆方便处用作压力管道，中、高压用无缝管，低压用焊接管
	紫铜管	易弯曲成各种形状，管壁光滑，流动阻力小，但承压能力一般不超过 10 MPa，抗振能力较弱，易使油液氧化；常用在仪表和液压系统装配不便处
软管	尼龙管	乳白色半透明，可观察液流情况，加热后可以随意弯曲成形或扩口，冷却后即定形不变，承压能力因材质而异，自 2.5 MPa 至 8 MPa 不等，有较大的发展前途
	塑料管	质轻耐油，价格低，装配方便，但承压能力低，长期使用会变质老化；只宜用作压力低于 0.5 MPa 的回油管、泄油管等
	橡胶管	高压管由耐油橡胶夹几层钢丝编织网制成，钢丝网层数越多，耐压越高，价格越高，常用作中、高压系统中两个相对运动件之间的压力管道；低压管由耐油橡胶夹帆布制成，可用作回油管道

2. 油管的安装使用

在液压系统中安装管道时，应注意以下几个方面：

（1）管道应尽量短，横平竖直，转弯少。弯硬管时要使用弯管器，弯曲部分保持圆滑，防止皱褶。为避免油管皱褶，以减小压力损失，硬管装配时的弯曲半径要足够大，见表 2-3-3。管道悬伸较长时要适当设置管夹固定。

表 2-3-3　硬管装配时允许的弯曲半径　　　　　　　　　　mm

管子外径	10	14	18	22	28	34	42	50	63
弯曲半径	50	70	75	80	90	100	130	150	190

（2）管道尽量避免交叉，平行或交叉的油管间应有适当的间隔，以防干扰、振动，并便于安装管接头。

（3）软管直线安装时要有 3% ～ 4% 的余量，以适应油温变化、受拉和振动的需要。带多层钢丝编织的橡胶软管的弯曲半径约为外径的 9 倍，弯曲位置距接头应为外径的 6 倍以上，软管交叉时应避免接触摩擦，可设置管夹。软管不能靠近热源。

2.3.4.2　管接头

管接头是油管与液压元件、油管与油管之间可拆卸的连接件。管接头必须具有足够的强度，在液压系统中管子与元件或管子与管子之间，除外径大于 50 mm 的金属管采用法兰连接外，对于小直径的油管普遍采用管接头连接方式。管接头的形式和质量直接影响油路阻力和连接强度。其密封性能是影响系统外泄漏的重要因素。因此，对管接头的合理选择，要给予足够重视。

管接头的种类很多，其规格品种可查阅有关手册。按接头的通路分，管接头有直通、角通、三通、四通等形式；按油管与管接头的连接方式分，管接头有焊接式、卡套式、扩口式、软管式、快换式、法兰式等形式。

1. 焊接式管接头

如图 2-3-18 所示，把接管 2 与被连接钢管一端焊接后，再通过螺母 3、接头体 1 等与其他管子或元件连接起来。接头体 1 与接管 2 之间可用 O 形密封圈 4 密封，也可以采用球面密封，用螺母 3 旋紧。为了提高密封性，加组合密封圈 5 进行密封。若采用锥螺纹，在螺纹表面包一层聚四氟乙烯密封。管接头也可用图 2-3-19（a）所示的球面压

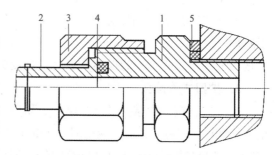

图 2-3-18　带密封圈的焊接式管接头
1—接头体；2—接管；3—螺母；
4—O 形密封圈；5—组合密封圈

紧，或加金属 O 形密封圈 3，用图 2-3-19（b）所示的方法来密封。后两种密封方法承压能力较低，球面密封的接头加工较困难。接头体与元件连接处，可采用圆锥螺纹，也可采用细牙圆柱螺纹，并加组合密封垫圈防漏。

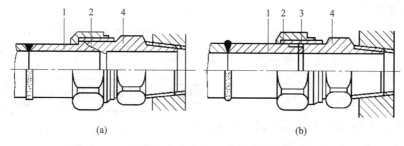

图 2-3-19　球面压紧和加金属密封圈的焊接式管接头
（a）球面压紧；（b）加金属密封垫圈
1—接管；2—螺母；3—密封圈；4—接头体

焊接式管接头工作可靠，制造工艺较简单、拆装方便，工作压力可达 32 MPa 以上，目前应用较普遍。其缺点是对焊接质量要求较高，同时油管须采用厚壁管。

2. 卡套式管接头

卡套式管接头如图 2-3-20 所示。其种类较多，但都是由接头体 1、螺母 3 和卡套 4 三个基本零件组成。卡套是一个在内圆端部带有锋利刃口的金属环，当螺母和接头体拧紧时，内锥面使卡套两端受到一压紧力作用，卡套中间部分产生弹性变形而鼓起，并将刃口切入被连接的接管 2 的管壁而起连接和密封作用，如图 2-3-20 所示。卡套还能作锁紧弹簧用，以防止螺母 3 松动。图 2-3-20 中的 5 为组合密封垫圈。

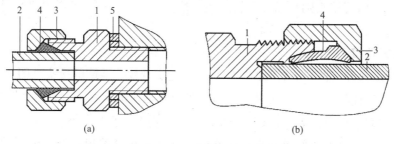

图 2-3-20　卡套式管接头
1—接头体；2—接管；3—螺母；4—卡套；5—组合密封垫圈

卡套式管接头使用压力可达 32 MPa，不需要密封件，其工作可靠，装卸方便，避免了麻烦的焊接工艺。但卡套的制作工艺要求高，而且对被连接油管的精度要求也较高。随着技术水平和专业水平的提高，卡套式管接头的使用会更加广泛。

3. 扩口式管接头

扩口式管接头由接头体 1、螺母 3 和导套 4 组成，如图 2-3-21 所示。装配时先将接管 2 扩成喇叭口（74°～90°），再用螺母 3 把导套 4 连同喇叭形管口压紧在接头体的锥面上，以保证密封。管套的作用是拧紧螺母时使管子不跟着转动。扩口式管接头适用铜管或壁厚小于 2 mm 的薄壁钢管，也可用来连接尼龙管和塑料管，工作压力不大于 5 MPa。

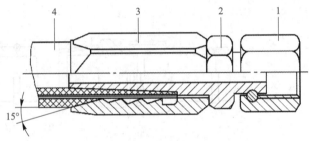

图 2-3-21　扩口式管接头
1—接头体；2—接管；3—螺母；4—导套

4. 软管接头

软管接头一般与钢丝编织的高压橡胶软管配合使用，它分为可拆式和扣压式两种。图 2-3-22 所示为可拆式软管接头。它主要由接头螺母 1、接头体 2、外套 3 和胶管 4 组成。胶管夹在接头体和外套之间，拧紧后，连接部分胶管被压缩，从而达到连接和密封的作用。扣压式软管接头如图 2-3-23 所示。它由接头螺母 1、接头芯 2、接头套 3 和胶管 4 构成。装配前先剥去胶管上的一层外胶，然后把接头套套在剥去外胶的胶管上再插入接头芯，然后将接头套在压床上用压模进行挤压收缩，使接头套内锥面上的环形齿嵌入钢丝层达到牢固的连接，也使接头芯外锥面与胶管内胶层压紧而达到密封的目的。

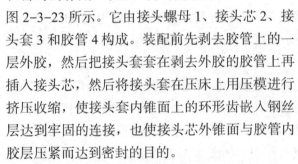

图 2-3-22　可拆式软管接头
1—接头螺母；2—接头体；
3—外套；4—胶管

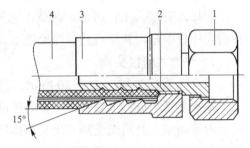

图 2-3-23　扣压式软管接头
1—接头螺母；2—接头芯；
3—接头套；4—胶管

需要注意的是，软管接头的规格是以软管内径为依据的，金属管接头则是以金属管外径为依据的。

5. 快换式管接头

快换式管接头是一种既不需要使用工具，又能实现快速装卸的接头。图 2-3-24 所示为快换式管接头的结构示意。图中各零件位置为油路接通时的位置。它有两个接头体 3 和 9，接头体两端分别与管道连接。外套 8 把接头体 3 上的 3 个或 8 个钢球 7 压落在接头体 9 上的 V 形槽中，使两接头体连接起来。锥阀芯 2 和 5 互相挤紧顶开使油路接通。当需要断开油路时，可用力将外套 8 向左推移，同时拉出接头体 9，此时弹簧 4 使外套 8 回位。锥阀芯 2 和 5 分别在各自弹簧 1 和 6 的作用下外伸，顶在接头体 3 和 9 的阀座上而关闭油路，并使两边管子内的油封闭在管中，不致流出。

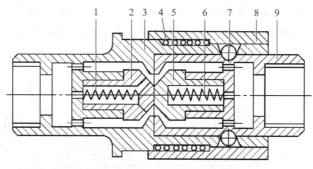

图 2-3-24　快换式管接头

1、4、6—弹簧；2、5—锥阀芯；3、9—接头体；7—钢球；8—外套

6. 法兰式管接头

法兰式管接头是把钢管 1 焊接在法兰 2 上，再用螺栓连接起来，两法兰之间用 O 形密封圈密封，如图 2-3-25 所示。这种管接头结构坚固，工作可靠，防振性好；但外形尺寸较大，适用高压、大流量管路。

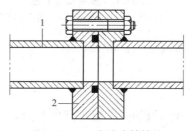

图 2-3-25　法兰式管接头

1—钢管；2—法兰

热交换器

2.3.5　热交换器

在液压系统中，油液的工作温度一般以 40 ℃～ 60 ℃ 为宜，最高不高于 60 ℃，最低不低于 15 ℃。温度过高将使油液迅速裂化变质，同时使液压泵的容积效率下降；温度过低则液压泵吸油困难。为控制油液温度，油箱常配有冷却器和加热器，统称为热交换器。

2.3.5.1　冷却器

对冷却器的基本要求是在保证散热面积足够大，散热效率高和压力损失小的前提下，要求结构紧凑、坚固、体积小和质量轻，最好有自动控温装置以保证油温控制的准确性。

根据冷却介质不同，冷却器有风冷式、冷媒式和水冷式三种。风冷式利用自然通风来冷却，常用在行走设备上；冷媒式是利用冷媒介质（如氟利昂）在压缩机中进行绝热压缩，散热器放热，蒸发器吸热的原理，将热油的热量带走，使油冷却，此种方式冷却效果最好，但价格高，常用于精密机床等设备；水冷式是一般液压系统常用的冷却方式。

水冷式利用水进行冷却，它分为有板式、多管式和翅片式。图 2-3-26 所示为多管式冷却器。油从壳体左端进油口流入，由于挡板 2 的作用，使热油循环路线加长，这样有利于和水管进行热量交换，最后从右端出油口排出。水从右端盖的进水口流入，经上部水管流到左端后，再经下部水管从右端盖出水口流出，由水将油液中的热量带出。此种方法冷却效果较好。

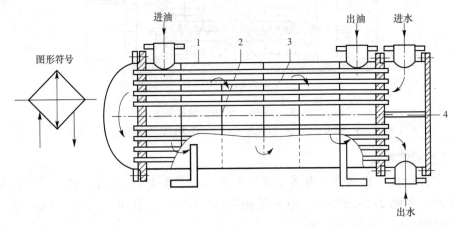

图 2-3-26　多管式冷却器

1—壳体；2—挡板；3—水管；4—进、出水隔板

冷却器一般安装在回油管路或低压管路上。

2.3.5.2　加热器

油液加热的方法有用热水或蒸汽加热和电加热两种方式。由于电加热器使用方便，易于自动控制温度，故应用较广泛，如图 2-3-27 所示，将电加热器 2 用法兰固定在油箱 1 的内壁上。发热部分全浸在油液的流动处，便于热量交换。电加热器表面功率密度不得超过 3 W/cm^2，以免油液局部温度过高而变质，为此应设置联锁保护装置，在没有足够的油液经过加热循环时，或者在加热元件没有被系统油液完全包围时，阻止加热器工作。

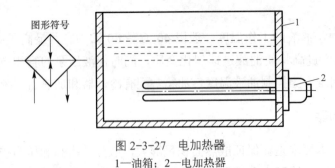

图 2-3-27　电加热器

1—油箱；2—电加热器

2.3.6　密封元件

在液压与气压传动系统及元件中，为防止工作介质的泄漏及外界尘埃和异物的侵入，必须设置密封装置和密封元件。正确、合理地使用密封件是液压传动系统正常工作的重要

保证。密封装置的可靠性和使用寿命，是衡量系统好坏的一个重要指标。但需要指出的是，密封不是越严越好，如果在某些有相对运动部位密封过度，虽然可以防止泄漏，但会造成密封部位的剧烈磨损，缩短密封装置的使用寿命，增大元件之间的运动摩擦阻力，降低系统的机械效率等。

2.3.6.1 密封的分类及基本原理

通常根据两个需要密封的耦合面在机器运转时有无相对运动，把密封分为动密封和静密封两大类。按照密封件的制造材料、安装方式和结构形式可进一步分成不同小类。具体划分见表 2-3-4。

表 2-3-4 密封件分类表

分类			主要密封件
静密封	非金属静密封		O 形橡胶密封圈
			橡胶垫片
			聚四氟乙烯生料带
	半金属静密封		组合密封垫圈
	金属静密封		金属密封垫圈
			空心金属 O 形密封垫圈
	液态静密封		密封胶
动密封	非接触式密封间隙密封		间隙、迷宫和阻尼等
	接触式密封	自封式压紧型密封	O 形密封圈
			滑环组合 O 形密封圈
			异形密封圈
			其他
		自封式自紧型密封	Y 形密封圈
			V 形密封圈
			组合 U 形密封圈
			复合唇形密封圈
			双向组合唇形密封圈
		活塞环密封	金属活塞环
		机械密封	机械密封件
		油封	油封件
		防尘密封	防尘圈

除非接触式密封（间隙密封）外，都是利用密封件，使相邻两个耦合表面之间的间隙控制在需要密封的介质能通过的最小间隙以下。

2.3.6.2　几种常见的密封元件

1．O 形密封圈

O 形密封圈是一种使用最广泛的密封件。其截面为圆形，如图 2-3-28 所示。其主要材料为合成橡胶，主要用于静密封及滑动密封，转动密封用得较少。

O 形密封圈的截面直径［图 2-3-29（a）］在装入密封槽后一般压缩 8%～25%［图 2-3-29（b）］。该压缩量使 O 形密封圈在工作介质没有压力或压力很低时，依靠自身的弹性变形密封接触面［图 2-3-29（c）］。当工作介质压力较高时，在压力的作用下，O 形密封圈被压到沟槽的另一侧［图 2-3-29（d）］，此时密封接触面处的压

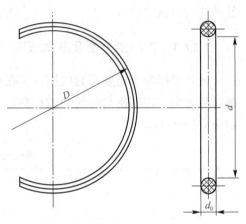

图 2-3-28　O 形密封圈

力堵塞了介质泄漏的通道，起密封作用。如果工作介质的压力超过一定限度，O 形圈将从密封槽的间隙中被挤出［图 2-3-29（e）］而受到破坏，以致密封效果降低或失去密封作用。为避免产生挤出现象，必要时加密封挡圈。在使用时，对动密封工况，当介质压力大于 10 MPa 时加挡圈；对静密封工况，当介质压力大于 32 MPa 时加挡圈。O 形密封圈单向受压，挡圈加在非受压侧，如图 2-3-30（a）所示；O 形密封圈双向受压，在 O 形密封圈两侧同时加挡圈，如图 2-3-30（b）所示。挡圈材料常用聚四氟乙烯、尼龙等。采用挡圈后，会增加密封装置的摩擦阻力。

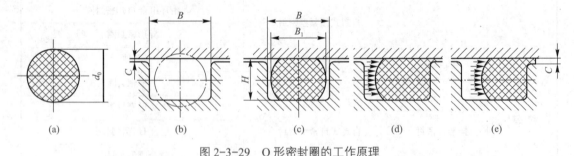

图 2-3-29　O 形密封圈的工作原理

（a）密封圈的截面直径；（b）被压缩；（c）弹性变形；（d）压到一侧；（e）被挤出

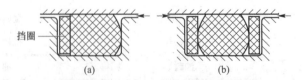

图 2-3-30　O 形密封圈的挡圈

（a）单向受压；（b）双向受压

当 O 形密封圈用于动密封时，可采用内径密封或外径密封；当 O 形密封圈用于静密封时，可采用角密封，如图 2-3-31 所示。

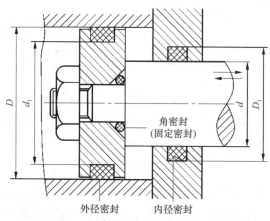

图 2-3-31　O 形密封圈用于角密封、圆柱形内径和外径密封

O 形密封圈的尺寸系列及安装用沟槽形式、尺寸与公差及 O 形密封圈规格、使用范围的选择可查阅有关国家标准。

2．唇形密封圈

唇形密封圈是将密封圈的受压面制成某种唇形的密封件。工作时唇口对着有压力的一边，当介质压力等于零或很低时，靠预压缩密封。压力高时，靠介质压力的作用将唇边紧贴密封面，压力越高，贴得越紧，密封越好。唇形密封圈按其截面形状可分为 Y 形、Yx 形、V 形、U 形、L 形和 J 形等，主要用于往复运动件的密封。

（1）Y 形密封圈。Y 形密封圈截面形状如图 2-3-32 所示。其主要材料为丁腈橡胶，工作压力可达 20 MPa。工作温度为 $-30\ ℃\sim100\ ℃$。当压力波动大时，要加支承环，如图 2-3-33 所示，以防止"翻转"现象。当工作压力超过 20 MPa 时，为防止密封圈挤入密封面间隙，应加保护垫圈，保护垫圈一般用聚四氟乙烯或夹布橡胶制成。

Y 形密封圈由于内、外唇边对称，因而适用于孔和轴的密封。孔用时按内径选取密封圈，轴用时按外径选取。由于一个 Y 形密封圈只能对一个方向的高压介质起密封作用，当两个方向交替出现高压时（如双作用缸），应安装两个 Y 形密封圈，它们的唇边分别对着各自的高压介质。

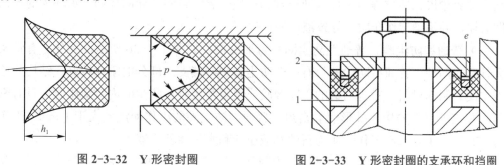

图 2-3-32　Y 形密封圈

图 2-3-33　Y 形密封圈的支承环和挡圈
1—挡圈；2—支承环
e—小孔

（2）Yx 形密封圈。Yx 形密封圈是一种截面高宽比等于或大于 2 的 Y 形密封圈，如图 2-3-34 所示。其主要材料为聚氨酯橡胶，工作温度为 $-30\ ℃\sim100\ ℃$。它克服了 Y 形密封圈易"翻转"的缺点，工作压力可达 31.5 MPa。

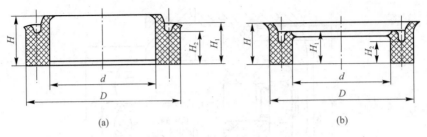

图 2-3-34　Yx 形密封圈
（a）孔用；（b）轴用

（3）V 形密封圈。V 形密封圈是由压环、密封环和支承环组成的。当密封压力高于
10 MPa 时，可增加密封环的数量。安装时应注意方向，即开口面向高压介质。压环的材料
一般由橡胶或夹织物橡胶制成。主要用于活塞及活塞杆的往复运动密封，密封性能较 Y 形
密封圈差，但可靠性好。密封环个数按工作压力选取。图 2-3-35 所示为 V 形密封圈。

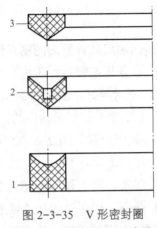

图 2-3-35　V 形密封圈
1—压环；2—密封环；3—支承环

3. 防尘圈

在液压缸中，防尘圈被设置于活塞杆或柱塞密封外侧，用以防止在活塞杆或柱塞运动
期间，外界尘埃、砂粒等异物侵入液压缸。避免引起密封圈、导向环和支承环等的损伤与
早期磨损，并污染工作介质，导致液压元件损坏。

（1）普通型防尘圈。普通型防尘圈呈舌形结构，如图 2-3-36 所示，其分为有骨架式
和无骨架式两种。普通型防尘圈只有一个防尘唇边，其支承部分的刚性较好，结构简单，
装拆方便。制作材料一般为耐磨的丁腈橡胶或聚氨酯橡胶。防尘圈内唇受压时，具有密封
作用，并在安装沟槽接触处形成静密封。普通型防尘圈的工作速度不大于 1 m/s，工作温
度为 −30 ℃～110 ℃，工作介质为石油基液压油和水包油乳化液。

（2）旋转轴用防尘圈。旋转轴用防尘圈是一种用于旋转轴端面密封的防尘装置。其截
面形状和安装如图 2-3-37 所示。防尘圈的密封唇缘紧贴轴颈表面，并随轴一起转动。由
于离心力的作用，斜面上的尘土等异物均被抛离密封部位，从而起到防尘和密封的作用。
这种防尘圈的特点是结构简单，装拆方便，防尘效果好，不受轴的偏心、振摆和跳动等影
响，对轴无磨损。

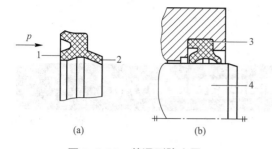

图 2-3-36　普通型防尘圈
（a）截面；（b）安装
1—内唇；2—防尘唇；3—防尘圈；4—轴

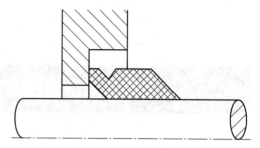

图 2-3-37　旋转轴用防尘圈的截面形状和安装

【重点知识考核】

1．考核要点

过滤器、蓄能器、压力表、油箱、热交换器、密封元件、油管及管接头的种类、功能及图形符号。

2．考核例题

（1）过滤器有哪些种类？其功能是什么？绘制其图形符号。

（2）蓄能器有哪些种类？其功能是什么？绘制其图形符号。

（3）油箱有哪些种类？其功能是什么？绘制其图形符号。

（4）热交换器有哪些种类？其功能是什么？绘制其图形符号。

（5）密封元件有哪些种类？其功能是什么？

（6）油管有哪些种类？其功能是什么？

（7）管接头有哪些种类？其功能是什么？

任务 2.4　液压方向控制回路构建与分析

【学习目标】

1. 列举液压控制元件的种类及用途；
2. 理解液压方向控制元件的种类、功能、工作原理及图形符号；
3. 掌握常用液压方向控制回路的组成及其功能。

【情景引入】

由图 2-4-1 所示的某型飞机起落架收放系统可知，若要使飞机起落架能够正常收起、放下，还需要选用各类液压方向控制元件组成液压方向控制回路来实现。

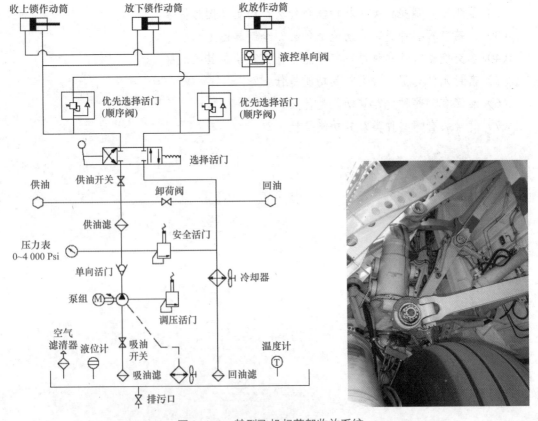

图 2-4-1　某型飞机起落架收放系统

任务具体要求见表 2-4-1。

表 2-4-1　液压方向控制回路构建与分析任务单

项目二	液压元件选用及液压基本回路分析
任务 2.4	液压方向控制回路构建与分析
布置任务	
学习目标	1. 掌握液压控制元件的种类； 2. 掌握液压方向控制元件的种类、功能、工作原理及图形符号； 3. 掌握常用液压方向控制回路的组成及其功能
任务描述	1. 根据提供的液压方向控制元件工作原理图，理解其工作原理、功能特点及图形符号； 2. 根据提供的液压方向控制回路的工作原理图，理解其组成及功能
任务分析	根据提供的学习资源，分析常用液压方向控制回路的组成及功能，理解常用方向控制元件的结构、工作原理、功能特点

【相关知识】

液压控制元件控制和调节液压系统中油液的流动方向、流量及压力，从而控制执行元件的启动、停止、运动方向、运动速度及克服负载的能力等，以满足设备对各种工况的要求。液压控制元件根据用途可分为方向控制阀、压力控制阀和流量控制阀三大类。

2.4.1　方向控制阀的选用

飞机起落架的收放是通过液压缸活塞杆的伸出与收回来实现的，而液压缸活塞杆的伸出与收回又是通过改变液压油的流动方向来实现的，液压油流动方向的切换可由液压方向控制阀来实现。液压方向控制阀按用途可分为液压单向阀和液压换向阀。

2.4.1.1　液压单向阀

液压单向阀有普通单向阀（单向活门）、液控单向阀和机控单向阀 3 种。

1. 普通单向阀（单向活门）

普通单向阀（单向活门）只允许油液单方向流动，不能反向流动。按进出油液流向的不同分为直通式（管式安装）［图 2-4-2（a）］和直角式（板式安装）［图 2-4-2（b）］两种结构，它由阀体、阀芯和弹簧等组成。当液流从进油口流入时，油液压力克服弹簧阻力和阀体 1 与阀芯 2 之间的摩擦力，顶开带有锥端的阀芯（在流量较小时，为简化制造，也可用钢球作为阀芯），从出油口流出。当液流反向从出油口流入时，油液压力使阀芯紧密地压在阀座上，故不能逆流。图 2-4-2（c）所示的是单向阀的图形符号。

普通单向阀

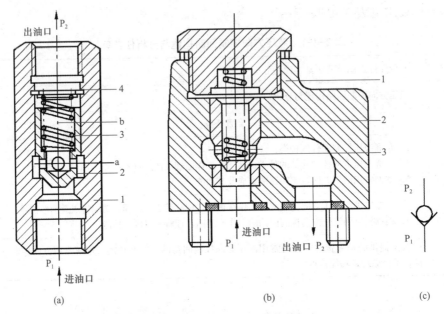

图 2-4-2　普通单向阀（单向活门）

（a）直通式（管式安装）；（b）直角式（板式安装）；（c）图形符号

1—阀体；2—阀芯；3—弹簧；4—挡圈；a—环形槽；b—弹簧腔

单向阀的开启压力是指正向导通时进油口 P_1 和出油口 P_2 的压力差。为使单向阀灵敏可靠，压力损失较小，并具有可靠的密封性能，开启压力大小要合适，一般在 0.04 MPa 左右。当利用单向阀作背压阀时，应换刚度较大的弹簧，使其正向导通时，开启压力较大，造成一定的背压，一般背压力为 0.2 ～ 0.6 MPa。

普通单向阀的主要应用如下：

（1）做背压阀用。使执行元件有回油压力，增加运动平稳性，如图 2-4-3（a）所示。

（2）分隔系统高、低压油路，如图 2-4-3（b）所示。

（3）安装在液压泵的出口，可防止系统压力突然升高对泵造成压力冲击，还可防止泵不工作时油液倒流，如图 2-4-3（c）所示。

（4）与其他的阀组成组合阀，单向节流阀、单向减压阀、单向顺序阀等，如图 2-4-3（d）所示。

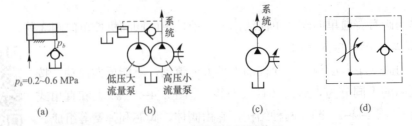

图 2-4-3　普通单向阀的作用

（a）做背压阀；（b）分隔系统高、低压油路；（c）防冲击，防倒液；（d）组成组合阀

2．液控单向阀

液控单向阀工作原理如图 2-4-4（a）所示。液控单向阀比普通单向阀多了一个控制

油口 K、控制活塞 1 和顶杆 2。当控制油口 K 处无压力油作用时，液控单向阀与普通单向阀功能相同，即压力油从 P_1 口进入时，可以从 P_2 口流出；反之，压力油从 P_2 口进入时不能从 P_1 口流出。当控制油口 K 处通入压力油时，控制活塞 1 的左侧受压力作用，右侧 a 腔和泄油口（图中未示出）相通，活塞右移，通过顶杆 2 将阀芯 3 顶开，使油口 P_2 与 P_1 相通，油液流动方向可以自由改变。由此可见，液控单向阀比普通单向阀多了一种功能，即反向可控开启。液控单向阀的图形符号如图 2-4-4（b）所示。

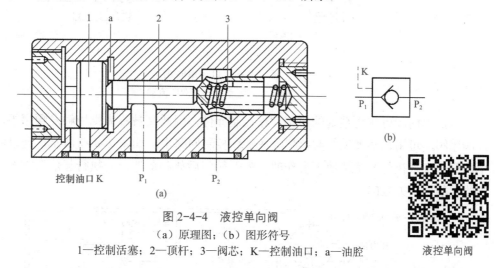

图 2-4-4 液控单向阀

（a）原理图；（b）图形符号

1—控制活塞；2—顶杆；3—阀芯；K—控制油口；a—油腔

液控单向阀

液控单向阀具有良好的密封性能，常用于保压回路和锁紧回路，如图 2-4-5 所示。

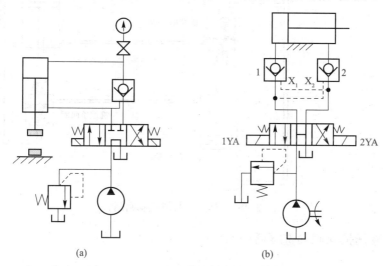

图 2-4-5 液控单向阀的应用

（a）用于保压回路；（b）用于锁紧回路

1、2—单向阀

3. 机控单向阀

机控单向阀是带有机械触发顶杆的单向阀，其构造如图 2-4-6（a）所示。顶杆没有将阀芯顶开之前，它仅允许油液单向流动，当顶杆克服弹簧预紧力将阀芯顶开以后，将允许油液双向流动，如图 2-4-6（b）所示。

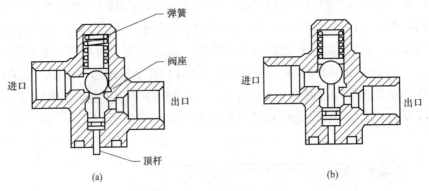

图 2-4-6　机控单向阀

（a）单向流动；（b）双向流动

机控单向阀可作为系统的协调动作控制元件，因此又被称为机械触发顺序阀，简称机控顺序阀，可用在某型飞机起落架收放顺序控制回路中，如图 2-4-7 所示，通过两个机控单向阀，实现执行起落架放下动作时，先开舱门后放起落架，而执行起落架收上动作时，先收起落架后关舱门。

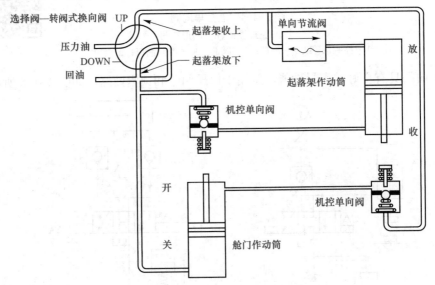

图 2-4-7　起落架收放控制回路

2.4.1.2　液压换向阀（选择活门）

液压换向阀（选择活门）的作用是利用阀芯和阀体的相对运动来接通、关闭油路或变换油液的流动方向，以使执行元件启动、停止或是切换运动方向。按阀芯结构形式分类，可分为转阀式、滑阀式和梭阀式等，其中以滑阀式应用最多。

1. 转阀式换向阀

转阀式换向阀靠阀芯相对阀体的转动完成油路的转换，多用于飞机液压系统中的手动阀和供地面维护使用的阀，如油箱加油阀等。转阀式换向阀一般作为选择活门（如某型飞机起落架收放选择阀，如图 2-4-7 所示）。

2．滑阀式换向阀

（1）滑阀式换向阀的工作原理。滑阀式换向阀是利用阀芯在阀体内做轴向滑动来实现换向作用的。图2-4-8所示为三位四通换向阀的结构原理及图形符号，阀芯与阀体内有环形槽，有对外连接的油口。换向阀变换左右位置，即可使执行元件变换运动方向。当阀芯处于中位时，P、T、A、B口互不相通〔图2-4-8（a）〕；阀芯处于右位时，A口和P口相通，B口和T口相通〔图2-4-8（b）〕；阀芯处于左位时，B口和P口相通，A口和T口相通〔图2-4-8（c）〕；此换向阀的图形符号如图2-4-8（d）所示。

换向阀的换向原理

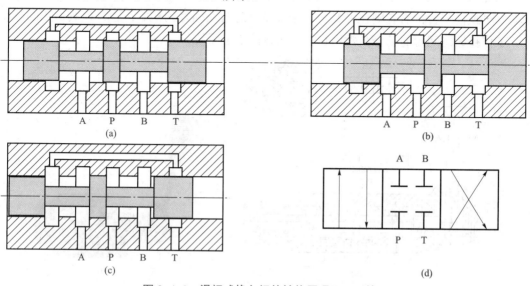

图2-4-8　滑阀式换向阀的结构原理及图形符号

（a）四口不通；（b）A、P通，B、T通；（c）B、P通，A、T通；（d）图形符号

（2）滑阀式换向阀的图形符号。按阀芯在阀体内的工作位置数和换向阀所控制的油口通路数分，换向阀有二位二通、二位三通、二位四通、二位五通、三位四通和三位五通等类型。图2-4-9列出了几种常用滑阀式换向阀的图形符号。

二位二通阀　　二位三通阀　　二位四通阀

二位五通阀　　三位四通阀　　三位五通阀

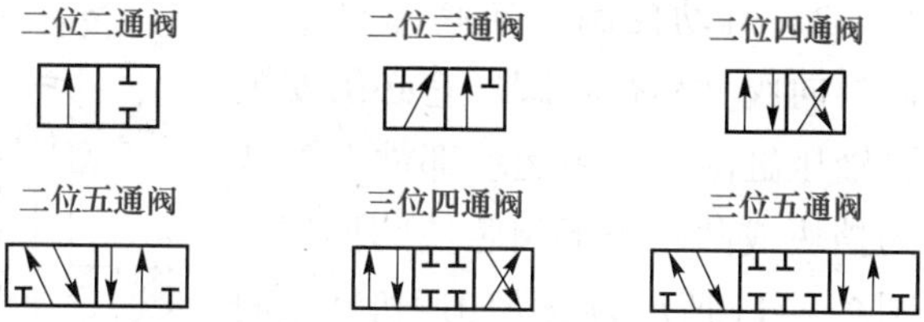

图2-4-9　几种常用滑阀式换向阀的图形符号

现对换向阀的图形符号做以下说明：

1）用方格数表示阀的工作位置数，几个方格即表示几个工作位置。

2）在一个方格内，箭头或堵塞符号"⊥"与方格的相交点数为油口通路数。箭头表示两油口相通，并不一定表示实际流向；堵塞符号表示该油口不通。

3）P表示进油口，T（或O）表示通油箱的回油口，A和B表示连接其他两个工作油路的油口。

4）换向阀都有两个或两个以上的工作位置，其中一个是常位，即阀芯未受外部操纵时所处的位置。三位阀的中位和二位阀靠有弹簧的那一位为常态位。在液压系统图中，换向阀的符号与油路的连接应画在常态位上。

5）方格外侧符号表示换向阀的操纵方式，即换向阀阀芯所受操纵外力的方式。

换向阀的操纵方式

（3）换向阀的操纵方式。换向阀的操纵方式常见的有手动控制换向阀、机动控制换向阀、电磁控制换向阀、液控换向阀、电液控制换向阀和电液比例控制换向阀等。

1）手动控制换向阀。手动控制换向阀是采用人工扳动操纵杆的方法改变阀芯位置来实现换向的。图 2-4-10 所示为三位四通手动换向阀。根据其定位方式其又可分为钢球定位式和弹簧复位式两种。当操纵手柄的外力取消后，前者因钢球卡在定位沟槽中，可保持阀芯处于换向位置；后者则在弹簧力作用下使阀芯自动回复到初始位置。该阀适用间歇动作、工作持续时间短的场合，常用在工程机械的液压系统。

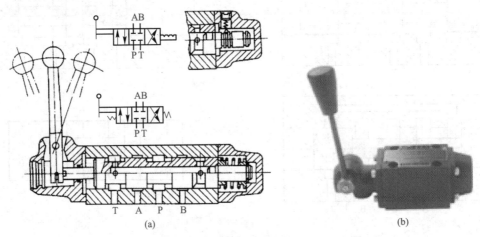

图 2-4-10 三位四通手动换向阀

2）机动控制换向阀。机动控制换向阀又称行程阀。它必须安装在液压缸附近，由运动部件上安装的挡块或凸轮压下阀芯使阀换位。图 2-4-11 所示为二位四通机动换向阀的结构原理及图形符号。机动换向阀通常是弹簧复位式的二位阀。其结构简单，动作可靠，换向位置精度高，通过改变挡块的迎角 α 和凸轮外形，可使阀芯获得合适的换位速度，以减少换向冲击。

3）电磁控制换向阀。电磁控制换向阀是利用电磁铁吸力操纵阀芯换位的换向阀。图 2-4-12 所示为三位四通电磁换向阀。阀的两端各有

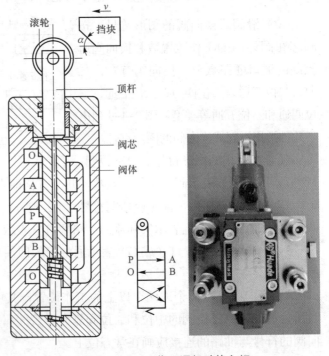

图 2-4-11 二位四通机动换向阀

一个电磁铁和一个对中弹簧，阀芯在常态时处于中位。当右端电磁铁通电吸合时，衔铁通过推杆将阀芯推至左端，换向阀就在右位工作；反之，左端电磁铁通电吸合时，换向阀就在左位工作。因此，通过控制左右电磁铁电源的通断，就可以控制液流的方向，实现换向。

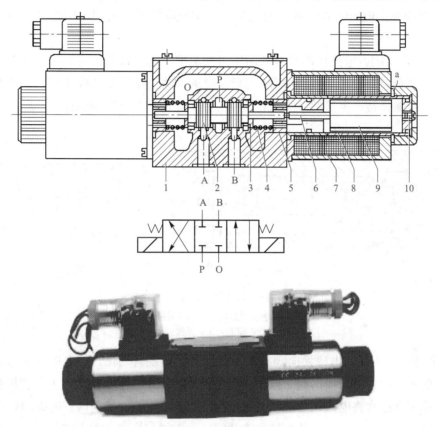

图 2-4-12　三位四通电磁换向阀

1—阀体；2—阀芯；3—弹簧座；4—弹簧；5—挡块；6—推杆；7—线圈；
8—密封导磁套；9—衔铁；10—放气螺钉

图 2-4-13 所示的是二位四通电磁换向阀的符号，图 2-4-13（a）所示的是弹簧复位式，图 2-4-13（b）所示的是双电磁铁钢球定位式，该阀在电磁铁断电时仍能保持通电时的状态，具有"记忆"功能。因此不但节约了能源，延长了电磁铁的使用寿命，而且不会因为电源因故中断引起系统失灵或出现事故。

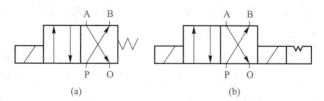

(a)　　　　　　　　　　　　(b)

图 2-4-13　二位四通电磁换向阀的符号

（a）弹簧复位式；（b）双电磁铁钢球定位式

电磁铁按所接电源的不同，可分交流和直流两种基本类型。交流电磁铁使用方便，启动力大，但换向时间短，换向冲击大，换向频率低，而且当阀芯被卡住或由于电压低等原因吸合不上时，线圈易烧坏。直流电磁铁的换向时间较长，换向冲击小，换向频率允许较高，而且当电磁铁吸合不上时，线圈不会烧坏，故工作可靠，但直流电磁铁需直流电源或整流装置，成本较高。另外，还有一种本整型（本机整流型）电磁铁，其上附有二极管整流线路和冲击电压吸收装置，能把接入的交流电整流后自用，因而兼有前述两者的优点。

4）液控换向阀。液控换向阀是利用压力油来推动阀芯移动的换向阀。液控换向阀的结构原理及图形符号如图2-4-14所示。当控制压力油从控制口K输入后，阀芯在压力油的作用下，压缩弹簧产生移动，使阀芯换位。其工作原理与电磁阀相似。

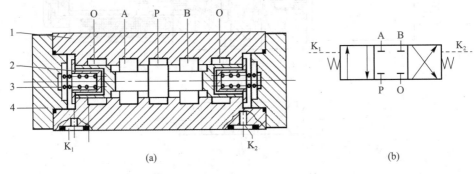

图2-4-14　液控换向阀及图形符号

（a）换向原理；（b）图形符号

1—阀体；2—阀芯；3—弹簧；4—端盖

5）电液控换向阀。电磁换向阀布置灵活，易于实现自动化，但电磁铁吸力有限，难以切换大的流量；而液动换向阀一般较少单独使用，需用一个小换向阀来改变控制油的流向，故标准元件通常将电磁阀与液动阀组合在一起组成电液控换向阀。电磁阀（称先导阀）用于改变控制油的流动方向，从而导致液动阀（称主阀）换向，改变主油路的通路状态。

图2-4-15所示为电液控换向阀。其中，图2-4-15（a）所示为两端带主阀阀芯行程调节机构的电液控换向阀结构图，图2-4-15（b）所示为其实物图。工作原理可结合2-4-15（c）所示带双点画线方框的组合阀图形符号加以说明。常态时，先导阀和主阀都处于中位，控制油路和主油路均不进油。当先导阀左端电磁铁通电时，先导阀处于左位工作，控制油自P′经先导阀作用在主阀左腔K_1，使主阀换向处于左位工作，主阀右端油腔K_2经先导阀回油至油箱，此时，主油路P与B、同时A与O相通。反之，当先导阀左电磁铁断电，右电磁铁通电时，则主油路油口换接，此时，P与A、B与O相通，实现了换向。图2-4-15（d）所示为电液换向阀的简化符号。在回路中常以简化符号表示。

6）电液比例控制换向阀。电液比例控制阀简称比例阀。由于常用液压控制阀的特点是手动调节和开关控制，阀输出的参数在阀处于工作状态下是不可调节的。但在实际应用中，许多液压系统要求流量和压力能连续地或按比例地随输入信号的变化而变化。已有的液压伺服系统虽然能满足要求，但结构复杂，成本高，对污染敏感，维修困难，不便普遍使用。电液比例阀较好地解决了这一问题。

目前的比例阀一般有两大类，大部分是以直流比例电磁铁取代普通液压阀的手调装置或普通电磁铁发展起来的。直流比例电磁铁为电—机械比例转换器，它将电信号按比例地转换为力或位移。液压阀则能将力或位移连续地或按比例地调节输出油液的参量，如压力、流量的大小和液流方向等。因此，作为比例阀可分为电液比例溢流阀、电液比例调速阀、电液比例换向阀和电液比例复合阀等。这里介绍电液比例换向阀。

用比例电磁铁取代电磁换向阀中的普通电磁铁，便构成直动式比例控制换向阀，如图 2-4-16 所示。由于使用了比例电磁铁，阀芯不仅可以换位，而且换位的行程可以连续地或按比例地变化，因而连通油口间的通流面积也可以连续地或按比例地变化，所以，比例换向阀不仅能控制执行元件的运动方向，而且能控制其速度。

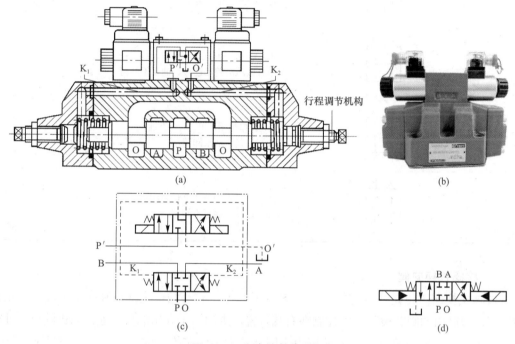

图 2-4-15 电液控换向阀
（a）结构；（b）实物；（c）原理；（d）简化符号

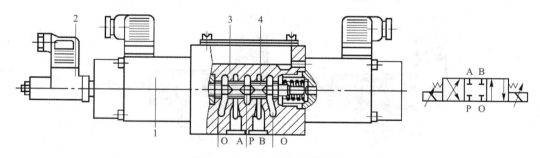

图 2-4-16 直动式比例换向阀
1—比例电磁铁；2—位移传感器；3—阀体；4—阀芯

（4）换向阀的中位机能。三位换向阀常态位（中位）时各油口的连通方式称为中位机能。利用 P、A、B、T（O）油口间通路连接方式的不同，可获得不同的中位机能，以适应不同的工作要求。常用三位换向阀的中位机能见表 2-4-2。在分析和选择三位阀的中位机能时，须考虑：系统的保压和卸荷；液压缸的锁紧与浮动。

三位换向阀的中位机能

表 2-4-2 三位换向阀的中位机能

类型	中位符号	功能特点
O	A B P T	P、T、A、B 口互不相通； 油缸锁紧、油泵不卸荷
H	A B P T	P、T、A、B 口互相连通； 油缸浮动、油泵卸荷
P	A B P T	P、A、B 口互通，T 口封闭； 单杆液压缸差动连接、油泵不卸荷
M	A B P T	A、B 口封闭，P、T 口互通； 油缸锁紧、油泵卸荷
Y	A B P T	A、B、T 口互通，P 口封闭； 油缸浮动、油泵不卸荷

3．梭阀式换向阀

梭阀式换向阀也是一种选择活门（图 2-4-17），它有两个进油口和一个出油口。正常情况下，梭阀内的阀芯被弹簧力控制在右端位置，进油口 1 和出油口相通；当进油口 1 处的压力消失或下降时，进油口 2 处的压力克服弹簧力将阀芯推到左端位置，此时进油口 2 和出油口相通。梭阀式换向阀在液压系统中常用于正常供油系统与备用供油系统的自动切换。

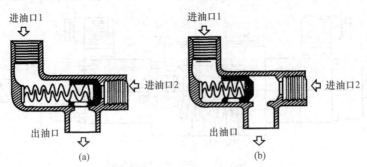

图 2-4-17 梭阀式换向阀
（a）正常流动；（b）切换流动

任何复杂的液压系统，总是由一些基本回路组成的。所谓基本回路，就是由一定的液压元件所构成的用来完成特定功能的典型回路。熟悉和掌握这些回路的组成、工作原理与性能，是分析和设计液压系统的重要基础。液压基本回路按功能可分为压力控制回路、方向控制回路、速度控制回路及多缸工作回路等。

2.4.2 方向控制回路分析

在液压设备工作过程中，液压执行元件的启动、停止或变换运动方向等是通过控制进入执行元件油流的通、断及改变液压油流动方向来实现的。实现这些功能的回路称为方向控制回路。方向控制回路可分为换向回路和锁紧回路两类，换向回路又可分为阀控、泵控两种。

2.4.2.1 换向回路

1. 阀控换向回路

阀控换向回路主要是利用换向阀来实现换向功能。在方向控制元件部分中，介绍了很多类型的换向阀，各种操纵方式的四通或五通换向阀都

可组成换向回路实现执行元件的换向，只是性能和应用场合不同。手动换向阀需要人工操作，其换向精度和平稳性不高，常用于换向不频繁且无须自动化的场合，如在机床夹具、油压机和起重机等不需要自动换向的场合；而电磁换向阀构成的换向回路应用最多，其优点是易于实现自动化，如在自动化程度要求较高的组合机床液压传动系统中被普遍采用。图 2-4-18 所示为电磁换向阀控制的换向回路。由三位四通 O 型电磁换向阀控制液压缸活塞换向，当电磁换向阀左边的电磁铁通电换向阀左位工作时，液压油经左位进入液压缸无杆腔，推动活塞向右运动；当换向阀右边电磁铁通电时，液压油经换向阀的右位进入液压缸有杆腔，推动活塞向左运动；当电磁换向阀在中位时，液压缸活塞停止运动。

2. 泵控换向回路

泵控换向回路就是采用双向液压泵本身来改变液流方向的回路。另外，在执行元件自身控制的换向回路中主要采用双向液压马达来实现液流方向改变。

2.4.2.2 锁紧回路

某些液压设备，在工作中要求液压缸能在任意位置上停留，且在该停止位置液压缸不会在外力作用下发生位移，这些要求需要采用锁紧回路实现。常用的锁紧回路有以下几种。

1. 换向阀中位锁紧回路

如图 2-4-18 所示，三位四通电磁换向阀上的左右电磁铁均断电时，换向阀回到中位切断进出油路，液压缸活塞运动停止。由于液压缸的进、出油口同时封闭，缸内的压力油无法流出，因此，无论液压缸受到何种方向的外力作用，活塞都不会发生位移，从而实现双向锁紧。换向阀的中位机能为 O 型或 M 型等时，都能使液压缸锁紧，但由于换向阀存在较大的泄漏，锁紧精度不高，只适用锁紧时间短且要求不高的回路。

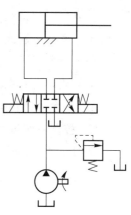

图 2-4-18 换向阀控制的换向回路

2．液控单向阀锁紧回路

如图 2-4-19 所示液控单向阀锁紧回路中，在液压缸的两侧油路上各串接一液控单向阀，并且采用 H 型中位机能的三位换向阀，当换向阀处于左位或右位工作时，液控单向阀控制口 K_1 或 K_2 通入压力油，液压缸的回油便可反向流过单向阀，故此时活塞可向右或向左移动；而当换向阀处于中位时，液压泵卸荷且单向阀的控制油路与油箱相通，使控制油压消失，两液控单向阀均关闭，液压缸因两腔内的油液被封闭而被锁住。由于液控单向阀采用座阀式结构，密封性好，极少泄漏，锁紧精度较高。

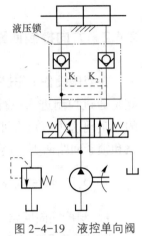

图 2-4-19　液控单向阀
锁紧回路

【重点知识考核】

1．考核要点

（1）单向阀、液控单向阀的功能特点及图形符号。

（2）换向阀的换向原理、种类、控制方式及图形符号。

（3）三位换向阀的中位机能及其特点。

（4）液压基本回路的种类。

（5）液压方向控制回路组成及工作原理。

2．考核例题

（1）简述单向阀、液控单向阀、换向阀的功能，分别绘制其图形符号。

（2）填空题。

①在液压传动中，各种控制阀的作用是控制油液的压力、流量、_____。

②按照功能来分类，常用的液压控制阀有_____控制阀、压力控制阀、流量控制阀 3 大类。

③换向阀的操纵方式有机动控制换向阀、_____控制换向阀、液控换向阀、电液控换向阀、手动控制换向阀、电液比例控制换向阀等。

（3）选择题。

①普通单向阀在液压系统中的作用是（　　）。

A．只允许液体朝一个方向流动　　　　B．控制液压系统压力

C．控制系统流量　　　　D．控制液体可以正向流动，也可以反向流动

②图 2-4-20 中换向阀是（　　）换向阀。

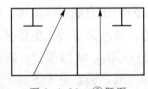

图 2-4-20　②题图

A. 二位二通   B. 二位三通

C. 二位四通   D. 三位二通

③下列有关换向阀图形符号的含义错误的是（   ）。

A. 方格数：工作位置数，表示"几位"

B. 方格外侧符号：操纵方式

C. 随便选一位用字母标注油口

D. 箭头及"T"符号与方格的交点数：油口通路数，表示"几通"

④图 2-4-21 中三位换向阀的中位机能中，能够锁紧液压缸的中位机能是（   ）。

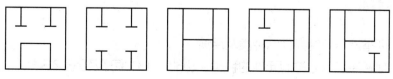

图 2-4-21 ④题图

A. O 型和 Y 型   B. M 型和 P 型

C. O 型和 M 型   D. H 型和 O 型

任务 2.5　液压压力控制回路构建与分析

【学习目标】

1. 列举液压控制元件的种类及用途；
2. 理解液压压力控制元件的种类、功能、工作原理及图形符号；
3. 掌握常用液压压力控制回路的组成及其功能。

【情景引入】

由图 2-4-1 所示的某型飞机起落架收放系统可知，飞机液压系统要能够正常工作，满足系统压力和克服负载的能力要求，还需要选用各类液压压力控制元件组成液压压力控制回路来实现。那么液压压力控制元件有哪些种类？其功能和特点有何不同？液压压力控制回路又有哪些种类？其组成和控制原理又是怎样的？

任务具体要求见表 2-5-1。

表 2-5-1　液压压力控制回路构建与分析任务单

项目二	液压元件选用及液压基本回路分析
任务 2.5	液压压力控制回路构建与分析
布置任务	
学习目标	1. 掌握液压控制元件的种类及其用途； 2. 掌握液压压力控制元件的种类、功能、工作原理及图形符号； 3. 掌握常用液压压力控制回路的组成及其功能
任务描述	1. 根据提供的液压压力控制元件工作原理图，理解其工作原理、功能特点及图形符号； 2. 根据提供的液压压力控制回路的工作原理图，理解其组成及功能
任务分析	根据提供的学习资源，分析常用液压压力控制回路的组成及功能，理解常用压力控制元件的结构、工作原理、功能特点

【相关知识】

压力控制阀主要用来控制系统或回路压力。根据功用不同，压力控制阀可分为溢流阀、减压阀、顺序阀、压力继电器等。

2.5.1 压力控制阀的选用

2.5.1.1 溢流阀（调压活门、安全活门）

1. 溢流阀的工作原理

溢流阀的作用是通过阀口的溢流，使系统溢去多余的液压油，从而使泵的供油压力得到调整并保持基本稳定，实现调压、稳压和限压的功能，防止系统压力过载。溢流阀按其工作原理可分为直动式溢流阀和先导式溢流阀两种。图2-5-1所示为直动式溢流阀。当进油口 P 的液压油推力小于弹簧力时，阀口关闭，溢流阀不起作用；当进油口 P 的液压油推力增高至大于弹簧力时，阀芯被顶起，并停留在某一平衡位置，此时，进油口 P 和出油口 T 接通，油液从出油口 T 流回油箱，实现溢流，溢流阀的进油口压力不会再上升；当进油口 P 压力下降，阀芯在弹簧力作用下，再度关闭阀口。通过这种方式，溢流阀阀口打开溢流后，通过动态调整阀口大小，能使溢流阀进油口压力恒定不变，系统压力能维持在一个恒定值上。用调节螺钉调节弹簧的预压缩量，即可获得不同的调定压力，此压力值基本保持恒定。若溢流阀的进口压力 p 为液压泵的出口压力，那么溢流阀就起到调定液压泵出口压力的作用。

直动式溢流阀的
结构原理

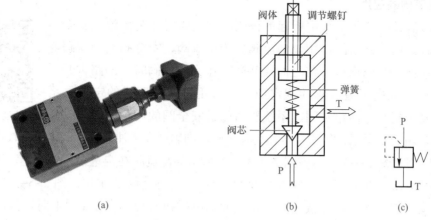

图 2-5-1　直动式溢流阀
（a）实物；（b）工作原理；（c）图形符号

图2-5-2所示为先导式溢流阀。初始状态下，主阀弹簧将主阀阀芯向下压，主阀口关闭，进油口 P 进来的液压油通过阻尼孔进入主阀弹簧腔，并最终作用在先导阀芯上；当进

油口 P 的液压油推力小于先导阀弹簧力时，先导阀口关闭，阀内液压油处于非流动状态，适用静压传递，阀内液压油压力处处相等，溢流阀主阀口无法打开，溢流阀不起作用；当进油口 P 的液压油推力大于先导阀弹簧力时，先导阀口打开，通过泄油口流到出油口 T，此时，阻尼孔中的液压油流动起来，产生压力损失，阻尼孔出油口的液压油压力低于进油口压力，从而使作用在溢流阀主阀阀芯上、下两端的液压油产生压力差，溢流阀主阀阀芯在此压力差的作用下向上移动，溢流阀主阀口打开溢流，溢流阀的进油口 P 的油压力不会再上升，通过动态调整主阀口开度大小，使溢流阀进油口 P 的油压力恒定不变。调节先导阀弹簧的预压缩量，可调节溢流阀的调定压力。K 口为远程控制口（外控口），K 口一般被堵塞，可外接远程调压阀进行远程调压；若 K 口接油箱，先导阀不起作用，主阀口全开，$p_1 \approx p_2$。

先导式溢流阀

(a)

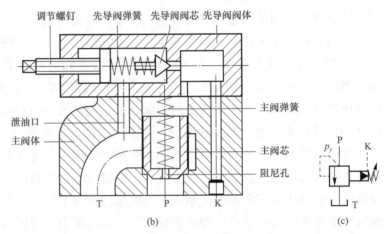

(b)

(c)

图 2-5-2　先导式溢流阀
（a）实物；（b）工作原理；（c）图形符号

2．溢流阀的应用

溢流阀的应用

　　根据溢流阀在液压系统中所起的作用，溢流阀可作为溢流、安全、背压、远程调压、卸荷阀使用。溢流阀作为溢流阀、安全阀及卸荷阀等时，一般连接在泵的出口，与主油路并联。作为溢流阀时，油路常开，泵的出口压力取决于溢流阀的调定压力，多用于节流调速的定量泵系统；用作安全阀时，油路常闭，系统压力超过安全阀的调整值时，安全阀打开，多用于变量泵系统中；若作为背压阀，则串联在回油路上，调定压力较低。溢流阀的典型应用如图 2-5-3 所示。图 2-5-3（a）所示为溢流阀在定量泵系统中起定压溢流作用；图 2-5-3（b）所示为溢流阀在变量泵系统中起安全保护作用；图 2-5-3（c）所示为先导式溢流阀的外控口外接一个两位两通的电磁换向阀，当 YA 得电时，溢流阀主阀全开，可用于使泵卸荷；图 2-5-3（d）所示为先导式溢流阀的外控口外接一个远程调压阀，可用于对系统进行远程调压。远程调压阀能对受控溢流阀进行远程控制的条件是$p_{y1} < p_{y2}$。

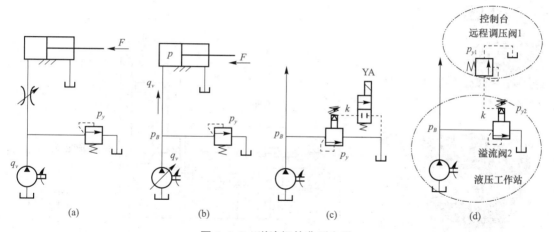

图 2-5-3　溢流阀的典型应用

（a）定压溢流；（b）安全保护；（c）使泵卸荷；（d）远程调压

2.5.1.2　减压阀

1. 减压阀的工作原理

在液压系统中，液压泵的工作压力是依据系统中各执行元件中所需压力最高的那个执行元件的压力来选择的，所以，若某些执行元件的工作压力要求比液压泵的供油压力低，则需在其分支油路上串联一个减压阀，以降低系统某一支路的油液压力。减压阀主要用于降低系统某一支路的油液压力。

减压阀的工作原理是利用液流流过缝隙产生压力降，使得减压阀的出口压力低于进口压力。减压阀按调节要求不同可分为定值减压阀（减压阀出口压力为定值）、定差减压阀（减压阀进口与出口压力之差为定值）、定比减压阀（减压阀进口与出口压力之比为定值），其中定值减压阀应用最为广泛。减压阀也可分为直动式和先导式两种，图 2-5-4 所示为先导式减压阀。先导式减压阀由先导阀和主阀两部分组成，由先导阀调压，主阀减压。压力为 p_1 的压力油从进油口 A 流入，经减压口 X 减压后压力降为 p_2 的压力油从出油口 B 流出。同时出油口油液一部分通过小孔流入主阀阀芯左腔，一部分通过阻尼孔流入主阀阀芯右腔，作用在先导阀阀芯上。当出口液压油压力小于先导阀的调定压力时，先导阀关闭。由于阻尼孔中没有油液流动，所以主阀阀芯左、右两端的油压相等。此时，主阀阀芯在主阀弹簧作用下处于最左端位置，减压口 X 开度最大，压降最小，减压阀不起减压作用，此时减压阀处于非工作状态。当出油口的液压油压力超过先导阀调压弹簧的调定压力时，先导阀被打开，出油口的少部分油液经阻尼孔到主阀阀芯右腔的先导阀阀口，再经泄油口流回油箱。因阻尼孔的降压作用，使主阀阀芯右腔压力小于左腔压力，主阀阀芯在左右两端压力差的作用下，克服右端弹簧力向右移动，主阀减压口 X 开度减小，压降增加，使出油压力降低，减压阀起到减压作用。当出口压力 p_2 下降到调定值时，先导阀阀芯和主阀阀芯同时处于受力平衡，出口压力稳定不变等于调定压力。减压阀出口压力若由于外界干扰而变动时，减压阀将会自动调整减压口开度来保持调定的出口压力数值基本不变。调节调压弹簧的预紧力即可调节减压阀的出口压力。

减压阀的结构原理

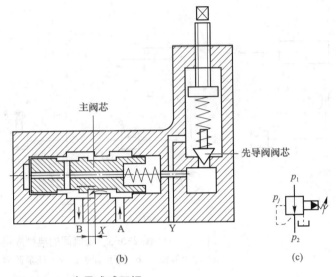

(a)　　　　　　　　　　　　　　(b)　　　　　　　(c)

图 2-5-4　先导式减压阀

(a) 实物；(b) 工作原理；(c) 图形符号

先导式减压阀与先导式溢流阀相比，其工作原理有相似之处，均为先导阀调压，主阀口工作（溢流或减压）；不同之处是常态时，溢流阀阀口常闭，而减压阀阀口常开；减压阀用出口压力油的压力控制阀芯动作，保证出口压力为一定值，有外泄口，溢流阀用进口压力油的压力控制阀芯动作，保证进口压力恒定，无外泄口。

2. 减压阀的应用

减压阀一般用于减压回路，降低某一支路油液压力，有时也用于系统的稳压，常用于控制、夹紧、润滑回路。图 2-5-5 所示为减压阀用于夹紧回路。

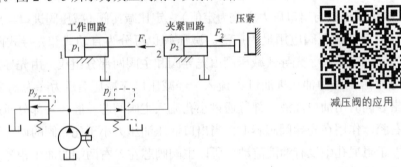
减压阀的应用

图 2-5-5　减压阀用于夹紧回路

2.5.1.3　顺序阀（优先选择活门、协调活门）

1. 顺序阀的工作原理

顺序阀在液压系统中犹如油路自动开关，它以压力为控制信号，利用液压系统中的压力变化自动控制油路的通断，从而使执行元件按照一定的顺序动作。按照控制方式的不同，顺序阀可分为内控式和外控式。内控式是直接利用阀进口处液压油的压力来控制阀口的启闭；外控式则是利用外控口油液压力来控制阀口的启闭，与进口压力无关，也称液控式。顺序阀的工作原理与溢流阀相似，且也有直动式和先导式之分。图 2-5-6 所示为直动式顺序阀工作原理图及其图形符号。初始状态下，在弹簧作用下，阀芯下压，主阀口关闭；从进油口 P_1 进来的液压油，通过阀芯上的孔道，最终作用在阀芯下端的小锥面上，对阀芯产生向上的推力，当此推力小于弹簧力时，阀口关闭；当此推力大于弹簧力时，阀芯向上移动，当阀芯移动后，作用在阀芯下端的液压油的有效作用面积瞬间扩大几倍，可将阀芯向上推到极限位置，顺序阀阀口全开。由此可见，顺序阀只有开启和关闭两种状态，不能控制进、出油口的压力，只能通过压力信号控制油路的通断。

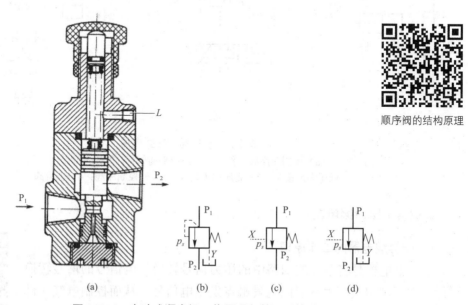

图 2-5-6　直动式顺序阀工作原理及其图形符号
（a）直动式内控外泄顺序阀；（b）内控外泄式；（c）外控内泄式；（d）外控外泄式

顺序阀的结构原理

顺序阀和溢流阀的主要区别在于：溢流阀出口通油箱，出口压力为零，动作时阀口开度大小可自动调整，可控制进油口压力不变；而顺序阀动作时阀口不是微开而是全开，不能控制进油口压力，出口通向有压力的油路（做卸荷阀除外），其压力数值由出口负载决定。

2．顺序阀的应用

（1）控制多个执行元件顺序阀动作，如图 2-5-7（a）所示，可通过顺序阀控制 A 缸动作到位后，B 缸才能动作；

（2）与单向阀组成平衡阀，使垂直放置的液压缸下腔保持一定的压力，以平衡其运动部件的自重，使其不因其自重而加速下落，出现超速下行现象，如图 2-5-7（b）所示；

顺序阀的应用

（3）用外控式顺序阀使双泵供油系统的低压大流量泵卸荷，如图 2-5-7（c）所示。当系统压力达到顺序阀调定压力时，顺序阀阀口全开，使低压大流量泵卸荷，而由于单向阀的作用，高压小流量泵仍可以单独向系统供油。

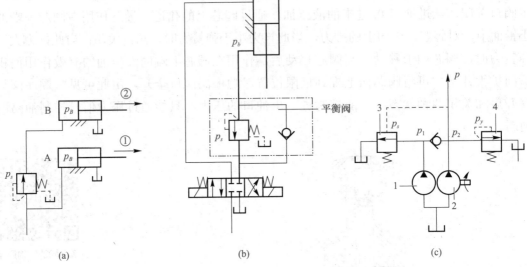

图 2-5-7　顺序阀的主要应用

（a）控制顺序阀动作；（b）组成平衡阀；（c）使泵卸荷

1—低压大流量泵；2—高压小流量泵；3—外控顺序阀；4—溢流阀

2.5.1.4　压力继电器

1．压力继电器的工作原理

压力继电器是将系统或回路中的压力信号转换为电信号的信号转换元件。它可利用液压力来启闭电气触点发生电信号，从而控制电气元件的动作，实现电动机起停、液压泵卸荷，多个执行元件的顺序动作和系统的安全保护等。任何压力继电器都由压力—位移转换装置和微动开关两部分组成。按前者的结构分为柱塞式、弹簧管式、膜片式和波纹管式4类。其中柱塞式最为常用。

压力继电器

图 2-5-8 所示为单柱塞式压力继电器的结构原理和符号。压力油从 P 口进入作用在柱塞底部，若其压力达到弹簧的调定值时，便克服弹簧阻力和柱塞摩擦力，推动柱塞上升，通过顶杆触动微动开关发出电信号。限位挡块可在压力超载时保护微动开关。

为避免系统压力波动时压力继电器时通时断，要求开启压力和闭合压力间有一定差值。

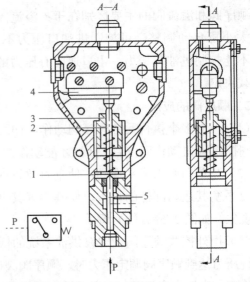

图 2-5-8　单柱塞式压力继电器的结构原理和符号

1—限位挡块；2—顶杆；3—调节螺钉；4—微动开关；5—柱塞

2．压力继电器的应用

（1）控制液压元件或电气元件的动作，实现顺序控制或起安全保护作用，如图 2-5-9（a）所示；

（2）用于控制泵卸荷，如图 2-5-9（b）所示。

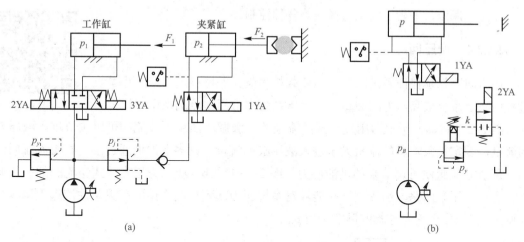

图 2-5-9　压力继电器的主要应用

（a）实现顺序控制和安全保护；（b）用于控制泵卸荷

2.5.1.5　电液比例控制阀

用比例电磁铁取代直动式溢流阀的手调装置，便成为直动式比例溢流阀，如图 2-5-10 所示。比例电磁铁的推杆通过弹簧座对调压弹簧施加推力。随着输入电信号强度发生变化，比例电磁铁的电磁力将随之产生变化，从而改变调压弹簧的压缩量，使顶开锥阀的压力随输入信号的变化而变化。若输入信号是连续地、按比例地或按一定程序变化，则比例溢流阀所调节的系统压力也连续地、按比例地或按一定的程序进行变化。因此，比例溢流阀多用于系统的多级调压或实现连续的压力控制。把直动式比例溢流阀作先导阀与其他普通的压力阀的主阀相配，便可组成先导式比例溢流阀、比例顺序阀和比例减压阀。

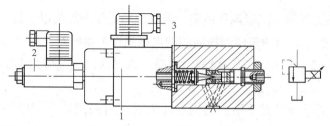

图 2-5-10　直动式比例溢流阀

1—比例电磁铁；2—位移传感器；3—弹簧座

电液比例控制阀能简单地实现遥控和连续地、按比例地控制液压系统的力与速度，并能简化液压系统，节省液压元件。由于采用各种更加完善的反馈装置和优化设计，比例阀的动态性能虽仍低于伺服阀，但静态性能已大致相同，而且价格低得多，是一种很有发展前途的液压控制元件。

2.5.2 压力控制回路分析

压力控制回路是用压力控制阀来控制和调节液压系统的压力，以满足执行元件完成某一动作所需力或力矩的要求。压力控制回路可以实现对系统整体或某一支路进行调压、减压、卸荷、保压、平衡、增压与释压等各种控制。

2.5.2.1 调压回路

调压回路就是保证系统的压力与负载相适应并保持稳定，或防止系统过载而限定系统最高压力的回路。在液压系统中常用溢流阀来调定压力。

调压回路

图 2-5-11（a）所示为用直动式溢流阀的一级调压回路。节流阀可以调节进入液压缸的流量，因定量泵输出的流量大于进入液压缸的流量，则多余油液通过溢流阀溢流流回油箱，调节溢流阀便可调节泵的供油压力。图 2-5-11（b）所示为用先导式溢流阀的一级调压（远程调压）回路，远程调压阀能够对系统压力起到控制作用的前提条件使远程调压阀的调定压力 p_{yB} 小于先导阀的调定压力 p_{yA}。

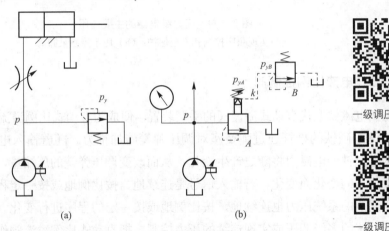

图 2-5-11　一级调压回路
（a）采用直动式溢流阀；（b）采用先导式溢流阀

一级调压回路动画

一级调压回路仿真

图 2-5-12（a）所示为二级调压回路，当两位两通换向阀的电磁铁 YA 失电时，系统压力由先导阀调定为 p_{y1}；当两位两通换向阀的电磁铁 YA 得电时，系统压力由远程调压阀调定为 p_{y2}。图 2-5-12（b）所示为多级调压回路，通过换向阀，可为本系统调定三挡不同的压力。

当执行元件正反行程需要不同的供油压力时，可采用双向调压的回路，如图 2-5-13 所示。当换向阀在左位工作时，活塞为工作行程，液压泵出口由溢流阀 1 调定为较高压力，缸右腔油液通过换向阀回油箱，溢流阀 2 此时不起作用。当换向阀在右位工作时，活塞做空行程返回，液压泵出口由溢流阀 2 调定为较低压力，溢流阀 1 不起作用。活塞退回到终点以后，液压泵在低压下回油，功率损耗小。

双向调压回路

120

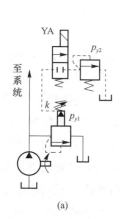
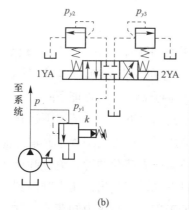

电磁铁动作		系统最大压力
1YA	2YA	p/MPa
−	−	p_{y1}
+	−	p_{y2}
−	+	p_{y3}

图 2-5-12 二级调压回路与多级调压回路

（a）二级调压回路；（b）多级调压回路

2.5.2.2 减压回路

飞机主液压系统提供的压力油的压力都比较高，但飞机某些液压支路工作时并不需要太高的压力，如减速板收放、液压刹车系统等。另外，在飞机制造过程中使用的自动或半自动机床，工件的定位、夹紧等操作多由机床液压系统实现，如虎钳夹紧装置，为了防止将工件夹伤，液压系统中的定位、夹紧、控制油路等支路往往需要比主油路压力低的稳定压力。通常，在该支路上串接一个减压阀，形成减压回路。图 2-5-14（a）所示为一级减压回路；图 2-5-14（b）所示为二级减压回路。当两位两通换向阀的电磁铁 YA 断电时，夹紧缸支路的压力由先导式减压阀控制为 p_{y1}；当两位两通换向阀的电磁铁 YA 得电时，夹紧缸支路的压力由远程调压阀控制为 p_{y2}。

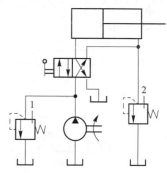

图 2-5-13 双向调压回路

1、2—溢流阀

减压回路　　一级减压回路仿真

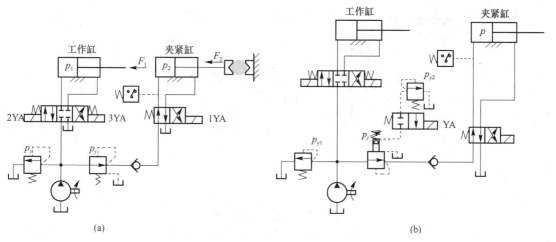

图 2-5-14 减压回路

（a）一级减压回路；（b）二级减压回路

121

2.5.2.3　卸荷回路

液压系统工作时，执行元件短时间停止工作，不宜关闭液压泵电动机，因为频繁启闭对电动机和液压泵的使用寿命都有严重的不良影响。但若让泵在溢流阀调定压力下回油，会造成很大的能量浪费，并且会造成油温升高，系统性能下降，所以，系统中应设置卸荷回路。

所谓卸荷，即液压泵在功率输出接近于零的情况下运转，从而减少功率损耗，防止系统发热，延长泵的使用寿命。液压泵的输出功率等于其输出流量与压力的乘积，因此，实现液压泵卸荷的方法有流量卸荷与压力卸荷两种。流量卸荷法主要用于自动调节变量泵系统，随压力升高，泵的输出流量下降，当其出口压力升高到一个临界值，泵的输出流量可接近零，此时泵的输出功率接近于零，此为压力卸荷法，这种卸荷法虽然简单，但泵仍在高压下运转，磨损比较严重，因而常用压力卸荷法。压力卸荷法是将泵的出口直接接回油箱，使泵的出口压力接近于零，此时泵的输出功率接近于零。图 2-5-15 所示为常见的压力卸荷回路。

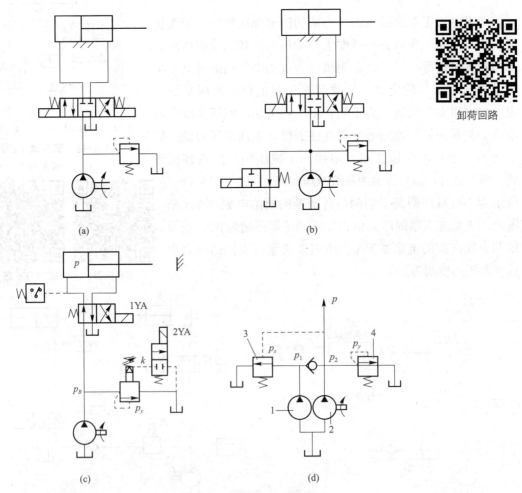

图 2-5-15　压力卸荷回路

（a）三位四通阀的中位卸荷；（b）二位二通阀旁路卸荷；（c）先导式溢流阀卸荷；（d）外控式顺序阀卸荷
1—低压大流量泵；2—高压小流量泵；3—顺序阀；4—溢流阀

图 2-5-15（a）所示是利用三位四通阀的中位实现卸荷。当换向阀处于中位时，泵输出的液压油经过换向阀中位直接流回油箱而实现卸荷。

图 2-5-15（b）所示为利用二位二通阀旁路卸荷。当三位四通换向阀处于中位时，二位二通阀的电磁铁断电，泵输出的油液直接通过两位两通换向阀流回油箱而实现卸荷。

图 2-5-15（c）所示为利用先导式溢流阀卸荷。当二位二通换向阀的电磁铁通电，先导式溢流阀远程控制口接油箱，其主阀口全开，液压油通过先导式溢流阀流回油箱而实现卸荷。

图 2-5-15（d）所示为用外控式顺序阀使双泵供油系统的低压大流量泵卸荷。当系统压力达到顺序阀调定压力时，顺序阀阀口全开，使低压大流量泵卸荷，此时由高压小流量泵单独向系统供油。

2.5.2.4 保压回路

为了使液压系统在执行元件停止运动时仍然能维持稳定的压力，应该设置保压回路。常用的保压方法是利用三位换向阀的中位机能保压，如图 2-5-16（a）所示，这种保压方法由于液压缸内部泄漏及阀内部泄漏，导致保压时间短。为了保证保压效果，可以使换向阀一直处于工作状态保压，如图 2-5-16（b）所示，这种保压方法虽然保压时间长，但存在溢流损耗，不环保。为解决上述问题，可利用蓄能器保压，如图 2-5-16（c）所示，这种回路在泵卸荷时，液压缸中油液压力由蓄能器保持，保压时间取决于蓄能器的容量大小。

保压回路　　蓄能器保压回路
　　　　　　　　仿真

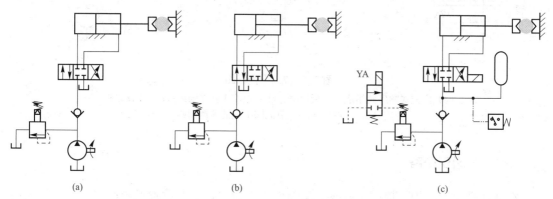

(a)　　　　　　　　(b)　　　　　　　　(c)

图 2-5-16　保压回路
（a）三位换向阀中位机能保压；（b）换向阀一直工作保压；（c）蓄能器保压

2.5.2.5 平衡回路

在液压系统中，为了防止立式液压缸及其工作部件在悬空停止期间因自重而自行下滑，或在下行运动中由于自重而造成失控超速的不稳定运动，可在液压系统中设置平衡回路，即在立式液压缸下行的回路上增设适当的阻力，以平衡其自重。图 2-5-17 所示为常见的平衡回路。

平衡回路

图 2-5-17（a）所示为内控式顺序阀组成的平衡回路。只有当液压缸下腔压力 p_b 升高，超过顺序阀调定压力 p_s，活塞才能向下运动。这种平衡回路活塞下行比较平稳，适用负载不变的场合。若工作负载减小，缸回油背压较大，系统功率损失较大，由于阀内部存在泄漏，活塞不能长时间停留。

图 2-5-17（b）所示为外控式顺序阀组成的平衡回路。顺序阀的启闭取决于控制油口，可降低功率损失，节流阀可解决液压缸运动时的点头或爬行现象。这种平衡回路液压缸回油背压较小，提高了回路效率，且安全可靠。但活塞下行平稳性较差。其适用负载可变的场合。

图 2-5-17（c）所示为液控单向阀 + 节流阀组成的平衡回路。这种平衡回路通过液控单向阀防止因自重超速下行，通过节流阀提高工作部件运动平稳性，工作安全可靠。

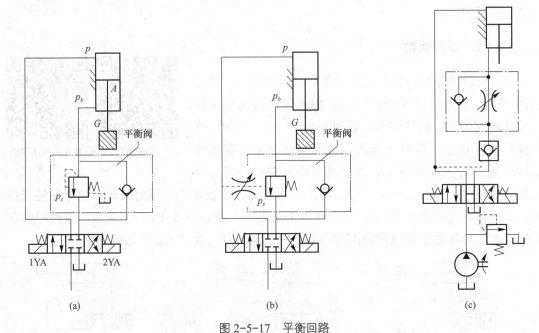

(a)   (b)   (c)

图 2-5-17　平衡回路

（a）内控式顺序阀组成的平衡回路；（b）外控式顺序阀组成的平衡回路；
（c）液控单向阀 + 节流阀组成的平衡回路

2.5.2.6　增压回路

在液压系统中，为了提高系统某一支路的工作压力，需要设置增压回路。增压回路需要采用液压元件增压缸（增压器），增压缸与活塞式液压缸类似，是由两个或三个直径不等的活塞缸组成的复合缸，但不是将液压能转换成机械能，而是液压能的传递，其作用是将油液压力放大，常见的有单作用增压缸和双作用增压缸。

图 2-5-18 所示的单作用增压缸为活塞缸与活塞缸组成的复合缸。当低压油压力 p_1 推动截面面积为 A_1 的大活塞向右移动时，也推动与其连成一体的截面面积为 A_2 的小活塞，由于大活塞与小活塞的截面面积不同，因此，小活塞缸输出的压力 p_2 要比 p_1 高，其值为

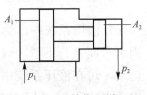

图 2-5-18　单作用增压缸

$$p_2 = \frac{A_1}{A_2} p_1 = K p_1 \qquad\qquad (2-5-1)$$

式中　K——增压比 $\left(\dfrac{A_1}{A_2}\right)$，它代表其增压程度。

图 2-5-19（a）所示为单作用增压缸组成的增压回路。单作用增压器提供高压油的量有限，使工作缸的运动行程较短。为了得到连续输出的高压油，可设置图 2-5-19（b）所示的由双作用增压缸组成的增压回路，若换向阀不断地换位，增压缸活塞会不断地往复运动，其两端可交替输出高压油。

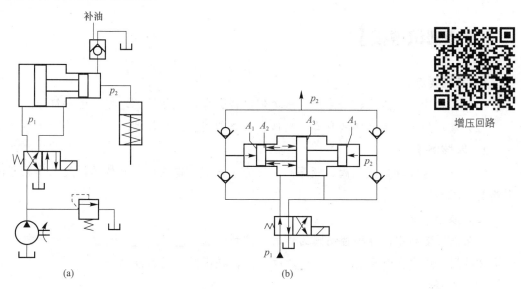

图 2-5-19　增压回路
（a）单作用增压缸组成的增压回路；（b）双作用增压缸组成的增压回路

增压回路

2.5.2.7　释压回路

液压系统在保压过程中，由于油液被压缩，机件产生弹性变形，若迅速改变运动状态会产生液压冲击。因此，对于液压缸直径大于 25 cm、压力大于 7 MPa 的液压系统，通常要设置释压回路，使液压缸高压腔的压力能在换向前缓慢释放。图 2-5-20 所示为常用的释压回路。

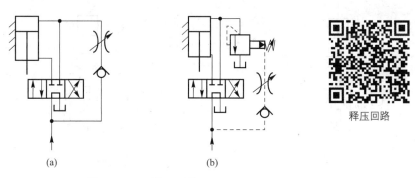

图 2-5-20　释压回路
（a）节流阀释压回路；（b）先导溢流阀释压回路

释压回路

125

图 2-5-20（a）所示为采用节流阀的释压回路，换向阀由右位换到左位之前，将换向阀换位于中位，使泵卸荷，同时液压缸上腔通过节流阀释压。图 2-5-20（b）所示为采用先导式溢流阀的释压回路，将换向阀换位于中位时，液压泵卸荷，同时，溢流阀的外控口通过节流阀和单向阀通油箱，因而，溢流阀开启使液压缸上腔卸压。调节节流阀既可调节溢流阀的开启速度，也调节了液压缸的卸压速度。溢流阀的调定压力应大于系统的最高工作压力，因此，溢流阀也起安全阀的作用。

【重点知识考核】

1. 考核要点

（1）溢流阀、减压阀、顺序阀、压力继电器、电液比例阀的功能及图形符号。

（2）液压压力控制回路的种类、功能、回路组成及工作原理。

2. 考核例题

（1）简述溢流阀、减压阀、顺序阀、压力继电器、电液比例阀的功能及工作原理，分别绘制其图形符号。

（2）填空题。

①在液压传动中，各种控制阀的作用是控制油液的_____、流量、流动方向。

②常用的压力控制阀有_____、顺序阀、减压阀、压力继电器。

（3）选择题。

①在溢流阀打开溢流后，可控制（　　）压力不变。

A. 进油口　　　　　　　　　　　　B. 出油口

C. 外泄油口　　　　　　　　　　　D. 所有油口

②定差减压阀处于工作状态时，可控制（　　）压力恒定。

A. 进油口　　　　　　　　　　　　B. 出油口

C. 外泄油口　　　　　　　　　　　D. 所有油口

③下列图形符号是直动式溢流阀的是（　　）。

A. 　　　　　　　　　　B.

C. 　　　　　　　　　　D.

【学习目标】

1. 列举液压控制元件的种类及用途；
2. 理解液压速度控制元件的种类、功能、工作原理及图形符号；
3. 掌握常用液压速度控制回路的组成及其功能。

【情景引入】

由图 2-6-1 所示的某型飞机起落架收放系统可知，起落架收放时要控制速度，需要用液压流量控制元件组成液压速度控制回路来实现。那么，液压流量控制元件有哪些种类？其功能和特点有何不同？液压速度控制回路又有哪些种类？其组成和控制原理又是怎样的？

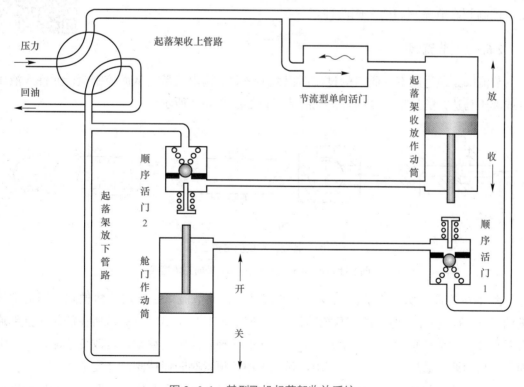

图 2-6-1　某型飞机起落架收放系统

127

任务具体要求见表 2-6-1。

表 2-6-1　液压速度控制回路构建与分析任务单

项目二	液压元件选用及液压基本回路分析
任务 2.6	液压速度控制回路构建与分析
布置任务	
学习目标	1. 掌握液压控制元件的种类及其用途； 2. 掌握液压流量控制元件的种类、功能、工作原理及图形符号； 3. 掌握常用液压速度控制回路的组成及其功能
任务描述	1. 根据提供的液压流量控制元件工作原理图，理解其工作原理、功能特点及图形符号； 2. 根据提供的液压速度控制回路的工作原理图，理解其组成及功能
任务分析	根据提供的学习资源，分析常用液压速度控制回路的组成及功能，理解常用流量控制元件的结构、工作原理、功能特点

【相关知识】

2.6.1　流量控制阀的选用

执行元件的运动速度取决于流入执行元件的液压油流量大小。在液压系统中，可用流量控制阀来实现对执行元件运动速度的控制。常用的流量控制阀有节流阀和调速阀两种。

节流阀

2.6.1.1　节流阀

节流阀是通过改变其阀口的过流面积大小来调节输出流量，从而控制执行元件（液压缸或液压马达）的运动速度的。常见的节流口如图 2-6-2 所示。

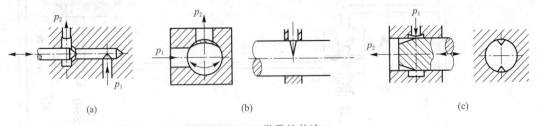

图 2-6-2　常见的节流口
（a）针阀式；（b）偏心式；（c）轴向三角槽式

图 2-6-3（a）所示为节流阀及其图形符号，它的节流口是轴向三角槽式。压力油从进油口 P_1 流入，经阀芯上的三角槽节流口，从出油口 P_2 流出。节流口所在的阀芯锥部通常开有 2～4 个三角槽。调节手轮 5，使螺杆推动阀芯沿轴向移动，可改变节流口的过流面积，从而调节通过阀的流量。其中，弹簧 1 用于顶紧阀芯保持阀口开度不变。

我们希望节流阀阀口面积 A_T 一经调定，通过的流量 q 不变化，以使执行元件速度稳定，但实际上是做不到的，其流量特性曲线如图 2-6-3（b）中的曲线 1 所示，通过节流阀的实际流量受温度及负载影响较大。节流阀仅适用负载变化不大、运动速度稳定性要求不高的场合。造成这种现象的主要原因，一是液压系统中的负载一般是变化的，它使执行元件的工作压力随之变化，从而导致节流阀前后压差 Δp 变化，因而流量也随之变化；二是油温变化引起油的黏度变化，从而使流量变化。

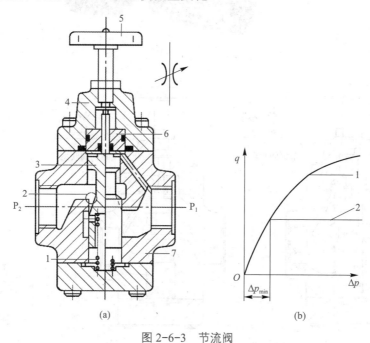

图 2-6-3　节流阀

（a）工作原理及图形符号；（b）流量特性

1—弹簧；2—节流口；3—阀芯；4—顶盖；5—手轮；6—导套；7—阀体

在实际应用中，节流阀常与单向阀组成组合阀，称为单向节流阀。图 2-6-4（a）所示为单向节流阀。图 2-6-4（b）中左图当流体正向流动时，与节流阀一样，节流缝隙的大小可通过手柄进行调节；图 2-6-4（b）中右图当流体反向流动时，靠油液的压力把阀芯压下，下阀芯起单向阀作用，单向阀打开，可实现流体反向自由流动。

2.6.1.2　调速阀

调速阀与节流阀的不同之处是带有压力补偿装置，它由定差减压阀与节流阀串联而成。节流阀用来调节通过的流量，定差减压阀则自动补偿负载变化的影响，使节流阀前后的压差为定值，从而消除了负载变化对节流阀流量的影响。图 2-6-5 所示为调速阀工作原理及其图形符号。定差减压阀与节流阀相串联，并使定差减压阀左右两腔分别与节流阀前

调速阀

后端沟通。设减压阀的进口压力为 p_1 出口压力为 p_2，通过节流阀后降为 p_3，p_3 的大小由液压缸负载 F 决定。当负载 F 变化时，p_3 和调速阀两端压差 p_1-p_2 随之变化，但节流阀两端压差 p_2-p_3 不变。例如，F 增大使 p_3 增大，减压阀芯弹簧腔液压力增大，阀芯左移，开度加大，减压作用减小，使 p_2 有所增加，结果压差 p_2-p_3 保持不变；反之亦然，从而使通

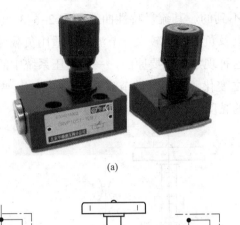

(a)

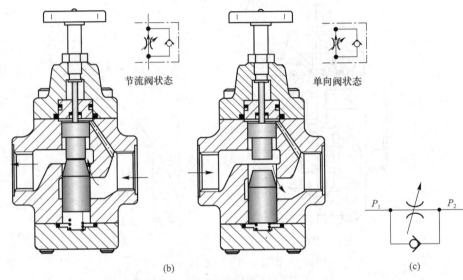

节流阀状态   单向阀状态

(b)   (c)

图 2-6-4　单向节流阀
（a）实物；（b）工作原理；（c）图形符号

过调速阀的流量保持恒定。调速阀的流量特性曲
线如图 2-6-3（b）中的曲线 2 所示。调速阀常用
于执行元件负载变化较大，运动速度稳定性要求
较高的液压系统。

　　调速阀消除了负载变化对流量的影响，但温
度变化的影响依然存在。因此，为解决温度变化
对流量的影响，在对速度稳定性要求高的系统中
需采用温度补偿调速阀。温度补偿调速阀与普通
调速阀的结构基本相似，所不同的是前者在节流
阀的阀芯上连接一根温度补偿杆。图 2-6-6 所示
为温度补偿型调速阀工作原理及其图形符号。当
温度升高时，引起流量增大，但由于补偿杆是由
温度膨胀系数很大的聚氯乙烯塑料制成的，也随
温度升高而增长，使阀口减小；反之则开大。因

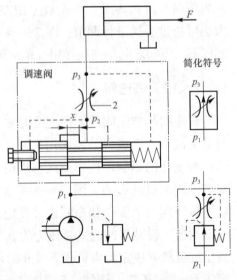

图 2-6-5　调速阀及其图形符号
1—定差减压阀；2—节流阀

130

此，能维持流量基本不变（在 20 ℃～ 60 ℃范围内流量变化不超过 10%）。

2.6.1.3 电液比例控制流量阀

用比例电磁铁取代节流阀或调速阀的手调装置，以输入电信号控制节流口开度，便可连续地或按比例地远程控制其输出流量，实现执行部件的速度调节。图 2-6-7 所示的是电液比例调速阀的结构原理及符号。图中的节流阀阀芯由比例电磁铁的推杆操纵，输入的电信号不同，则电磁力不同，推杆受力不同，与阀芯左端弹簧力平衡后，便有不同的节流口开度。由于定差减压阀已保证了节流口前后压差为定值，所以，一定的输入电流就对应一定的输出流量，不同的输入信号变化，就对应着不同的输出流量变化。

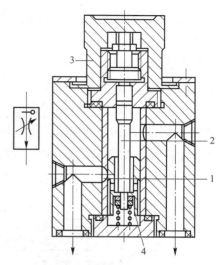

图 2-6-6　温度补偿型调速阀及图形符号
1—节流口；2—温度补偿杆；
3—调节手轮；4—节流阀阀芯

比例电磁铁前端都附有位移传感器（或称差动变压器），这种电磁铁称为行程控制比例电磁铁。位移传感器能准确地测定电磁铁的行程，并向放大器发出电反馈信号。电放大器将输入信号和反馈信号加以比较后，再向电磁铁发出纠正信号以补偿误差。这样便能消除液动力等干扰因素，保持准确的阀芯位置或节流口面积。这是比例阀进入成熟阶段的标志。

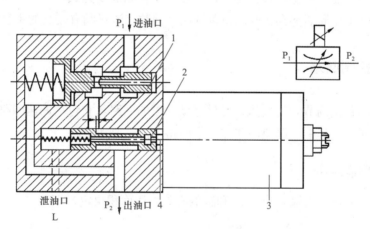

图 2-6-7　电液比例调速阀
1—定差减压阀；2—节流阀阀芯；3—比例电磁铁推杆操纵装置；4—推杆

2.6.1.4 电液数字控制流量阀

电液数字控制阀简称数字阀，是随着计算机应用的发展而出现的新型液压控制元件。采用计算机对电液系统进行控制是今后技术发展的必然趋势。但是，电液比例阀和伺服阀能接受的是连续变化的电流或电压信号，而计算机的指令是"开"或"关"的数字信息。

虽然接受计算机数字控制的方法很多，但目前较成熟的是增量式数字控制，即用步进电动机驱动的数字阀。现已生产的数字阀有数字流量阀、数字压力阀和数字方向流量阀等系列产品。

数字阀的工作原理：计算机每发出一个脉冲信号，经放大后输给步进电动机。而步进电机每接受一个脉冲便转动一定角度。步进电动机的转动又通过凸轮或丝杠等机构转换成直线位移量，从而推动阀芯或压缩弹簧，实现液压阀对方向、流量或压力的控制。下面以图 2-6-8 所示的增量式数字流量阀为例，具体说明数字阀的工作原理。

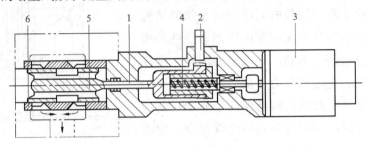

图 2-6-8　数字流量阀

1—连杆；2—传感器；3—步进电动机；4—滚珠丝杠；5—阀芯；6—阀套

当计算机发出信号后，步进电动机转动，通过滚珠丝杠转化为轴向位移，通过连杆带动节流阀阀芯移动，使节流口变大或变小，实现了流量控制。该阀有两个节流口，阀芯移动时，首先打开右边的非全周节流口，流量较小；继续移动则打开左边第二个全周节流口，流量较大。该阀的流量由阀芯、阀套及连杆的相对热膨胀取得补偿，维持流量恒定。

该阀无反馈功能，但零位移传感器使其在每个控制周期完成时，阀芯都回到零位。这样就保证了每个工作周期都在相同的位置开始，使数字流量阀有较高的重复精度。

2.6.2　速度控制回路

速度控制回路是调节和变换执行元件运动速度的回路。它包括调速回路、快速运动回路和速度换接回路。其中，调速回路在基本回路中占重要地位。

2.6.2.1　调速回路

液压缸的运动速度由输入流量 q_v 和缸的有效作用面积决定，即

$$v=\frac{q_v}{A} \qquad (2-6-1)$$

液压马达的转速 n 由输入流量 q_v 和马达的排量决定，即

$$n=\frac{q_v}{V} \qquad (2-6-2)$$

调速回路

由式（2-6-1）和式（2-6-2）可知，要想调节液压缸的运动速度或液压马达的转速 n，可采用改变输入液压缸或马达的流量 q_v，或改变马达的排量 V 的方法来实现。因此，实现调速调节的方法有以下 3 种：

1. 节流调速回路

液压系统采用定量泵供油，利用流量阀改变进入执行元件的流量来调节速度的方法，称为节流调速。

节流调速回路的优点是结构简单、工作可靠、造价低和使用维护方便，因此在液压系统中得到广泛应用；其缺点是能量损失大、效率低、发热多，故一般多用于小功率系统。按流量控制阀在液压系统中设置位置的不同，节流调速回路可分为进

进油节流调速回路　进油节流调速回路　旁路节流调速回路
　　仿真　　　　　　　装调　　　　　　　仿真

油路节流调速回路、回油路节流调速回路和旁油路节流调速回路3种。图2-6-9所示为常用节流调速回路。

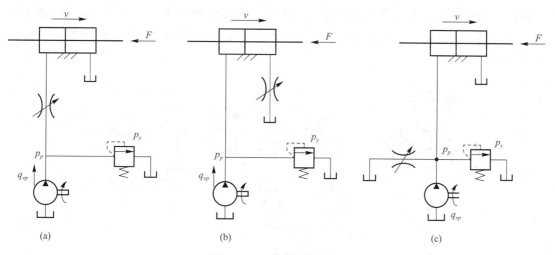

图2-6-9　节流调速回路

（a）进油路节流调速回路；（b）回油路节流调速回路；（c）旁油路节流调速回路

图2-6-9（a）所示为进油路节流调速回路。节流阀串接在液压缸的进油路上，泵的供油压力由溢流阀调定。定量泵输出的液压油，一部分经过节流阀流入液压缸的工作腔，推动活塞运动，调节节流阀开口大小，便可改变进入液压缸的流量大小，即可调节液压缸的运动速度。泵的多余流量经溢流阀流回油箱。

图2-6-9（b）所示为回油路节流调速回路。将节流阀串接在回油路上，泵的供油压力由溢流阀调定。用节流阀来控制从液压缸回油腔流出的流量，也就控制了进入液压缸的流量，达到调速的目的。泵的多余流量经溢流阀流回油箱。

图2-6-9（c）所示为旁油路节流调速回路。节流阀安装在与液压缸并联的旁油路上，定量泵输出的液压油，一部分进入液压缸，多余部分通过节流阀流回油箱。节流阀调节从支路流回油箱的流量，从而也就控制了进入液压缸的流量，达到调节活塞运动速度的目的。

2. 容积调速回路

液压系统采用变量泵供油或采用变量马达作为执行元件，改变变量泵的供油量和（或）改变变量马达的排量，以实现速度调节的方法，称为容积调速回路。

节流调速回路效率低、发热量大，只适用小功率系统，对于大功率系统应采用容积调速回路。容积调速回路是通过改变液压泵或液压马达的排量来实现调速的，液压泵输出的油液都直接进入执行元件。其主要优点是没有溢流损失和节流损失，因此，油液发热较少、温升小、系统效率高，因而被广泛应用于大功率液压系统；缺点是变量泵和变量马达的结构较复杂、成本高。

容积调速回路按油液循环方式不同可分为开式和闭式两种。开式回路的液压泵从油箱中吸油并供给执行元件，执行元件排出的油液直接返回油箱，油液在油箱中可得到很好的冷却并使杂质得以充分沉淀，油箱体积大，空气也容易侵入回路而影响执行元件的运动平稳性。闭式回路的液压泵将油液输入执行元件的进油腔，又从执行元件的回油腔处吸油，油液不一定都经过油箱，而直接在封闭回路内循环，从而减少了空气侵入的可能性，但为了补偿回路的泄漏和执行元件进、回油腔之间的流量差，必须设置补油装置。

根据液压泵与执行元件的组合方式的不同，容积调速回路有 3 种组合形式，即变量泵—定量马达（或缸）、定量泵—变量马达和变量泵—变量马达。图 2-6-10 所示为容积调速回路。

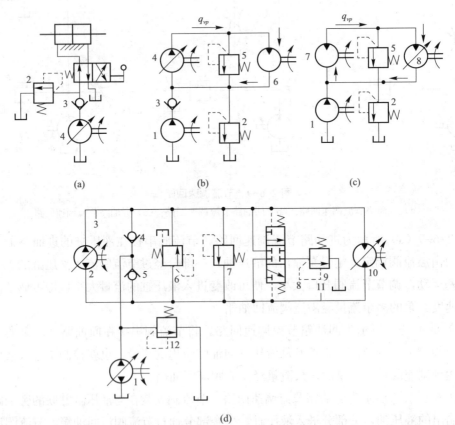

图 2-6-10　容积调速回路
（a）变量泵—液压缸式；（b）变量泵—定量马达式；（c）定量泵—变量马达式
1—辅助泵；2、5—溢流阀；3—单向阀；4—单向变量泵；6—单向定量马达；7—单向定量泵；8—单向变量马达
（d）变量泵—变量马达式
1—辅助泵；2—双向变量泵；3—上油管；4、5—单向阀；6、7、9、12—溢流阀；
8—换向阀；10—双向变量马达；11—下油管

（1）变量泵—定量马达（或缸）容积调速回路。图 2-6-10（a）所示为变量泵—液压缸开式容积调速回路，图 2-6-10（b）所示为变量泵—定量马达闭式容积调速回路。这两种调速回路都是利用改变变量泵的输出流量来调节速度的。

在图 2-6-10（a）中，溢流阀作为安全阀使用，换向阀用来改变活塞的运动方向，活塞运动速度是通过改变泵的输出流量来调节的，单向阀在变量泵停止工作时可以防止系统中的油液流空和空气侵入。

在图 2-6-10（b）中，为补充封闭回路中的泄漏而设置了补油装置（辅助泵）。辅助泵（辅助泵的流量一般为变量泵最大流量的 10%～15%）将油箱中经过冷却的油液输入封闭回路，同时与油箱相通的溢流阀溢出定量马达排出的多余热油，从而起到稳定低压管路压力和置换热油的作用，由于变量泵的吸油口处具有一定的压力，所以可避免空气侵入和出现空穴现象。封闭回路中的高压管路上连有溢流阀可起到安全阀的作用，以防止系统过载。单向阀在系统停止工作时可以起到防止封闭回路中的油液流空和空气侵入的作用。马达的转速是通过改变变量泵的输出流量来调节的。

这种容积调速回路，液压泵的转速和液压马达的排量都为常数，液压泵的供油压力随负载增加而升高，其最高压力由安全阀来限制。这种容积调速回路中马达（或缸）的输出速度、输出的最大功率都与变量泵的排量成正比，输出的最大转矩（或推力）恒定不变，故称这种回路为恒转矩（或推力）调速回路，由于其排量可调得很小，因此其调速范围较大。

（2）定量泵—变量马达容积调速回路。将图 2-6-10（b）中的变量泵换成定量泵，定量马达置换成变量马达即构成定量泵—变量马达容积调速回路，如图 2-6-10（c）所示。在这种调速回路中，液压泵的转速和排量都为常数，液压泵的最高供油压力同样由溢流阀来限制。在该调速回路中，马达能输出的最大转矩与变量马达的排量成正比，马达转速与其排量成反比，能输出的最大功率恒定不变，故称这种回路为恒功率调速回路。马达的排量因受到拖动负载能力和机械强度的限制而不能调得太大，相应其调速范围也较小，且调节起来很不方便。因此，这种调速回路目前很少单独使用。

（3）变量泵—变量马达容积调速回路。如图 2-6-10（d）所示，回路中元件对称设置，双向变量泵 2 可以实现正反向供油，相应双向变量马达 10 便能实现正反向转动。同样，调节双向变量泵 2 和双向变量马达 10 的排量也可以改变马达的转速。调节泵 2 正向供油时，上油管 3 是高压管路，下油管 11 是低压管路，马达 10 正向旋转，溢流阀 7 作为安全阀可以防止马达正向旋转时系统出现过载现象，此时溢流阀 6 不起任何作用，辅助泵 1 经单向阀 5 向低压管路补油，此时另一单向阀 4 则处于关闭状态。液动换向阀 8 在高、低压管路压力差大于一定数值（如 0.5 MPa）时，液动换向阀阀芯下移。低压管路与溢流阀 9 接通，则有马达 10 排出的多余热油经阀溢流 9 溢出（阀 12 的调定压力应比阀 9 高），此时辅助泵 1 供给的冷油置换了热油；当高、低压管路压力差很小（马达的负载小，油液的温升也小）时，换向阀 8 处于中位，泵 1 输出的多余油液则从溢流阀 12 溢回油箱，只补偿封闭回路中存在的泄漏，而不置换热油。另外，溢流阀 9 和 12 也具有保障泵 2 吸油口处具有一定压力而避免空气侵入和出现空穴现象的功能，单向阀 4 和 5 在系统停止工作时防止封闭回路中的油液流空和空气侵入。

当双向变量泵 2 反向供油时，上油管 3 是低压管路，下油管 11 是高压管路。马达 10 反向转动，溢流阀 6 作为安全阀使用，其他各元件的作用与上述过程类似。

变量泵—变量马达容积调速回路是恒转矩调速和恒功率调速的组合回路。由于许多设备在低速运行时要求有较大的转矩，而在高速时又希望输出功率能基本保持不变，因此，调速时通常先将马达的排量调至最大并固定不变（以使马达在低速时能获得最大输出转矩），通过增大泵的排量来提高马达的转速，这时马达能输出的最大转矩恒定不变，属恒转矩调速；若泵的排量调至最大后，还需要继续提高马达的转速，可以使泵的排量固定在最大值，而采用减小马达排量的办法来实现马达速度的继续升高，这时马达能输出的最大功率恒定不变，属恒功率调速。这种调速回路具有较大的调速范围，且效率较高，故适用大功率和调速范围要求较大的场合。

在容积调速回路中，泵的工作压力是随负载变化而变化的。而泵和执行元件的泄漏量随工作压力的升高而增加。由于受到泄漏的影响，这将使液压马达（或液压缸）的速度随着负载的增加而下降，速度稳定性变差。

3．容积节流调速回路

液压系统采用变量泵和流量控制阀相配合的调速方法，称为容积节流调速回路，又称联合调速。

容积节流速度回路是用变量泵供油，用调速阀或节流阀改变进入液压缸的流量，以实现执行元件速度调节的回路。这种回路无溢流损失，其效率比节流调速回路高。采用流量阀调节进入液压缸的流量，克服了变量泵负载大、压力高时的漏油量大、运动速度不平稳的缺点。因此，这种调速回路常用于空载时需快速、承载时需稳定的低速的各种中等功率机械设备的液压系统。

图 2-6-11 所示为由限压式变量叶片泵 1 和调速阀 3 等元件组成的定压式容积节流调速回路。电磁换向阀 2 左位工作时，压力油经行程阀 5 进入液压缸左腔，液压缸右腔回油，活塞空载右移。这时因负载小，压力低于变量泵的限定压力，泵的流量最大，故活塞快速右移。当移动部件上的挡块压下行程阀 5 时，压力油只能经调速阀 3 进入缸左腔，缸右腔回油，活塞以调速阀调节的慢速右移，实现工作进给。当换向阀右位工作时，压力油进入液压缸右腔，液压缸左腔经单向阀 4 回油，因退回时为空载，液压泵的供油量最大，故快速向左退回。

慢速工作进给时，限压式变量泵的输出流量 q_p 与进入液压缸的流量 q_1 总是相适应的。即当调速阀开口一定时，能通过调速阀的流量 q_1 为定值，若 $q_p > q_1$，则泵出口的油压便上升，使泵的偏心自动减小，q_p 减小，直至 $q_p = q_1$ 为止；若 $q_p < q_1$，

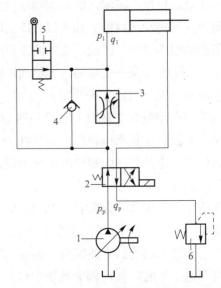

图 2-6-11　定压式容积节流调速回路
1—变量叶片泵；2—电磁换向阀；3—调速阀；
4—单向阀；5—行程阀；6—溢流阀

则泵出口压力降低，使泵的偏心自动增大，q_p 增大，直至 $q_p=q_1$。调速阀能保证 q_1 为定值，q_p 也为定值，故泵的出口压力 p_p 也为定值。因此这种回路称为定压式容积节流调速回路。

2.6.2.2 快速运动回路

快速运动回路的功能是使执行元件在空行程时获得尽可能大的运动速度，以提高生产率。快速运动回路中提高运动速度的常用方案如下：

（1）差动连接快速运动回路。图 2-6-12 所示为通过差动连接实现单杆活塞缸快速运动回路。其中，图 2-6-12（a）所示为用三位换向阀 P 型中位机能实现差动连接；图 2-6-12（b）所示为用二位三通阀实现差动连接，当电磁铁 1YA 得电，两个换向阀均在左位工作时，单杆液压缸差动连接做快速向右运动；当电磁铁 3YA 通电后，差动连接即被解除，液压缸回油经过调速阀，实现工进；当电磁铁 1YA 断电而 2YA、3YA 得电时，液压缸快退。

快速运动回路

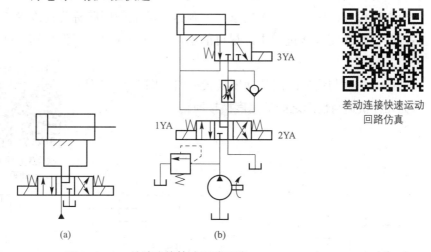

差动连接快速运动回路仿真

图 2-6-12　差动连接快速运动回路
（a）用三位换向阀 P 型中位机能实现差动连接；（b）用二位三通阀实现差动连接

（2）双泵供油快速运动回路。图 2-6-13 所示为通过双泵并联供油快速运动回路。快速运动时，由于负载小，系统压力小于外控顺序阀 3 的开启压力，则外控顺序阀 3 关闭。低压大流量泵 1 的油液通过单向阀与小流量泵 2 汇合在一起进入液压缸，以实现快速运动。工进时，负载大，系统压力升高，外控顺序阀 3 被打开，并关闭单向阀，使低压大流量泵 1 卸荷。此时系统仅由高压小流量泵 2 供油，实现工作进给。外控顺序阀 3 的开启压力应比快速运动时所需压力大 0.8 ～ 1.0 MPa。

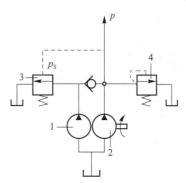

图 2-6-13　双泵并联供油快速运动回路
1—低压大流量泵；2—高压小流量泵；
3—外控顺序阀；4—溢流阀

（3）采用蓄能器供油快速运动回路。图 2-6-14 所示为采用蓄能器供油快速运动回路。这种回路适用系统短期需要大流量的场合。当液压缸停止工作时，液压泵向蓄能器充油，油液压力升至外控顺序阀的调定压力时，外控顺序阀打开，液压泵卸荷。当液压缸工作时，由蓄能器和液压泵同时供油，使活塞短期获得较大的速度。这种回路可以采用小容量液压泵，实现短期大量供油，减少能量损耗。

2.6.2.3 速度换接回路

图 2-6-14 蓄能器供油快速运动回路

机电设备的工作部件在实现自动循环的工作过程中，往往需要进行速度转换。例如，某液压系统需实现"快进—第一次工进—第二次工进—快退"的自动工作循环，就存在着快速与慢速之间的转换及第一种慢速与第二种慢速之间的转换等要求，实现这些功能的回路称为速度换接回路，并且在速度换接过程中，尽可能不产生前冲现象，以保持速度换接平稳。

速度换接回路

（1）快速与慢速之间的速度换接回路。图 2-6-15 所示为几种快速与慢速之间的速度换接回路。

快慢速换接回路 动画　　调速阀短接调速 回路仿真

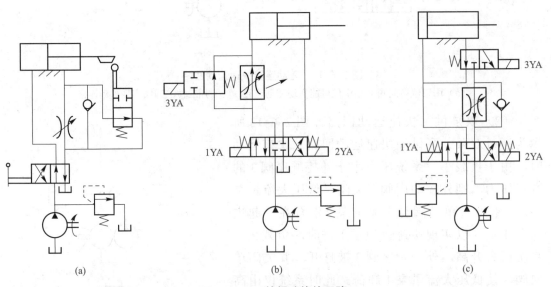

(a)　　　　　　　　　(b)　　　　　　　　　(c)

图 2-6-15　快慢速换接回路

（a）用行程阀切换的速度换接回路；（b）用二位二通电磁阀与调速阀并联的快慢速换接回路
（c）利用差动连接的快慢速换接回路

图 2-6-15（a）所示是用行程阀切换的速度换接回路。在图示状态下，液压缸快进，

当活塞杆上的挡块压下行程阀时，行程阀关闭，液压缸有杆腔的油液通过节流阀才能流回油箱，液压缸则由快进转换为慢进。当换向阀左位接入油路时，压力油经单向阀进入液压缸有杆腔，活塞快速向左运动。

图2-6-15（b）所示是用二位二通电磁阀与调速阀并联的快慢速换接回路。当电磁铁1YA通电时，液压泵的压力油经二位二通阀全部进入液压缸中，工作部件实现快速运动。当3YA也通电后，切换油路，液压泵的压力油经调速阀进入液压缸，将快进换接为工作进给。当1YA断电、2YA通电，工作部件快速退回。所有电磁铁断电，液压缸停止动作。

图2-6-15（c）所示为利用差动连接的快慢速换接回路。当电磁铁1YA得电，两个换向阀均在左位工作时，单杆液压缸差动连接做快速向右运动。当电磁铁3YA通电后，差动连接即被解除，液压缸回油经过调速阀，实现工进。当电磁铁1YA断电而2YA、3YA得电时，液压缸快退。

（2）两种慢速的速度换接回路。图2-6-16所示为两调速阀串联两工进速度换接回路及其电磁铁动作顺序表。当三位四通换向阀的电磁铁1YA得电，三位四通换向阀左位工作，压力油经三位四通换向阀左位、右侧两位两通换向阀左位进入液压缸左腔，实现快进；当三位四通换向阀左位工作且右侧二位二通换向阀断开时，压力油经调速阀A和左侧二位二通换向阀进入液压缸左腔，进给速度由调速阀A控制，实现一工进；而当左侧二位二通换向阀电磁铁3YA通电切断所在油路后，压力油先经调速阀A，再经调速阀B进入液压缸左腔，速度由调速阀B控制，实现二工进。由于二工进时油液经过两个调速阀，因此能量损失较大，系统发热也较大。需要注意的是，在回路中，调速阀B的开口必须小于调速阀A的开口，即二工进速度必须比一工进速度低，否则调速阀B不起调速作用。

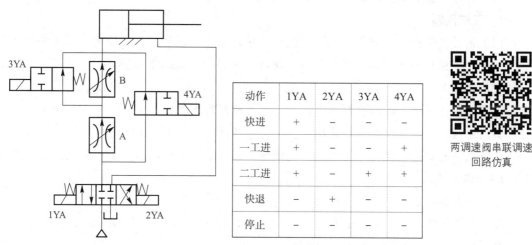

动作	1YA	2YA	3YA	4YA
快进	+	−	−	−
一工进	+	−	−	+
二工进	+	−	+	+
快退	−	+	−	−
停止	−	−	−	−

两调速阀串联调速回路仿真

图2-6-16 两调速阀串联两工进速度换接回路及其电磁铁动作顺序表

图2-6-17所示为两个调速阀并联两工进速度换接回路及其电磁铁动作顺序表。当三位四通换向阀左位工作时，液压油经两位两通阀进入液压缸左腔，实现快进；当两位两通换向阀电磁铁通电切断所在油路时，根据二位三通阀的不同工作位置，压力油需经调速阀A或B才进入液压缸，便可实现一工进和二工进速度的换接。这种回路的优点是两个调速阀可单独调节，两种速度互不限制；缺点是当一个调速阀工作时，另一调速阀无油通过，

后者的减压阀处于非工作状态，其阀口完全打开，一旦换接，油液大量流过此阀，液压缸易产生前冲现象，速度换接的平稳性较差。

两调速阀并联调速回路仿真　　两调速阀并联调速回路装调

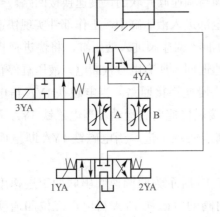

动作	1YA	2YA	3YA	4YA
快进	+	−	−	−
一工进	+	−	+	−
二工进	+	−	+	+
快退	−	+	−	−
停止	−	−	−	−

图 2-6-17　两调速阀并联两工进速度换接回路及其电磁铁动作顺序表

【重点知识考核】

1. 考核要点

（1）节流阀、单向节流阀、调速阀、电液比例流量阀、电液数字流量阀的功能、工作原理及图形符号。

（2）液压速度控制回路的种类、回路组成及工作原理。

2. 考核例题

（1）简述节流阀、单向节流阀、调速阀的功能及工作原理，分别绘制其图形符号。

（2）简述液压速度控制回路的种类、功能、回路组成及工作原理。

（3）填空题。

①在液压传动中，各种控制阀的作用是控制油液的压力、_____、流动方向。

②调速阀是由节流阀和定差减压阀_____（串联/并联）组成。

③节流调速回路主要有_____节流调速、回油节流调速、_____节流调速 3 种。

（4）选择题。

①调速阀控制液压系统中液压油的（　　）。

A．流动方向　　　　B．压力　　　　　　C．流量　　　　　　D．温度

②图 2-6-18 所示的这个液压元件是（　　）。

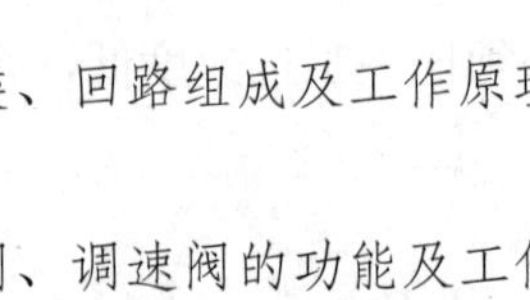

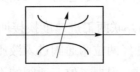

图 2-6-18　②题图

A．溢流阀　　　　B．顺序阀　　　　C．减压阀　　　　D．调速阀

任务 2.7　液压多缸工作回路构建与分析

【学习目标】

1. 掌握常用液压顺序动作回路的组成及其功能；
2. 掌握常用液压同步动作回路的组成及其功能；
3. 掌握常用液压互不干扰回路的组成及其功能。

【情景引入】

由图 2-6-1 所示的某型飞机起落架收放系统可知，此系统有多个执行元件液压缸，这些多缸液压系统中液压缸的动作有一定的顺序要求。如放起落架时要先开舱门、再放起落架；而收起落架时要先收起落架、后关舱门。部分多缸液压系统中的液压缸动作要求同步或互不干扰，这样的功能就需要用到多缸工作回路。那么，常见的多缸工作控制回路有哪些种类？其组成和控制原理是怎样的？

任务具体要求见表 2-7-1。

表 2-7-1　液压多缸工作回路构建与分析

项目二	液压元件选用及液压基本回路分析
任务 2.7	液压多缸工作回路构建与分析
布置任务	
学习目标	1. 掌握常用液压顺序动作回路的组成及其功能； 2. 掌握常用液压同步动作回路的组成及其功能； 3. 掌握常用液压互不干扰回路的组成及其功能
任务描述	1. 根据提供的液压顺序动作回路的工作原理图，理解其组成及功能； 2. 根据提供的液压同步动作回路的工作原理图，理解其组成及功能； 3. 根据提供的液压互不干扰回路的工作原理图，理解其组成及功能
任务分析	根据提供的学习资源，分析常用液压多缸工作回路的组成及功能

【相关知识】

在大多数液压系统中，一台液压泵需向多个执行元件提供压力油，按照系统要求，这些执行元件往往需要按照一定的方式发生动作，或顺序动作，或同步动作，或互不干涉，这就需要在系统中设置多缸工作控制回路。

2.7.1 顺序动作回路

顺序动作回路的功用是使多缸液压系统中的各个液压缸严格地按规定的顺序发生动作。如工件先定位、后夹紧、再加工等。按控制方式的不同，顺序动作有行程控制和压力控制两类。

顺序动作回路

图 2-7-1 所示为行程控制的顺序动作回路。

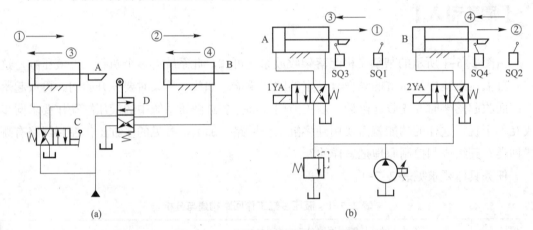

(a)　　　　　　　　　　　　　　　　(b)

图 2-7-1　行程控制的顺序动作回路
（a）行程阀控制顺序动作回路；（b）行程开关控制顺序动作回路

图 2-7-1（a）所示为用行程阀控制顺序动作回路。最开始液压缸 A、B 的活塞均处于最左端，当阀 C 右位工作时，液压缸 A 活塞右行实现动作①。当活塞运动到既定位置时，活塞杆上的挡块压下行程阀 D，使行程阀 D 接入上位工作，液压缸 B 活塞右行实现动作②。当阀 C 左位工作时，液压缸 A 先退回实现动作③。随着挡块左移松开行程阀 D，行程阀自动复位（下位），液压缸 B 退回实现动作④。

采用行程开关控制
双缸顺序动作回路
仿真

图 2-7-1（b）所示为用行程开关控制顺序动作回路。最开始液压缸 A、B 的活塞均处于最左端，当电磁铁 1YA 通电时，液压缸 A 的活塞向右运动实现动作①；当液压缸 A 的挡块随活塞右行到行程终点并触动电气行程开关 SQ1 时，电磁铁 2YA 通电，液压缸 B 的活塞向右运动实现动作②；当液压缸 B 的挡块随活塞右行至行程终点并触动电气行程开关 SQ2 时，电磁铁 1YA 断电，换向阀换向，液压缸 A 的活塞向左运动实现动作③；当液

压缸 A 的挡块触动电气行程开关 SQ3 时，电磁铁 2YA 断电，换向阀换向，液压缸 B 的活塞向左运动实现动作④。当液压缸 B 的挡块触动电气行程开关 SQ4 时，1YA 得电，自动开始下一个循环，直到按下停止按钮。这种顺序动作回路的可靠性取决于电气行程开关和电磁换向阀的质量，变更液压缸的动作行程和顺序都比较方便，且可利用电气互锁来保证动作顺序的可靠性。

图 2-7-2 所示为压力控制的顺序动作回路。

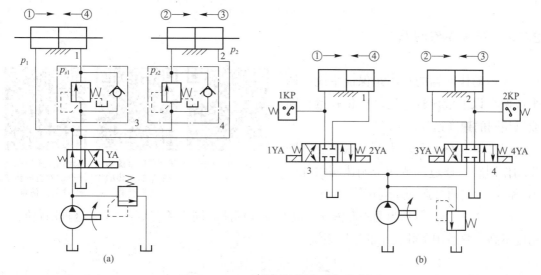

图 2-7-2　压力控制的顺序动作回路
(a) 单向顺序阀控制顺序动作回路
1、2—液压缸；3、4—顺序阀
(b) 压力继电器控制顺序动作回路
1、2—液压缸；3、4—换向阀

图 2-7-2（a）所示为用单向顺序阀控制的顺序动作回路。回路中采用了两个单向顺序阀，用来控制液压缸顺序动作。当换向阀左位工作时，由于顺序阀 4 的调定压力值大于液压缸 1 右行时的最大工作压力，故压力油先进入液压缸 1 的左腔，实现动作①。液压缸 1 移动到位后，压力上升直到打开顺序阀 4，压力油进入液压缸 2 的左腔，实

采用压力继电器控制双缸顺序动作回路仿真

采用压力继电器和行程开关控制双缸顺序动作回路仿真

现动作②。换向阀切换至右位后，过程与上述相同，由于顺序阀 3 的调定压力值大于液压缸 2 左行时的最大工作压力，则液压缸 2 先实现动作③，液压缸 1 再实现动作④。

图 2-7-2（b）所示为用压力继电器控制的顺序动作回路。回路中采用了两个压力继电器，用来控制液压缸顺序动作，压力继电器 1KP 用于控制两液压缸向右运动的先后顺序，压力继电器 2KP 用于控制两液压缸向左运动的先后顺序。当电磁铁 2YA 通电时，换向阀 3 右位接入回路，液压油进入液压缸 1 左腔并推动活塞向右运动，实现动作①；当液压缸 1 的活塞向右运动到行程终点而碰到死挡铁时，进油路压力升高而使压力继电器 1KP 动作发出电信号，相应电磁铁 4YA 通电，换向阀 4 右位接入回路，液压缸 2 的活塞向右运动，实现动作②；当液压缸 2 的活塞向右运动到行程终点，其挡铁压下相应的电气行程开

关而发出电信号时，电磁铁 4YA 断电而 3YA 通电，换向阀 4 换向，液压缸 2 的活塞向左运动，实现动作③；当液压缸 2 的活塞向左运动到终点碰到固定挡铁时，进油路压力升高而使压力继电器 2KP 动作发出电信号，相应 2YA 断电而 1YA 通电，换向阀 3 换向，液压缸 1 的活塞向左运动，实现动作④。为了防止压力继电器发出误动作，压力继电器的动作压力应比先动作的液压缸最高工作压力高 0.3 ~ 0.5 MPa，但应比溢流阀的调定压力低 0.3 ~ 0.5 MPa。

2.7.2 同步动作回路

同步动作回路的功用是保证系统中两个或两个以上液压缸在运动中位移量相同或以相同的速度运动。

图 2-7-3（a）所示为两并联液压缸同步动作回路。通过调节两个调速阀的开口 A_{T1} 和 A_{T2}，使两缸运动速度相等。

同步动作回路　采用单向节流阀组成的双缸同步动作回路仿真　回油路采用单向节流阀的双缸同步动作回路仿真

图 2-7-3（b）所示为两串联液压缸同步动作回路。同步条件是 $A_2=A_3$。这种回路同步精度不高，只适用负载较小的液压系统。

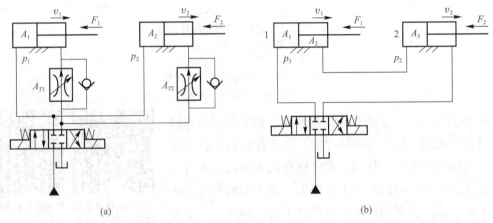

图 2-7-3　同步动作回路
（a）两并联液压缸同步动作回路；（b）两串联液压缸同步动作回路

图 2-7-4 所示为带补偿装置的串联液压缸同步回路。A 腔和 B 腔的面积相等使进、出流量相等。而补偿措施使同步误差在每一次下行运动中都可消除。例如，阀 5 在右位工作时，缸下降，若液压缸 1 的活塞先到达行程端点，其挡块触动电气行程开关 1ST，使阀 4 通电，压力油便通过该阀和单向阀向液压缸 2 的 B 腔补入，推动活塞继续运动到底，误差即被消除。若液压缸 2 的活塞先到达行程端点时，其挡块触动电气行程开关 2ST，阀 3 通电，控制压力油使液控单向阀反向通道打开，液压缸 1 的 A 腔通过液控单向阀与油箱接通而回油，使液压缸 1 的活塞能继续下行到达行程端点而消除位置误差。这种串联液压缸同步回路只适用负载较小的液压系统。

144

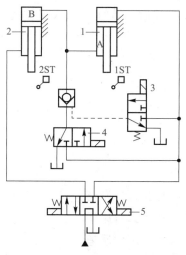

图 2-7-4　带补偿装置的串联液压缸同步回路

1、2—液压缸；3～5—阀

2.7.3　互不干扰回路

互不干扰回路的功能是使几个液压缸在完成各自的循环动作过程中彼此互不影响。在多缸液压系统中，往往由于其中一个液压缸快速运动，而造成系统压力下降，影响其他液压缸慢速运动的稳定性。因此，对于慢速要求比较稳定的多缸液压系统，需采用互不干扰回路，使各自液压缸的工作压力互不影响。

图 2-7-5 所示为多缸快慢速互不干扰回路。图中各液压缸（仅示出两个液压缸）分别要完成快进、工进和快退的自动循环。回路采用双泵供油，高压小流量泵 1 提供各缸工进时所需的液压油，低压大流量泵 2 为各缸快进或快退时输送低压油，它们分别由溢流阀 3 和 4 调定供油压力。当电磁铁 3YA、4YA 通电时，液压缸 A（或 B）左右两腔由两位五通电磁换向阀 7、11（或 8、12）连通，由低压大流量泵 2 供油来实现差动快进过程，此时高压小流量泵 1 的供油路被电磁换向阀 7（或 8）切断。设液压缸 A 先完成快进，由行程开关使电磁铁 1YA 通电、3YA 断电，此时低压大流量泵 2 对液压缸 A 的进油路切断，而高压小流量泵 1 的进油路打开，液压缸 A 由调速阀 5 调速实现工进，液压缸 B 仍作快进，互不影响。当各缸都转

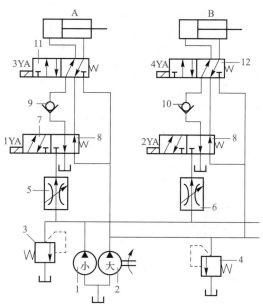

图 2-7-5　多缸快慢速互不干扰回路

1—高压小流量泵；2—低压大流量泵；

3、4—溢流阀；5、6—调速阀；

7、8、11、12—电磁换向阀；

9、10—单向阀

为工进后，它们全由小泵供油。此后，若缸液压 A 又率先完成工进，行程开关应使电磁换向阀 7 和 11 的电磁铁都通电，缸 A 即由低压大流量泵 2 供油快退。当各电磁铁皆断电时，各缸停止运动，并被锁止于所在位置。

【重点知识考核】

1．考核要点

（1）液压顺序动作回路的种类及工作原理。

（2）液压同步动作回路的种类及工作原理。

（3）液压互不干扰回路的组成及工作原理。

2．考核例题

（1）常见液压顺序动作回路有哪些种类？分别如何控制执行元件顺序动作？

（2）常见液压同步动作回路有哪些种类？分别如何控制执行元件同步动作？

典型飞机液压传动系统分析

任务 3.1　MA60 飞机液压源系统分析

【学习目标】

1. 辨认 MA60 飞机液压源系统的主要组成部分;
2. 说明 MA60 飞机液压源系统的工作原理。

【情景引入】

　　MA60（新舟 60）飞机（图 3-1-1）是中航工业西安飞机工业（集团）有限责任公司以现代成熟技术为基础，严格按照 CCAR-25 部适航标准进行设计、生产和验证的一种 50 座级双发涡桨支线客机。飞机采用两人驾驶体制，以涡桨发动机为动力，配备加拿大普惠公司生产的涡桨发动机和美国汉胜公司生产的复合材料螺旋桨，在安全性、经济性、舒适性和维护性等方面均达到当代国际先进

图 3-1-1　MA60 飞机

支线客机水平，价格只有国外同类飞机的 2/3。该机于 1999 年 9 月投入航线营运。2005 年 4 月，MA60（新舟 60）飞机成功走出国门，向津巴布韦出口两架。

　　MA60 飞机液压源系统由主液压系统和应急液压系统组成。主液压系统可保证液压操纵的所有机构正常工作，包括起落架收放、襟翼收放、前轮转弯操纵和主起落架机轮刹车，如图 3-1-2 所示；应急液压系统主要用于应急收放襟翼和应急刹车。

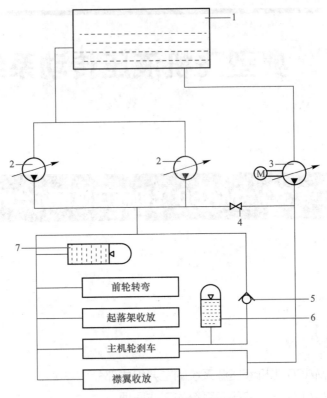

图 3-1-2 　液压源系统功能简图

1—油箱；2—主液压泵；3—应急电动泵；4—螺旋开关；
5—单向活门；6—刹车蓄压器；7—主蓄压器

主液压系统由安装在发动机上的变流量液压泵 PV3-022-36 供压；应急液压系统由交流电动泵 MPEV3-011-33 供压。两个系统的工作压力均为 15.2 MPa（2 150 Psi）。

当主液压系统失效时，可通过安装在驾驶舱内的螺旋开关 YSF-4，由应急液压系统向主液压系统供压，以保证液压源系统的所有操纵机构正常工作。

主液压系统与应急液压系统共用一个液压油箱，油箱容积为 37 L（8.14 UKgal），应急液压系统的吸油管嘴低于主液压系统的吸油管嘴，这样可保证当主液压系统失效导致油液流失时油箱仍有 8 L（1.76 UKgal）的油液供应急液压系统使用。

为了提高油泵的吸油能力，以改善其高空性能，采用了油箱增压系统。

液压系统中装有主蓄压器和刹车蓄压器，保证系统有足够的压力油供给各动作附件工作。

当发动机不工作时，刹车蓄压器可保持停机时机轮刹车所需的压力，以补偿内部的渗漏。

为了改善液压系统的清洁度，降低污染，确保各工作系统能够安全、可靠的工作，系统中设有采样活门、带有污染指示器的油滤、回油滤及液压防火开关。

为了便于进行飞机液压系统的地面检查和试验，在右发动机短舱的附件座上安装有供地面液压油车对所有液压系统进行试验用的吸油和增压活门及液压油箱地面增压用的充气接头和放出油箱增压压力的放气活门。

液压系统原理如图 3-1-3 所示。

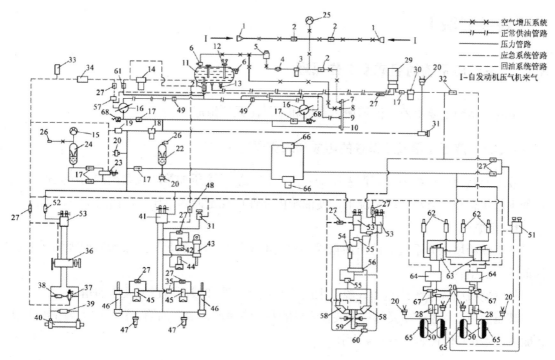

图 3-1-3　液压系统原理

1—发动机引气接管嘴；2—单向活门；3—干燥过滤器；4—空气滤；5—减压活门；6、39、61—安全活门；
7—油箱充气接头；8—放气活门；9—吸油活门；10—增压活门；11—液压油箱；12—油量表传感器；
13—放油开关；14—回油滤；15—气瓶；16—主液压泵；17—单向活门；18—主油滤；19—主安全活门；
20—压力传感器；21—单向活门；22—刹车蓄压器；23、37、41、53—电磁开关；24—主蓄压器；25—气瓶；
26—充气活门；27—单向活门；28—定量器；29—应急电动泵；30—应急油滤；31—螺旋开关；32—应急安全活门；
33—压力加油接头；34—采样活门；35—限流接头；36—前轮转弯活门；38—节流活门；40—转弯作动筒；
42—前起落架上位锁；43—前起落架收放作动筒；44—前起落架下位锁；45—主起落架上位锁；
46—主起落架收放作动筒；47—主起落架下位锁；48—单向活门；49—液压防火开关；50—机轮；
51—应急刹车活门；52—节流活门；54—节流活门；55、60—梭形活门；56—液压锁；57—壳体回油滤；
58—液压马达；59—襟翼传动装置；62—刹车传压筒；63—刹车分配器；64、66—刹车油滤；
65—速度传感器；67—转换活门；68—低压压力继电器

任务具体要求见表 3-1-1。

表 3-1-1　MA60 飞机液压源系统分析任务单

项目三	典型飞机液压传动系统分析
任务 3.1	MA60 飞机液压源系统分析
布置任务	
学习目标	1. 能根据液压源系统工作原理图列举液压源系统的主要部件； 2. 能根据液压源系统工作原理图描述液压源系统的工作原理
任务描述	通过对 MA60 飞机液压系统的学习，了解其主要部件，掌握主液压系统和应急液压源系统的工作原理
任务分析	根据提供的学习资源，分析 MA60 液压源系统的主要结构，进而理解液压源系统的工作原理

【相关知识】

3.1.1 主液压系统的组成及工作原理

主液压系统主要由液压油箱增压系统和主供压系统组成。

3.1.1.1 液压油箱增压系统的组成和工作原理

液压油箱增压系统为液压源系统的一个工作系统。液压油箱增压系统的功用是保证在各种飞行状态和飞行高度的情况下，使油箱内能保持规定的剩余压力，向系统正常供油。

1. 组成

液压油箱增压分系统为液压油箱提供稳定的增压压力，满足液压泵所需的吸油压力，保证压力输出。

从发动机引气系统或地面气源引来压缩空气经过滤和减压后进入液压油箱。

液压油箱增压系统主要部件安装在飞机的左、右短舱，液压油箱布置在中央翼左液压设备舱，具体安装位置如图3-1-4所示。

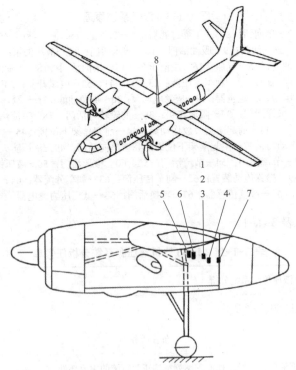

图3-1-4 油箱增压系统元件分布

1—单向活门 QXF-1B；2—空气滤；3—减压活门；
4—干燥过滤器；5—充气接头；6—放气活门；
7—气瓶；8—安全活门 QYF-2D

（1）液压油箱用于储存液压系统所需的工作液。

（2）单向活门用于防止从两个发动机集气管引出的空气相互间及与地面增压管路间的

串流。

（3）减压活门的出口压力由调节螺栓来调整，顺时针旋拧，出口压力增大，反之减少。

（4）干燥过滤器用于减少进入液压油箱中空气的含水量，并能滤除较大杂质。

（5）空气滤用于清除从发动机引入油箱增压系统空气中的机械杂质。

（6）减压活门用来降低从发动机压气机引入液压油箱中的空气压力，并使压力保持恒定。

（7）安全活门用来防止进入液压油箱内的增压空气压力过高而损坏油箱。

（8）放气活门用于放掉液压油箱中的空气。当需放掉液压油箱里的气压时，必须按压放气活门的手柄，并保持在按压位置，直到油箱中没有空气放出为止。

（9）充气接头用于接通液压油箱的地面增压装置。

（10）气瓶是用来在飞机处于下滑和地面慢车状态时发动机引气压力过低，保证系统所需要的增压引气压力值。

（11）放油开关 RSF-2 供油箱放油时使用。当系统需要放油时，手动操作使活门打开，系统放油，放油完成后手动操作使活门关闭。

（12）油箱回油滤的功用是减缓系统回油进入液压油箱内冲击产生气泡。

2．工作原理

如图 3-1-5 所示，增压油箱的压缩空气从每个发动机引气接管嘴 1 引出，压力约为 1.28 MPa（185.65 Psi），经过单向活门 2，流至干燥过滤器 3，除去水分和较粗大的杂质，再流至空气滤 4，除去细小杂质，然后流入减压活门 5，将压力减至 0.245 MPa±0.01 MPa

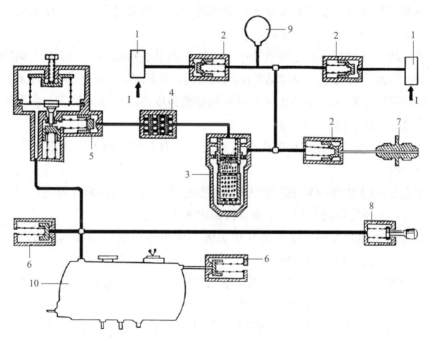

图 3-1-5　液压油箱增压系统原理

1—发动机引气接管嘴；2—单向活门 QXF-1B；3—干燥过滤器；4—空气滤；
5—减压活门；6—油箱安全活门；7—油箱充气接头；8—放气活门；
9—气瓶；10—液压油箱；Ⅰ—由发动机集气管供气

（35.53 Psi±1.45 Psi），最后进入液压油箱增压。

为了防止减压器不密封和系统中回油较多时液压油箱中压力过高，在液压油箱上安装有两个安全活门6。安全活门的打开压力调节至 $0.28^{+0.05}_{-0.01}$ MPa（$40.61^{+7.25}_{-1.15}$ Psi）。

当系统进行地面试验、密封性检查或清洗时，为了改善地面油车上泵的工作，可以用机场空气源通过右短舱左侧附件板上的充气接头7对油箱进行增压。供给的压缩空气压力应为 0.245～1.280 MPa（35.53～185.65 Psi）。需要放掉油箱中的空气时可通过同一座板上的放气活门8进行。

为防止发动机在飞机下滑和地面慢车状态时，引气压力过低，不能保证系统增压引气压力的需要，在左短舱 20～21 框地板上安装气瓶，以保证系统供压要求。

主要技术数据：液压油箱增压压力为 0.245 MPa±0.01 MPa（35.53 Psi±1.45 Psi）。

3.1.1.2　主供压系统的组成与工作原理

主供压系统（即主液压系统）由安装在发动机上的变流量恒压柱塞式液压泵供压，其牌号为 PV3-022-36。主液压系统向各功用系统提供压力源。

1．组成

主液压系统主要由气瓶、吸油活门、增压活门、液压防火开关、压力继电器、主液压泵、单向活门、主油滤、主安全活门、压力传感器、电磁开关、主蓄压器、充气活门、刹车蓄压器、泵壳体回油滤、安全活门、采样活门和回油滤等设备组成，如图 3-1-6 所示。

（1）主液压泵安装在左、右发动机传动机匣上，为变流量的斜盘式柱塞泵，是主液压系统的压力源。

（2）液压防火开关安装在左短舱 16～17 框右侧及右短舱 16～17 框左侧的吸油管路中，液压防火开关的功用是：当发动机出现火警时，切断流向发动机区域的液压油。

（3）单向活门 YXF-83 安装在中央翼右侧整流包皮内液压吸油管路，在飞机停放期间防止吸油管路中的油液倒流入油箱。

（4）主油滤 YYL-25 安装在中央翼右整流包皮内右侧壁板上，用来滤除主液压泵出口油液中的杂质。

（5）主安全活门 YYF-43 安装在中央翼右侧整流包皮内液压附件板上，当主系统压力管路中的压力高于规定值时，使高压油直接流向油箱。

（6）泵壳体回油滤 YYL-27 安装在中央翼右侧整流包皮内的液压附件板上，用来清除主液压泵壳体回油管路中的机械杂质。

（7）回油滤 YYL-26 安装在中央翼左侧整流包皮内液压附件板上，用来清除液压系统回油管路中的机械杂质，确保液压系统工作正常。

（8）采样活门安装在中央翼左侧整流包皮内液压附件板上，用于飞机液压系统油液采样。

（9）单向活门 YXF-15 安装在左、右短舱内侧 13～14 框系统管路上（2个），防止导管内的液体倒流。

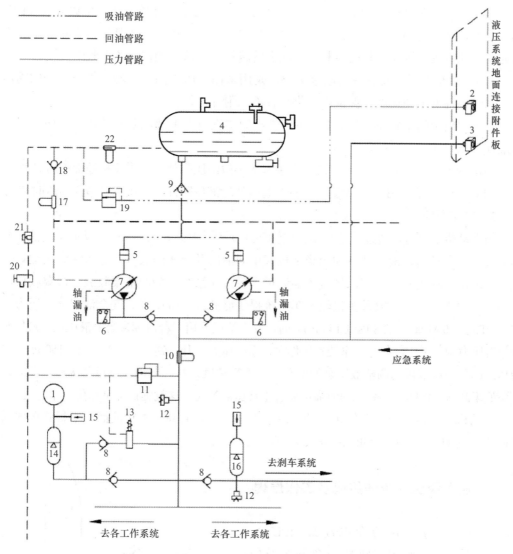

图 3-1-6 主液压系统原理

1—气瓶；2—吸油活门；3—增压活门；4—液压油箱；5—液压防火开关；6—压力继电器；
7—主液压泵；8、9、18—单向活门；10—主油滤；11—主安全活门；12—压力传感器；
13—电磁开关；14—主蓄压器；15—充气活门；16—刹车蓄压器；17—泵壳体回油滤；
19—安全活门；20—采样活门；21—压力加油接头；22—回油滤

（10）主蓄压器安装在左短舱 19 框隔板后，用来储存压力油，以增大供压部分的输出功率，加快部件的传动速度，保证随时供给各液压附件工作。另外，蓄压器还能保证液压泵的稳定性。

（11）气瓶与主蓄压器串接，用以增加主蓄压器的气腔容积，使蓄压器有更大的工作储备容积，保证在系统需要时能提供更多的工作液。

（12）充气活门安装在左短舱尾椎 20 框上部的大支架下沿处，是为蓄压器和与之相连通的气瓶充气。

（13）电磁开关 YDF-11 安装在左短舱 19 框隔板后，是一种两位四通电磁开关，用来在起落架收上时断开主系统向主蓄压器充压的管路。它是当起落架收放电磁开关 YDF-12 的收上电路接通时同时通电，使主液压系统的油液只供给收起起落架用，而不能给主蓄压器充压，此时主蓄压器也只能给起落架收上管路供压，从而加快起落架收上速度。

（14）刹车蓄压器安装在前起落架舱，是用来储存压力油，以增大供压部分的输出功率，加快部件的传动速度，保证随时供给各液压附件工作。

（15）单向活门 YXF-11 安装在中央翼右侧整流包内主液压泵回油管路，防止导管内的液体倒流。

（16）吸油活门 HB4-75-4 安装在右主起落架舱液压附件板，供飞机地面增压时使用。

（17）增压活门 HB4-75-1 安装在右主起落架舱液压附件板，供飞机地面增压时使用。

2．工作原理

当发动机工作时，通过减速箱使输出轴转速变到最大为 6 000 r/min，从而带动液压泵工作。液压泵运转后，液压油从油箱经平板式单向活门及液压防火开关进入油泵吸油口，从液压泵的出口输出高压油液，经过主油滤进入各工作系统，为起落架收放、襟翼收放、前轮转弯、地面扰流板收放及主机轮刹车系统提供能源。系统中设有安全活门，当压力达到 17.5 MPa±1.0 MPa（2 538 Psi±145 Psi）时，安全活门开启，释放掉多余的液压油。液压泵本身带有压力调节机构，各工作系统不工作时，系统压力上升，到达 15.2 MPa（2 150 Psi）时，液压泵的压力调节机构调整液压泵的斜盘至接近零角度，从而输出流量近似为零。此时，液压泵处于卸荷工作状态，系统的泄漏可通过主蓄压器补充，这就延长了泵卸荷工作时间。

发动机停车后，液压泵停止运转，由于吸油口位置略高于油箱液面，平板式单向活门可防止油液倒流，避免吸油管路进入空气。

3.1.2　应急液压系统的组成及工作原理

应急液压系统由应急电动泵 MPEV3-011-33 供压，主要用于机轮应急刹车及应急收放襟翼。当主液压系统失效时，可通过 YSF-4 螺旋开关向主供压系统供压。此外，在主供压系统液压泵不工作或无地面液压装置的情况下，还可供地面检查液压系统的工作和维护时使用。

3.1.2.1　组成

（1）应急液压系统主要包括应急油滤、应急安全活门、应急电动泵、螺旋开关等，如图 3-1-7 所示。

（2）应急电动泵的功用主要是向应急液压系统供压。此外，还可通过螺旋开关向主

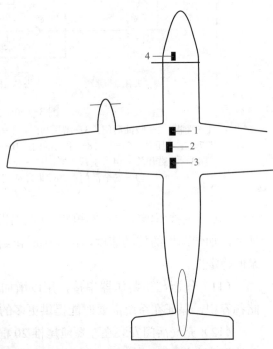

图 3-1-7　应急液压系统元件位置图
1—应急油滤；2—应急安全活门；
3—应急电动泵；4—螺旋开关

液压系统供压，以保证主液压系统正常工作。

（3）应急油滤的功用是过滤应急液压系统中的机械杂质。

（4）螺旋开关是一种手动开关，它的功用是将应急液压系统与主液压系统连通，以保证应急电动泵向主液压系统供压。

应急安全活门的功用是当应急系统中压力高于规定值时，使高压油直接流回油箱，降低系统压力，当压力低于规定值时，安全活门关闭。

3.1.2.2 工作原理

当需要应急刹车时，按压驾驶舱内的应急刹车手柄，则应急电动泵的电动机电路被接通，带动应急电动泵转动，给应急刹车系统提供压力与流量，液压油经应急油滤至应急刹车活门，进入刹车管路。

当需要应急收放襟翼时，扳动驾驶舱内的应急收放襟翼开关，则应急收放襟翼电磁开关和应急电动泵的电路均被接通，应急电动泵工作，将应急油压经应急油滤和应急收放襟翼电磁开关输入至收上或放下襟翼系统。

应急电动泵可由位于驾驶舱内单独的开关接通。当应急电动泵接通时，飞行员仪表板上的信号灯亮，应急系统的压力可由安装在仪表板上的应急系统压力表来检查。当应急系统压力为 $17.5\ \text{MPa} \pm 1.0\ \text{MPa}$（$2\ 538\ \text{Psi} \pm 145\ \text{Psi}$）时，应急安全活门打开，降低系统压力。安全活门的关闭压力不低于 $15.6\ \text{MPa}$（$2\ 263\ \text{Psi}$）。

当主液压系统失效时，可通过安装在驾驶舱内的 YSF-4 螺旋开关，由应急液压系统向主供压系统供压，以保证液压系统的所有操纵机构正常工作。

应急液压系统原理如图 3-1-8 所示。

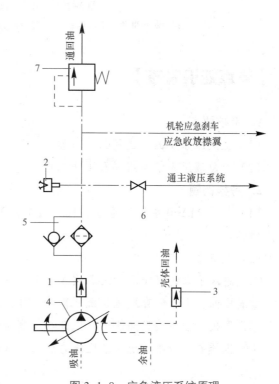

图 3-1-8　应急液压系统原理

1、3—单向活门；2—压力表传感器；4—应急电动泵；5—应急油滤；6—螺旋开关；7—应急安全活门

3.1.2.3 其他附件

（1）液压指示系统由压力指示系统和液压油量指示系统两部分组成。

（2）压力指示系统用来指示各自相应工作系统液压压力的大小，由各自的压力指示器（压力表）和其配套的压力传感器组成。分为主液压系统和刹车蓄压器压力指示、应急液压系统压力指示两个部分。

（3）液压油量指示系统用来指示主液压系统和应急液压系统的液压油量。其主要由传感器和指示器组成，如图 3-1-9 所示。

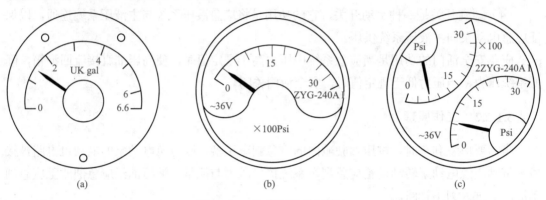

图 3-1-9　液压油量指示系统
（a）液压油量表指示器；（b）应急压力指示器；（c）液压压力指示器

【重点知识考核】

1. 考核要点

（1）主液压系统的组成及工作原理。

（2）应急液压系统的组成及工作原理。

2. 考核例题

（1）根据 MA60 主供压部分和辅助（应急）供压部分工作原理图，说明供压部分的主要功能。

（2）判断题。

①应急液压系统仅能用于应急收放襟翼。（　　　）

②液压油箱用于储存液压系统所需的工作液。（　　　）

③为了提高油泵的吸油能力，以改善其高空性能，采用了油箱增压系统。（　　　）

④蓄压器能够减小系统的液压压力脉动。（　　　）

任务 3.2　MA60 飞机起落架收放系统分析

【学习目标】

1. 辨认 MA60 飞机起落架收放系统的主要组成部分；
2. 说明 MA60 飞机起落架收放系统的工作原理。

【情景引入】

飞机起落架收放系统通过液压系统提供动力，可实现前、主起落架的正常收放及紧急情况下的应急收放，如图 3-2-1 所示。

起落架收放系统由起落架正常收放系统和起落架应急收放系统两个部分构成。

起落架正常收放系统由电磁活门 YDF-12、前起落架上位锁、前起落架下位锁、前起落架收放作动筒、主起落架上位锁、主起落架下位锁、主起落架收放作动筒及限流器等组成。

图 3-2-1　MA60 飞机起落架

除正常收放系统所述元件外，应急收放系统增加一个螺旋开关 YSF-4，安装在中央操纵台上。螺旋开关 YSF-4 用于应急放起落架时，保证油液从起落架收上管路迅速回油，以便于起落架上锁。

任务具体要求见表 3-2-1。

表 3-2-1　MA60 飞机起落架收放系统分析任务单

项目三	典型飞机液压传动系统分析
任务 3.2	MA60 飞机起落架收放系统分析
布置任务	
学习目标	1. 能根据起落架收放系统工作原理图列举起落架收放系统的主要组成部分； 2. 能根据起落架收放系统工作原理图描述起落架收放系统的工作原理
任务描述	根据起落架收放系统原理图，说明起落架收放系统的组成及工作原理
任务分析	根据提供的学习资源，分析起落架收放系统的主要部件，进而理解飞机起落架收放系统的工作原理

【相关知识】

3.2.1 起落架正常收放系统

起落架正常收放利用飞机液压系统压力油做动力，通过电磁活门YDF-12的控制，给上位锁或下位锁及收放作动筒的收上腔或放下腔通高压液压油，使起落架收上或放下。

3.2.1.1 起落架正常收放系统的组成

起落架正常收放系统由电磁活门YDF-12、前起落架上位锁、前起落架下位锁、前起落架收放作动筒、主起落架上位锁、主起落架下位锁、主起落架收放作动筒及限流器等组成，具体安装位置如图3-2-2所示。

（1）电磁活门YDF-12。电磁活门YDF-12是三位开关。当接通开关的收起或放下起落架电路时，开关使压力管路与收起或放下管路相通。此时不接受压力的另一条管路则与回油管路相通，保证液压油从起落架收放作动筒回到油箱。在起落架开关断电的情况下，开关关闭了压力管路，收放管路经过开关的同时与回油管路相通。

（2）单向活门YXF-11。限制放下管路单向流动。收放系统中共有3个单向活门，其中两个安装于左、右起落架舱顶部的刹车附件板上，一个固定在飞行员地板下。

（3）限流器Y7-5660-06。安装于右主起落架收上管路中，起限流增阻作用，从而保证左、右主起落架同时收上。

（4）前起落架收放作动筒。用于收起、放下前起落架。以液压为动力，安装于前起落架舱内。

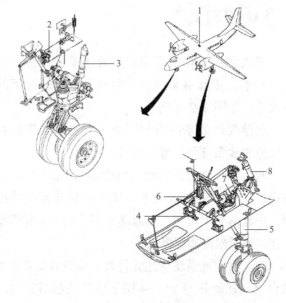

图3-2-2 起落架正常收放系统元件位置
1—电磁活门YDF-12；2—前起落架上位锁；
3—前起落架收放作动筒；4—主起落架舱门地面位置锁；
5—主起落架减震支柱；6—主起落架上位锁；7—主起落架下位锁；
8—主起落架收放作动筒

（5）前起落架上位锁。用于保持前起落架在收上位置。以液压为动力，安装于前起落架舱内。

（6）前起落架下位锁。用于保持前起落架在放下位置。以液压为动力，安装于前起落架舱内。

（7）主起落架收放作动筒。用于收起、放下主起落架。依靠液压为动力，左、右主起落架舱内各安装一个。

（8）主起落架上位锁。依靠液压为动力，使主起落架保持在收上位置。此锁安装在主起落架舱内，左、右各一个。

（9）主起落架下位锁。依靠液压为动力，使主起落架锁在放下位置，保证飞机安全停放。此锁安装在主起落架舱内，左、右各一个。

3.2.1.2　起落架正常收放液压系统的工作原理

如图3-2-3和图3-2-4所示，飞机上安装有指示起落架位置的灯光和音响电气信号装置，灯光信号装置仅表示起落架的极端位置。其原理为起落架放下，绿色信号灯亮；起落架收上，红色信号灯灭（图3-2-4）。灯光信号装置系统由中央仪表板起落架收放开关上方的航行着陆信号器和起落架收放位置锁上的六个终点开关组成。右信号灯为右主起落架的，左信号灯为左主起落架的，中间信号灯为前起落架的。为了检查信号灯的工作是否正常，故在航行着陆信号器上安装有信号灯检查按钮。

音响信号装置与在起落架收起位置时的灯光信号装置作用一样，提醒飞行员在着陆前必须放下起落架。飞机在地面时，由于起落架的减震支柱被压缩，终点开关QLK-3将电路断开，电磁活门YDF-12不能通电，起落架无法收上。

在机轮离地时，终点开关QLK-3接通收起电路。如将转换开关扳到"UP"（收起）位置，电流则同时通到起落架收放电磁活门YDF-12和主蓄压器充压电磁活门YDF-11。由起落架收放电磁开关出来的液压油同时进入前起落架下位锁、主起下位锁和主、前起落架收放作动筒。由于液压泵来的油不能进入主蓄压器，而全部供给起落架作动筒收上腔，同时蓄压器中的油液也只能放出帮助起落架收上，因此，缩短了起落架收起时间。

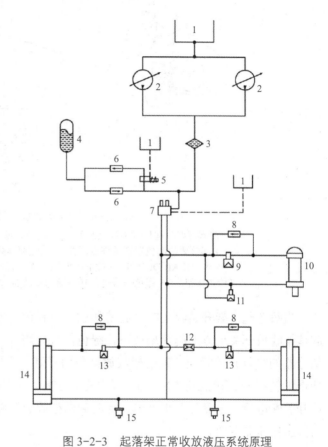

图3-2-3　起落架正常收放液压系统原理

1—油箱；2—油泵（变量柱塞泵）；3—油滤；4—蓄压器；
5—电磁活门YDF-11；6—单向活门YXF-15；
7—电磁活门YDF-12；8—单向活门YXF-11；
9—前起落架上位锁Y7-4250-00；
10—前起落架收放作动筒Y7-4230-100；
11—前起落架下位锁Y7Ⅲ-4220-0；12—限流器Y7-5660-06；
13—主起落架上位锁Y7Ⅲ-4150-0-1/2；
14—主起落架收放作动筒Y7Ⅲ-4130-0-1/2；
15—主起落架下位锁Y7Ⅲ-4120-0-1/2

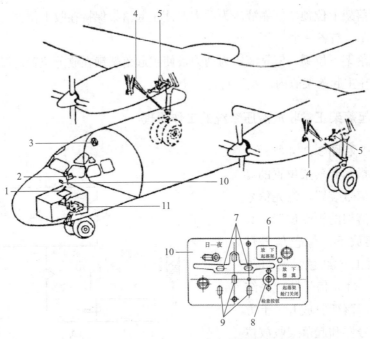

图 3-2-4　起落架收放信号装置

1—前起落架收起位置锁终点开关；2—前轮转弯终点开关；3—电动警笛；
4—主起落架收起位置锁的终点开关；5—主起落架放下位置锁的终点开关；
6—"GEAR DOWN"（放下起落架）灯光信号盘；7—红色信号灯；
8—信号灯检查按钮；9—绿色信号灯；10—航行着陆器；11—前起落架放下位置锁终点开关

当每个起落架开始收上时，起落架放下位置信号器的终点开关断开，位于中央仪表板起落架收放开关上方的起落架放下，绿色信号灯熄灭。在起落架上位锁锁住后，收上位置信号器的终点开关断开，起落架收放红色信号灯。当红色信号灯灭3～5 s后，应将起落架操纵转换开关转换到"NEUT"（中立）位置，并用带有开口的可转动垫圈锁住。当转换开关断电后，电磁开关也断电，此时起落架收放管路与回油路接通，压力源经电磁开关与液压蓄压器接通。

当起落架操纵转换开关扳到"DOWN"（放下）位置后，电磁开关将压力油路与放下腔接通，油液同时进入前起落架的上位锁和主起落架的上位锁。在开锁之后，油液进入前起落架和主起落架收放作动筒的放下腔。由于油液先进入上位锁再进入作动筒，这就保证了仅承受起落架重量的各个锁先打开后，起落架在自重及进入作动筒的油压作用下放下。由于起落架放下时是向后运动，飞行中的气流有助于起落架的放下。

每个起落架开始放下时，接通了起落架收起位置信号装置的终点开关，起落架收放的红色信号灯燃亮。当起落架放下并被下位锁锁住后，放下位置的终点开关接通，起落架放下的绿色信号灯燃亮，起落架收放红色信号灯灭。3～5 s后，应将起落架操纵转换开关转至"NEUT"（中立）位置并用带开口的可转动的垫圈保险。

主要技术数据：

收上时间（用地面液压车收放时）：5～9 s。

放下时间（用地面液压车收放时）：3.5～6 s。

收起落架时最大压力：12.749 MPa（1 849 Psi）。

放下起落架时最大压力：6.865 MPa（996 Psi）。

两主起落架协调性：不大于 1 s。

3.2.2 起落架应急收放液压系统的组成及工作原理

起落架应急收放液压系统用于起落架正常收放系统失效时，应急收放所有起落架。

3.2.2.1 起落架应急收放液压系统的组成

应急收放液压系统包括应急收起落架系统、机械应急放前起落架系统和机械应急放主起落架系统，除正常收放系统所述元件外，应急收放系统增加一个螺旋开关 YSF-4 安装在中央操纵台上。螺旋开关 YSF-4 用于应急放起落架时，能够保证油液从起落架收上管路迅速回油，以便于起落架上锁（图 3-2-5）。

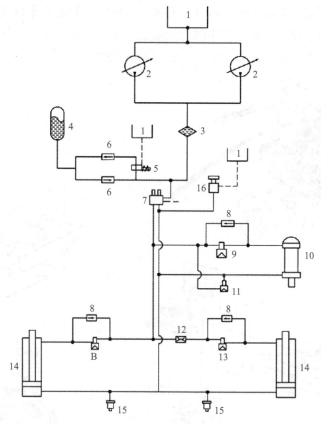

图 3-2-5　起落架应急收放液压系统组成

1—油箱；2—油泵（变量柱塞泵）；3—油滤；4—蓄压器；5—电磁开关 YDF-11；
6—单向活门 YXF-15；7—电磁开关 YDF-12；8—单向活门 YXF-11；
9—前起落架上位锁 Y7-4250-00；10—前起落架收放作动筒 Y7-4230-100；
11—前起落架下位锁 Y7Ⅲ-4220-0；12—限流器 Y7-5660-06；
13—主起落架上位锁 Y7Ⅲ-4150-0-1/2；14—主起落架收放作动筒 Y7Ⅲ-4130-0-1/2；
15—主起落架下位锁 Y7Ⅲ-4120-0-1/2；16—螺旋开关 YSF-4

161

1．应急收起落架系统

（1）为了应急收起落架，在电气操纵系统中设置了"应急收起落架操纵开关"。

（2）飞机离地后，地面断开线路的 QLK-3 终点开关应将收放起落架管路接通。但由于电路发生故障在飞机离地后不能处于接通位置时，即使起落架收放开关置于"UP"（收起）位置，起落架仍不能收起。为了收起起落架，将起落架信号控制盒上的起落架收放开关置于"UP"（收起）位置，再按压"GEARS EMER UP"（应急收起落架）按钮可使起落架电路接通将起落架收起。起落架收起时信号系统的工作与正常收上时相同。

2．机械应急放前起落架系统和机械应急放主起落架系统

液压系统发生故障时，可使用机械操纵传动机构打开起落架上位锁将起落架放下。前起落架应急放手柄位于中央操纵台后部起落架应急放手柄盒内（图 3-2-6），主起落架应急放手柄也位于中央操纵台后部起落架应急放手柄盒内（图 3-2-7）。应急放下起落架时，先打开起落架应急放手柄盒口盖，向上拉出前起落架应急放手柄，打开前起落架上位锁；然后向上拉出主起落架应急放手柄，打开主起落架下位锁。起落架靠自重及飞行气动力放下并上锁。此时，为了保护作动筒腔中的液压油能顺畅、快速回油便于放下时上锁，必须打开位于中央操纵台上的螺旋开关 YSF-4，以便系统回油。

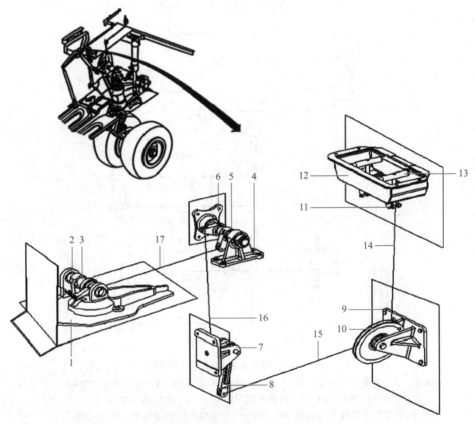

图 3-2-6　前起落架应急放操纵机构

1—支座；2—弹簧；3—摇臂组件；4—支座组件；5—摇臂组件；6—法兰盘组件；7—支座；8—摇臂；
9—支座；10—鼓轮；11—滑轮组件；12—应急放手柄盒组件；13—前起应急放手柄；14～17—钢索

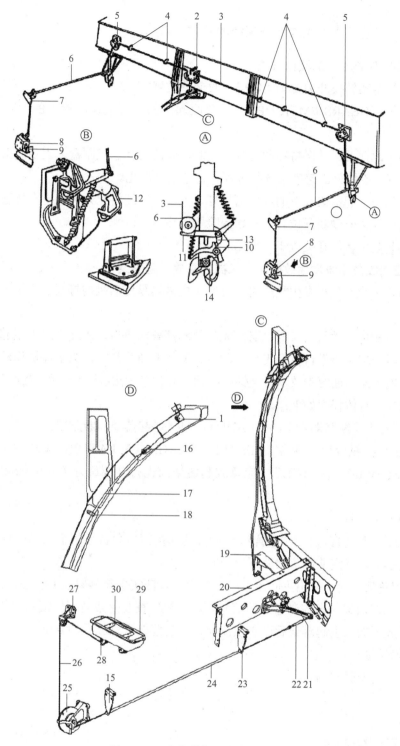

图 3-2-7　主起落架应急开锁装置

1—转向滑轮；2—滑轮支架；3—钢索；4—钢索支架；5—滑轮支架；6—钢索；7—滑轮支架；8—舱门对接锁；
9—锁环；10—上位锁锁键；11—上位锁摇臂；12—舱门锁锁钩；13—锁钩；14—摇臂；15—软轴端头固定支架；
16—软轴固定支架；17—LRZ-3 拉线式操纵软轴；18—软轴固定卡子；19—软轴下支架；20—角材；
21—摇臂组件；22—调节套筒；23—软轴端头固定支架；24—LRZ-6 拉线式操纵软轴；25—鼓轮组件；
26—钢索；27—定滑轮组件；28—滑轮组件；29—应急放手柄盒组件；30—主起应急放手柄

3.2.2.2 起落架应急收放液压系统的工作原理

1. 起落架应急收上的操作方法

（1）将起落架转换开关置于"UP"（收起）位置。

（2）取掉"GEARS EMER UP"（应急收起落架）开关保险罩上的保险丝，并扳开保险罩。

（3）接通此开关，并保持在此位置，这时，起落架状态控制盒上表示起落架放下位置的绿色信号灯应该熄灭。起落架收起过程中红色信号灯亮。

（4）等到表示起落架收上的红色信号灯熄灭后，继续将此开关保持在接通位置，历时5 s，然后将此开关放到断开位置，并用保险罩盖住。

（5）将起落架转换开关置于"NEUT"（中立）位置。

2. 当正常收放系统发生故障时，机械应急放下起落架

（1）当正常收放系统发生故障时，可使用机械操纵传动机构打开起落架上位锁将起落架放下。

（2）当机械应急放起落架时，必须先将前起落架放下后，才允许放下主起落架。当把上位锁打开后，起落架靠自重及飞行气动力放下并上锁。此时，为了保护作动筒腔中的液压油能顺畅地快速回油便于放下时上锁，必须打开位于中央操纵台上的螺旋开关 YSF-4，以便系统回油。具体程序如下：

1）断开左直流断路器板上的"LAND GEAR"（起落架）断路器；

2）将中央操纵台后部标有"BEFORE EMERGENCY LANDING GEAR EXTENTION OPERATE SLEWING SWITCH"（应急放起落架前先打开螺旋开关）的螺旋开关 YSF-4 打开。

（3）打开上位锁。

1）前起落架：打开位于中央操纵台后部的起落架应急放手柄盒口盖，向上拉出前起落架应急放手柄，证实前起落架放下后松开；

2）主起落架：向上拉出主起落架应急放手柄，证实主起落架放下后松开。

（4）根据起落架状态控制盒上的信号灯，目视检查起落架被下位锁锁住的情况。注：当机械应急放下前、主起落架后，必须使前、主起落架应急放手柄复位。

3. 技术特性

应急放起落架时间约 25 s。

【重点知识考核】

1. 考核要点

（1）起落架正常收放液压系统和应急收放液压系统的主要部件。

（2）起落架正常收放液压系统和应急收放液压系统的工作原理分析。

2．考核例题

（1）根据起落架正常收放液压系统工作原理图，说明起落架正常收放液压系统的主要组成及工作原理。

（2）判断题。

①前起落架下位锁用于保持前起落架在放下位置。（　　）

②起落架正常收放利用飞机液压系统压力油做动力。（　　）

③主起落架上位锁依靠液压为动力，使主起落架保持在收上位置。（　　）

④起落架应急收放系统用于起落架正常收放系统失效时，应急收放所有起落架。（　　）

任务 3.3　MA60 飞机液压刹车系统分析

【学习目标】

1. 辨认 MA60 飞机液压刹车系统的主要组成部分；
2. 说明 MA60 飞机液压刹车系统的工作原理。

【情景引入】

刹车系统主要用于飞机在着陆滑跑过程中提供制动力矩，缩短着陆滑跑距离。另外，当飞机在地面停放，发动机地面开车或中止起飞时也可向飞机提供制动力矩。飞机在地面滑行时，还可利用差动刹车对飞机转弯提供辅助操纵，如图 3-3-1 所示。

图 3-3-1　MA60 飞机着陆

MA60 刹车系统包括正常刹车系统、应急刹车系统和停放刹车系统，如图 3-3-2 所示。

正常刹车系统通过左、右飞行员方向舵脚蹬上的刹车板操纵刹车传感器将刹车指令经刹车液压管路传送给主刹车机轮，实现刹车。左、右飞行员可同时踩刹车，也可单独操纵刹车。

应急刹车系统用于当主液压系统失效时向机轮提供刹车力矩。应急刹车能源来自飞机应急液压系统，当按压中央操纵台后部的应急刹车手柄时，其中的微动开关同时接通了应急液压系统，保证应急刹车有足够的能源。应急刹车没有防滞措施。

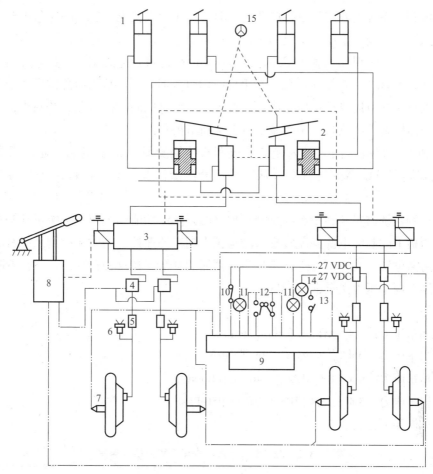

图 3-3-2　起落架刹车系统原理

1—刹车传感器；2—刹车分配器；3—伺服活门；4—转换活门；5—定量器；6—压力传感器；
7—速度传感器 LF-4A；8—应急刹车活门；9—控制盒；10—防滞电源开关；11—防滞信号灯；
12—落地开关；13—防滞试验开关；14—故障灯；15—停机刹车手柄

停放刹车系统供飞机在地面停放时使用。该系统由左操纵台内侧的停放刹车手柄及滑轮钢索组成。通过钢索将手柄运动转化到刹车分配器的摇臂上，从而操纵分配器活塞杆动作，输出所需的停放刹车压力。

防滞控制系统作为正常刹车系统的辅助部分，用于提高刹车效率，缩短着陆滑跑距离，防止由于刹车过猛而使轮胎打滑，所以，防滞系统有利于延长轮胎的使用寿命。

针对左、右主刹车机轮各有两个刹车压力传感器，分别安装在左、右短舱内。通过驾驶舱左仪表板上的刹车压力指示器可观察主机轮刹车压力的数值。

正常刹车系统和应急刹车系统分别由主液压系统和应急液压系统供给液压压力。其中，正常刹车系统带有防滞控制系统，用于防止刹车过猛造成的轮胎打滑。

正常刹车是由左、右飞行员的方向舵脚蹬板操纵的。应急刹车是由安装在中央操纵台后部的应急刹车手柄操纵的。在使用正常或应急刹车时，均能保证左、右起落架的两个机轮同时刹车，也可分别将左或右起落架的机轮刹住。停机刹车装置保证飞机停放期间和发动机地面开车时进行刹车。

当正常刹车系统失效需要进行应急处置时，按压中央操纵台后部的应急刹车手柄，即可进行应急刹车，刹车蓄压器不仅向正常刹车系统供压，也可经过单向活门向应急刹车系统供压。另外，为了保证当刹车蓄压器没有压力时仍能进行应急刹车，在应急刹车机构中安装有微动开关 BK2-1，按压应急刹车手柄时即可接通开关，从而应急供压系统工作。在进行应急刹车时，可以单独按压左或右刹车手柄，也可以同时按压左、右刹车手柄。应急刹车没有防滞措施，应急刹车压力显示与正常刹车相同。

停放刹车系统由左操纵台内侧的停放刹车手柄及滑轮钢索组成。通过钢索将手柄运动转化到刹车分配器的摇臂上，从而操纵分配器活塞杆动作，输出所需的停放刹车压力。

防滞控制系统与正常刹车系统是相互独立的，防滞功能的失效不影响正常刹车功能，通过压控制板上的防滞电源开关实现防滞与正常刹车的连接。当防滞控制系统有故障时，只要断开防滞电源开关，即可进行不带防滞功能的刹车。在这种情况下，飞机着陆刹车不带防滞控制，刹车压力完全由飞行员控制。

特性如下：

正常刹车压力：9.8^{+1}_{0} MPa（$1\,400^{+1.5}_{00}$ Psi）。

防滞刹车压力：$9.8^{+0.5}_{-0.98}$ MPa（$1\,400^{+100}_{-150}$ Psi）。

应急刹车压力：9.8 ± 0.5 MPa（$1\,400\pm100$ Psi）。

停机刹车压力：$5.4\sim6.4$ MPa（$750\sim950$ Psi）。

任务具体要求见表 3-3-1。

表 3-3-1　MA60 飞机液压刹车系统分析任务单

项目三	典型飞机液压传动系统分析
任务 3.3	MA60 飞机液压刹车系统分析
布置任务	
学习目标	1. 能根据液压刹车系统工作原理图列举液压刹车系统的主要组成部分； 2. 能根据液压刹车系统工作原理图描述液压刹车系统的工作原理
任务描述	根据液压刹车系统原理图，说明液压刹车系统的主要组成及工作原理
任务分析	根据提供的学习资源，分析液压刹车系统的主要组成，进而理解液压刹车系统的工作原理

【相关知识】

3.3.1　正常刹车系统

正常刹车系统主要用于飞机在着陆滑跑过程中提供制动力矩，缩短着陆滑跑距离。另外，当飞机在地面停放、发动机地面开车或中止起飞时，正常刹车系统也可以向飞机提供制动力矩。飞机在地面滑行时，还可以利用差动刹车对飞机转弯提供辅助操纵。

正常刹车系统通过左、右飞行员方向舵脚蹬上的刹车板操纵刹车传压筒。左、右飞行员可同时踩刹车，也可单独操纵刹车。

正常刹车系统配有防滞控制装置，用于防止刹车过猛造成的轮胎打滑。

3.3.1.1　正常刹车系统的组成

正常刹车系统主要由刹车蓄压器、刹车油滤、刹车传压筒、刹车分配器、定量器等组成。刹车蓄压器和刹车油滤位于前起落架舱，定量器位于左、右起落架舱，其他附件如图 3-3-3 所示。

（1）刹车蓄压器。刹车蓄压器中储备有一定的刹车能量，当液压系统能源发生故障时，储备的刹车能量可保证 10 次以上的刹车动作。

（2）刹车油滤。由于伺服阀的使用，在系统中安装细油滤必不可少。刹车油滤的过滤精度为 5 μm（0.000 2 in），保证伺服阀对油液污染度的要求。

（3）刹车传压筒。刹车传压筒用于向刹车分配器的控制腔提供控制压力。这个压力的大小与刹车踏板的力和行程成正比。

（4）刹车分配器。刹车分配器的主要作用是保证正常刹车系统工作并输出所需的刹车压力。它的另一个重要作用就是通过操纵其上的摇臂实现停放刹车。

（5）定量器。定量器的功用是防止当其后的导管或刹车装置损坏时油液大量流失，从而造成整个刹车系统功能丧失。当油液流失一定容积后，定量器能自动关闭油路，以防止油液大量流失。

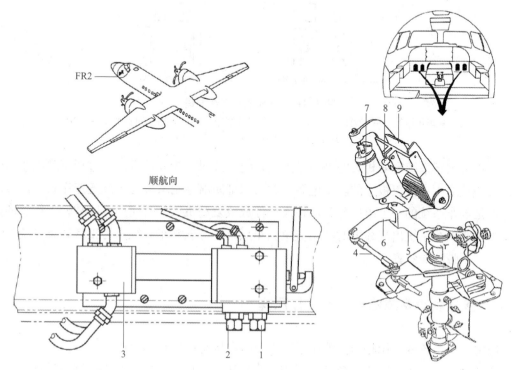

图 3-3-3　正常刹车系统附件位置

1—1 号注油嘴；2—2 号注油嘴；3—刹车分配器（共 2 件，前面为第 1 号分配器，后面为第 2 号分配器）；
4—连杆；5—脚蹬支撑臂；6—方向舵脚蹬；7—刹车传压筒；8—刹车踏板安装杆；9—刹车踏板

3.3.1.2　正常刹车系统的工作原理

如图 3-3-4 所示，飞机在着陆后，速度达到 170 km/h，踩刹车踏板，刹车传压筒运动到最大行程，其输出的控制压力使刹车分配器的控制腔活塞运动到最大行程，从而使减压腔输出最大刹车压力并给机轮刹车装置提供最大制动力矩；当机轮突然进入雨水或冰雪跑道时，所施加的刹车压力大于跑道所能提供的摩擦力矩，从而引起轮胎相对跑道滑动，此时防滑控制系统给伺服阀一个电信号并使其释放刹车压力，从而解除滑动。当左右飞行员同时踩刹车踏板时，刹车压力大小由踩刹车踏板行程较大（刹车压力大）的飞行员确定；飞机在地面滑行过程中，还可以通过左、右起落架刹车压力差实现飞机的转弯操纵。

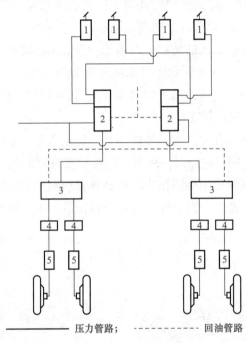

压力管路；--------- 回油管路

图 3-3-4　正常刹车系统原理

1—刹车传压筒 YS-122H/YS-122C；2—刹车分配器 YS-128；3—伺服阀 YS-110B；
4—转换活门 YS-104A；5—定量器 YLF-3A

与正常刹车系统密切相关的是防滑控制系统，如图 3-3-5 所示。在进行正常刹车工作时，必须接通中央仪表板上的防滑电源开关，保证防滑控制系统处于准备工作状态，停放刹车也是刹车系统的一个组成部分，在飞机停放或发动机试车时使用，以减轻飞行员的负担。当正常刹车系统出现故障时使用应急刹车系统，应急刹车系统作为正常刹车系统的备用系统，不带防滑装置。

3.3.2　应急刹车系统的组成及工作原理

应急刹车系统的作用是当主液压系统失效时向机轮提供刹车力矩。

应急刹车能源来自飞机应急液压系统，当按压中央操纵台后部的应急刹车手柄时，其中的微动开关同时接通了应急液压系统，保证应急刹车有足够的能源。

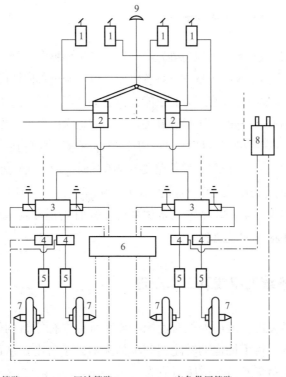

————压力管路;　------- 回油管路;　— ·· — 应急供压管路;　— — — 电气线路

图 3-3-5　刹车系统关系

1—刹车传压筒;　2—刹车分配器;　3—伺服活门;　4—转换活门;　5—定量器;　6—控制盒;
7—速度传感器;　8—应急刹车活门;　9—停机刹车手柄

应急刹车没有防滞措施。

3.3.2.1　应急刹车系统的组成

应急刹车系统主要由应急刹车活门、转换活门组成(表 3-3-2)。

(1)应急刹车活门。应急刹车活门用于控制刹车压力,压力大小与操纵手柄的位移成比例。减压后的出口压力为 1.8 ~ 13 MPa(261 ~ 1 885 Psi)。

(2)转换活门。其作用是自动转换正常刹车与应急刹车的工作油路。当正常刹车时它可接通正常刹车油路并断开应急刹车油路;当应急刹车时接通应急刹车油路而断开正常刹车油路。

表 3-3-2　应急刹车系统各部件位置

序号	名称	型号	安装位置
1	应急刹车活门	YS102	驾驶舱中央操纵台后部
2	转换活门	YS104A	左、右主起落架舱内的 19 框附件板上

171

3.3.2.2 应急刹车系统的工作原理

当正常刹车系统失效需要进行应急处置时，按压中央操纵台后部的应急刹车手柄，即可进行应急刹车。刹车蓄压器不仅向正常刹车系统供压，也可经过单向活门向应急刹车系统供压。另外，为了保证当刹车蓄压器没有压力时仍能进行应急刹车，在应急刹车机构中安装有微动开关 BK2-1，按压应急刹车手柄时即可接通开关，从而应急供压系统工作。在进行应急刹车时，可以单独按压左或右刹车手柄，也可以同时按压左、右手柄。应急刹车没有防滞措施，所以，必须注意控制应急刹车手柄的行程，尤其在飞机刚着陆时，由于飞机速度大，载荷较小，如果按压手柄的行程太大，容易出现打滑拖胎现象。应急刹车压力显示与正常刹车相同。

应急刹车系统作为正常刹车系统的备用系统，只有当正常刹车系统失效时才可使用，不允许同时使用正常刹车和应急刹车。

3.3.3 停放刹车系统的组成及工作原理

停放刹车系统供飞机在地面停放时使用。该系统由左操纵台内侧的停放刹车手柄及滑轮钢索组成。通过钢索将手柄运动转化到刹车分配器的摇臂上，从而操纵分配器活塞杆动作，输出所需的停放刹车压力。该压力值为 5.40 ～ 6.40 MPa（783 ～ 928 Psi）。

3.3.3.1 停放刹车系统的组成

停放刹车液压系统主要由左操纵台内侧的停放刹车手柄及滑轮、钢索等组成（图 3-3-6）。停放刹车手柄通过螺钉连接到驾驶舱左操纵台内侧。

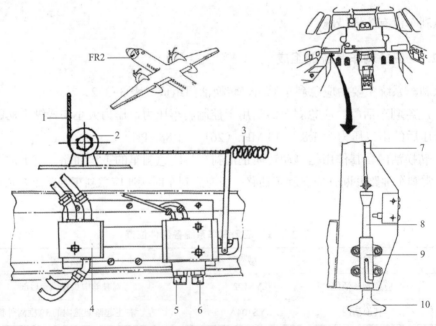

图 3-3-6　停放刹车系统位置图

1—钢索；2—滑轮；3—复位弹簧；4—刹车分配器；5、6—注油嘴；7—钢索；8—拉杆；9—壳体；10—手柄

3.3.3.2 停放液压刹车系统的工作原理

拉出停放刹车手柄并顺时针旋转 90°，手柄即可卡在固定位置，刹车蓄压器中的液压能量可保证停放刹车压力达到 5.4 ～ 6.4 MPa（783 ～ 928 Psi）并保持 12 h 以上，当飞机在地面发动机开车状态下，可使用停放刹车并垫好轮档，保证飞机停止不动。

【重点知识考核】

1．考核要点

（1）正常刹车系统与应急刹车系统的主要部件。

（2）正常刹车系统与应急刹车系统的工作原理分析。

2．考核例题

（1）根据 MA60 正常刹车系统的工作原理图，说明 MA60 正常刹车系统的主要组成及工作原理。

（2）判断题。

①MA60 刹车系统包括正常刹车系统、应急刹车系统和停放刹车系统。（　　）

②应急刹车系统同正常刹车系统一样也有防滞措施。（　　）

③刹车蓄压器中储备有一定的刹车能量，当液压系统能源发生故障时，储备的刹车能量可保证 20 次以上的刹车动作。（　　）

④停放刹车系统的压力 5.40 ～ 6.40 MPa，并能在发动机停车时保持 24 h 以上。（　　）

任务 3.4 MA60 飞机襟翼收放液压系统分析

【情景引入】

MA60 飞机的襟翼分布在发动机两侧，靠近机身一侧为内襟翼，远离机身一侧为外襟翼，如图 3-4-1 所示，此处为外襟翼。

图 3-4-1 MA60 飞机放襟翼

MA60 飞机襟翼收放系统分为正常收放和应急收放两种形式。正常收放襟翼由主供压系统供压；由电磁开关 YDF-22A、液压锁、梭形活门、流量控制活门和装有两个液压马达的传动装置等组成。应急收放襟翼由应急系统供压；由电磁开关 YDF-22A、梭形活门、液压锁及液压马达和传动装置等组成。

为了保证襟翼收放时能迅速制动及放到任一位置的可靠锁紧，系统采用了两套锁紧装置：一套为液压锁；另一套为传动装置中的机械式的摩擦片制动器。

由于襟翼的收和放、正常和应急之间，都是通过两个液压马达同时转动并带动传动装置进行的。所以，在系统中配置了 4 个梭形活门，以保证收和放、正常和应急之间的转换。

主要技术数据：

正常放襟翼到最大角度 $30°^{0}_{-1}$：$10 \sim 14$ s。

应急放襟翼到最大角度 $30°^{0}_{-1}$：不大于 30 s。

正常收上襟翼：$5 \sim 9$ s。

任务具体要求见表 3-4-1。

表 3-4-1　MA60 飞机襟翼收放液压系统分析任务单

项目三	典型飞机液压传动系统分析
任务 3.4	MA60 飞机襟翼收放液压系统分析
布置任务	
学习目标	1. 能根据襟翼收放液压系统工作原理图列举襟翼收放液压系统的主要部件； 2. 能根据襟翼收放液压系统工作原理图描述襟翼收放液压系统的工作原理
任务描述	根据襟翼收放液压系统原理图，说明襟翼收放液压系统的组成及工作原理
任务分析	根据提供的学习资源，分析襟翼收放液压系统的组成及工作原理，进而理解襟翼收放液压系统的工作原理

【相关知识】

3.4.1　襟翼收放液压系统的组成

正常襟翼收放液压系统的附件安装在机身外面的中央翼后整流包皮右侧下面，其中，正常收放襟翼的电磁开关、流量控制活门、三个梭形活门 Y7-5863-0 和液压锁均安装在右附件板上，液压马达和梭形活门 Y7-5867-50 安装在襟翼液压传动装置上，传动装置固定在中央翼后梁稍靠右侧腹板上，如图 3-4-2 ～图 3-4-4 所示。

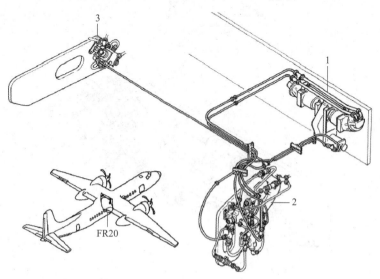

图 3-4-2　襟翼收放液压系统
1—传动装置 Y7-5867-0；2—右附件板；3—左附件板

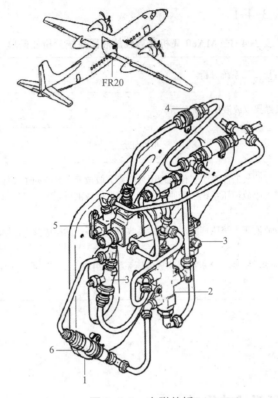

图 3-4-3 右附件板

1—右附件板；2—液压锁 Y7-5866-0；3—梭形活门 Y7-5863-0；4—单向活门 YXF-11；
5—电磁开关 YDF-22A；6—流量控制活门 Y7-5865-0

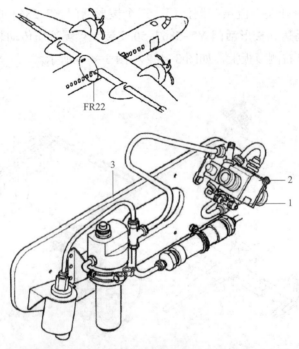

图 3-4-4 左附件板

1—单向活门 YXF-11；2—电磁开关 YDF-22A；3—左附件板

应急收放襟翼电磁开关安装在中央翼后整流包皮左附件板上。

液压传动装置由两个液压马达、齿轮减速器、摩擦制动器及梭形活门 Y7-5867-50 组成。液压传动装置是将液压马达的转动经过传动装置减速后，通过襟翼传动机构带动襟翼收放。

齿轮减速器用来减小输出轴的转速并增大其扭矩；摩擦制动器用来使齿轮减速器迅速停止转动，以使襟翼立即固定在所需角度。

3.4.2 襟翼收放液压系统的工作原理

（1）正常收放襟翼由主系统供压（图 3-4-5），将安装于中央操纵台上的襟翼操作开关的分档手柄由"0°"放至"15°"或"30°"位置时，电磁开关 YDF-22A 的"襟翼放下"油路接通，压力油经电磁开关 YDF-22A 进入襟翼放下管路内并分为两路：一路压力油经梭形活门 Y7-5863-0 和梭形活门 Y7-5867-50 去松开摩擦片制动器；另一路压力油经流量控制活门 Y7-5865-0，将流量限制在范围内，以保证襟翼放下时的适当速度。从流量控制活门 Y7-5865-0 出来的压力油经过液压锁 Y7-5866-0 和梭形活门 Y7-5863-0 流至液压马达 YMD-10、YMD-10/1，液压马达在油压的作用下开始转动，并经过传动装置 Y7-5867-0 减速后带动襟翼传动机构旋转，将襟翼放下。液压马达的回油沿襟翼收上管路经打开的液压锁及电磁开关返回油箱。

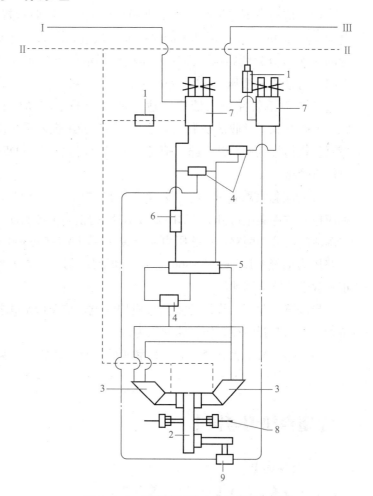

图 3-4-5　襟翼液压收、放操纵系统原理
1—单向活门 YXF-11；2—传动装置 Y7-5867-0；
3—液压马达 YMD-10、YMD-10/1；
4—梭形活门 Y7-5863-0；5—液压锁 Y7-5866-0；
6—流量控制活门 Y7-5865-0；7—电磁开关 YDF-22A；
8—襟翼传动轴；9—梭形活门 Y7-5867-50；
Ⅰ—压力管路；Ⅱ—回油系统管路；Ⅲ—应急系统管路

（2）襟翼放至"15°"或"30°"时，襟翼控制装置断开了电磁开关的供电电路，于是压力管路停止给襟翼操纵管路供油，使襟翼的收放管路与回油路接通，消除了电磁开关和液压锁间管路中的压力。因此，液压锁将液压马达的供压和回油管路关断，并使液压马达停止转动。

同时，由于摩擦片制动器内油压被电磁开关断电时接通回油路卸掉，制动器中的弹簧紧压摩擦片，使传动装置中的齿轮不能转动，这样就保证了襟翼可靠地锁紧在放下位置。

（3）收襟翼时，将襟翼操作开关的分挡手柄置于"0°"，压力油经电磁开关YDF-22A进入襟翼收上管路，其工作情况与放襟翼时相似，回油则经襟翼放下管路流回油箱。当收好襟翼后，襟翼控制装置断开电路，主系统停止供给压力油。

（4）应急放下襟翼时，将中央操纵台上的应急收放襟翼开关扳至放下位置时，应急电动泵和YDF-22A电磁开关同时接通，从应急电动泵出来的压力油经电磁开关进入放下管路，然后分为两路：一路压力油经梭形活门Y7-5867-50后去松开摩擦片制动器；另一路压力油进入液压锁Y7-5866-0顶开回油路。同时，压力油还经梭形活门Y7-5863-0通过襟翼放下管路进入液压马达，使液压马达转动，将襟翼放下，回油通过液压锁Y7-5866-0和正常收放襟翼电磁开关YDF-22A进入系统总回油路。当襟翼收到30°时，襟翼位置信号机构断开电路，应急收放襟翼电磁开关YDF-22A停止工作，从而断开了应急供压管路。

（5）应急收襟翼时，将中央操纵台上的应急收放襟翼开关扳至收上位置，应急电动泵和应急收放襟翼电磁开关YDF-22A收上油路同时被接通，从电磁开关出来的压力油推开梭形活门后分为两路：一路压力油经梭形活门Y7-5863-0和Y7-5867-50去解除制动；另一路压力油经液压锁Y7-5866-0去驱动液压马达完成应急收襟翼工作，回油则经过襟翼正常放下管路流回油箱。

当襟翼收起后，襟翼位置信号机构断电，应急收放襟翼电磁开关YDF-22A即回中立位置，从而断开通往工作管路的压力油。

注：使用应急收放襟翼后，襟翼正常收放系统将自动失效。

【重点知识考核】

1. 考核要点

（1）襟翼收放液压系统的主要部件。

（2）襟翼收放液压系统的工作原理分析。

2. 考核例题

（1）根据MA60飞机襟翼液压收、放操纵系统工作原理图，说明襟翼液压收放的组成及工作原理。

（2）判断题。

①MA60飞机襟翼收放系统分为正常收放和应急收放两种形式。（　　　）

②MA60飞机襟翼能够停留在任意角度。（　　　）

③液压传动装置是将液压马达的转动经过传动装置减速后，通过襟翼传动机构带动襟翼收放。（　　）

④应急收放襟翼由应急系统供压；由电磁开关 YDF-22A、梭形活门、液压锁及液压马达和传动装置等组成。（　　）

任务 3.5　波音 737 飞机液压源系统分析

【学习目标】

1. 了解液压源系统的组成部分；
2. 解释液压源系统的工作原理；
3. 理解液压源系统主要部件的工作原理。

【情景引入】

按组成整个系统的分系统功能划分，液压系统可分为液压源系统和工作系统两大部分。液压源系统的工作情况与飞行安全密切相关，为了保证供压的安全可靠，现代飞机上一般都有几个独立的液压源系统。那么一架飞机到底有多少个独立的液压源系统呢？液压源系统包含哪些主要部件呢？

任务具体要求见表 3-5-1。

表 3-5-1　波音 737 飞机液压源系统分析任务单

项目三	典型飞机液压传动系统分析
任务 3.5	波音 737 飞机液压源系统分析
布置任务	
学习目标	1.能根据液压源系统工作原理图列举液压源系统的主要部件； 2.能根据液压源系统工作原理图描述液压源系统的工作原理
任务描述	根据液压源系统原理图，说明液压源系统的主要部件及工作原理
任务分析	根据提供的学习资源，分析液压源系统的工作原理，进而理解液压源系统主要部件的工作原理

【相关知识】

3.5.1　现代民航飞机液压源系统组成

为了保证供压的安全可靠，现代民航飞机上一般都有几个独立的液压源系统。双发飞机，如波音 737 系列和空客 320 系列，一般有 3 个独立的液压源系统。而四发飞机，如波音 747 飞机，具有 4 个独立的液压源系统。所谓独立的液压源系统是指每个液压源都有单独的液压元件，可以独立向用压系统提供液压。

不同机型上液压源系统的名称有所不同，如在波音 737 飞机上称为 A 液压系统、B 液压系统和备用液压系统，如图 3-5-1 所示，波音 777 飞机上称为左液压系统、右液压系统和中央液压系统，而空客 320 飞机上则称为绿液压系统、黄液压系统和蓝液压系统。

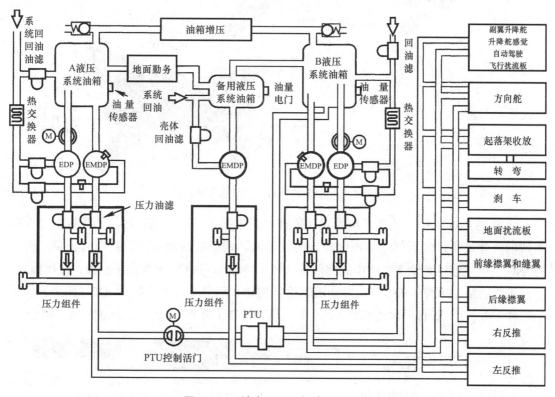

图 3-5-1　波音 737 飞机液压源系统

3.5.2　主液压系统

波音 737NG 飞机主液压系统包括液压 A 系统和液压 B 系统，给飞机提供正常的液压动力。液压 A 系统与液压 B 系统的组成部件类似，系统的液压动力源均来自一个发动机驱动泵（EDP）和一个电动机驱动泵（EMDP），输出压力为 3 000 Psi。液压 A 系统为左发反推、主飞行操纵舵面、飞行扰流板（2 号、4 号、9 号、11 号）、地面扰流板、备用刹车、起落架收放、前轮转弯、自动驾驶提供液压动力。液压 B 系统为右发反推、主飞行操纵舵面、增升装置、飞行扰流板（3 号、5 号、8 号、10 号）、偏航阻尼、正常刹车、备用收起落架、备用前轮转弯、自动驾驶提供液压动力。

液压 A、B 系统的附件大部分是相同的。波音 737NG 飞机液压 A 系统的附件位于飞机的左侧，液压 B 系统的附件位于飞机的右侧，备用液压系统的附件位于主起落架轮舱中间偏后，如图 3-5-2 所示。

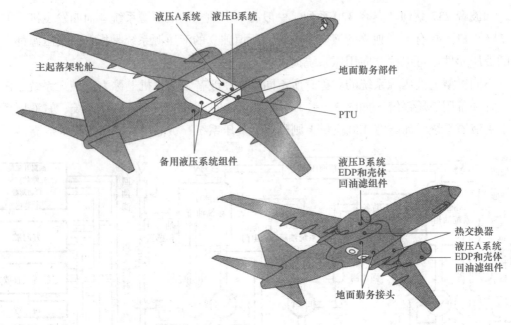

图 3-5-2　波音 737NG 飞机液压系统部件

　　波音 737NG 飞机主液压系统的工作原理如图 3-5-3 所示。油箱增压系统将来自气源系统的气体增压过滤后供给液压油箱，增压油液。增压后的液压油再流向液压泵。波音 737NG 飞机主液压系统主要的组成部件有油箱（两个）、过热 / 火警保护面板、液压面板、发动机驱动泵关断阀（两个）、发动机驱动泵 EDP（两个）、电动泵 EMDP（两个）、压力组件（两个）、壳体回油滤组件（两个）、热交换器（两个）、系统回油滤组件（两个）。

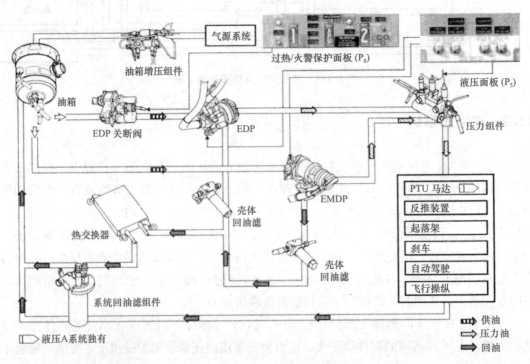

图 3-5-3　波音 737NG 飞机主液压系统

3.5.2.1　发动机驱动泵（EDP）

发动机驱动泵（EDP）安装在发动机附件齿轮箱的安装座上，发动机转子通过附件齿轮箱驱动油泵运转。当发动机启动时，发动机驱动泵随之启动；发动机停车，则发动机驱动泵停止工作。为控制发动机驱动泵的工作，在飞机液压系统控制面板上，设置发动机驱动泵控制开关，提供"人工关断"功能。

（1）位置。EDP用卡箍安装在发动机左侧附件齿轮箱的前表面上。如图3-5-4所示，有3条管路与油泵相连，分别是液压供油管、输出压力管、壳体回油管。供油管和输出压力管都采用自密封、快卸的接头与泵相连，防止漏油并隔绝外部空气。而壳体回油管采用的是螺纹形接头与泵相连。位于发动机勤务连接板支撑梁上的快卸接头，便于发动机的维护或拆卸。

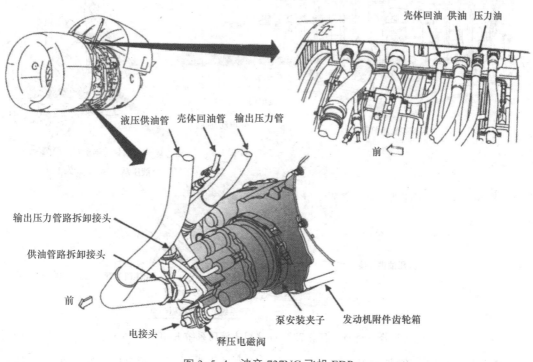

图 3-5-4　波音 737NG 飞机 EDP

（2）工作原理。EDP是一种带有电磁控制释压阀的变量压力补偿柱塞泵。电磁线圈控制的释压阀控制油泵的出口压力，从而控制液压泵的工作模式。EDP具有正常（即增压）模式、自动释压模式、人工释压模式3种工作模式。在正常模式下，油泵向液压系统供压，压力为3 000 Psi，流量为36 USgal/min（约136.27 L/min）。在释压模式下，油泵与液压系统隔离，不输出液压油。

3.5.2.2　电动机驱动泵

电动机驱动泵（EMDP）由交流电动马达驱动。对于双发飞机，为了确保单发停车时液压源系统供压可靠性，电动机驱动泵采用对侧发动机的发电机供电。以波音737液压源系统为例，A系统的EDP由左发（1号发动机）驱动，则A系统的EMDP由右发（2号发动机）的发电机供电；B 系统的 EDP 由右发（2 号发动机）驱动，则 B 系统的 EMDP 由左发（1 号发动机）的发电机供电。在波音 737NG 飞机液压 A、B 系统中各有一个 EMDP。EMDP 由 115 V 的三相交流电动机驱动，由控制电门控制其工作。EMDP 与主液压泵 EDP 是并联工作的，可以同时向液压系统供压。

（1）位置。波音 737NG 飞机的电动机驱动泵位于主起落架轮舱前壁板中部，如图 3-5-5 所示。EMDP 是由 115 V 三相交流电动机驱动的二级增压泵，供压级是离心泵，高压级是柱塞泵。有 3 条油管与 EMDP 相连接，分别是供油管（在 EMDP 与 A、B 系统油箱之间各有一个快卸接头）、压力输出管、壳体回油管。在 EMDP 压力油路上有一消声器，可以减低噪声和管路振动。

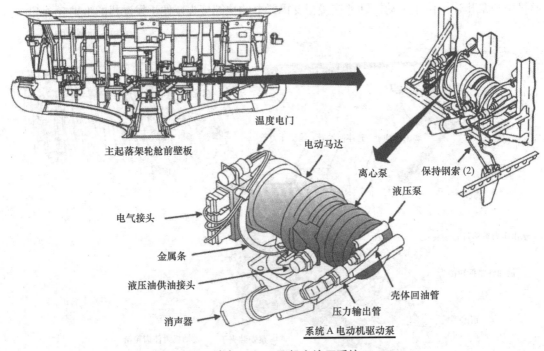

图 3-5-5　波音 737NG 飞机主液压系统 EMDP

（2）工作原理。在进入离心泵之前，液压油先进入电动马达的壳体，冷却电动马达。离心泵对油液预增压，然后将油液送入单级、变量且带有压力补偿的柱塞泵。通过改变斜盘角度，改变供油量，以保持泵出口压力恒定。两个 EMDP 的额定状态是 2 700 Psi，流量为 5.7 USgal/min。供给液压泵的一部分油液变成壳体回油，冷却并润滑油泵，再通过壳体回油管到达热交换器，散热后回到油箱。两个温度电门分别监控 EMDP 电动马达壳体及 EMDP 壳体回油管路的温度。当温度超温时，温度电门闭合，将电信号传递至驾驶舱内的液压控制面板，并点亮该泵的过热指示灯。当温度回落正常值时，温度电门复原位，对应泵的过热指示灯熄灭。

3.5.2.3　压力组件

（1）位置。压力组件是把多个液压元件组装在一起形成的组件。压力组件位于液压泵出口的压力管路上，它的主要作用是将液压泵的出口压力分配给各用压系统；清洁 EDP

和 EMDP 的出口压力油；监控液压泵的压力和系统压力；对系统实施超压保护。

波音 737NG 飞机液压 A 系统压力组件位于主起落架轮舱前壁板的左侧，液压 B 系统压力组件靠近主起落架轮舱前壁板的中部，如图 3-5-6 所示。压力组件内主要包括压力油滤（两个）、油泵低压电门（两个）、EDP 自动缝翼系统压力电门（仅 B 系统）、单向阀（两个）、压力传感器（一个）、释压阀（一个）。

（2）工作原理。EDP 和 EMDP 出口的压力油流经压力油滤。两个压力油滤均为 5 ～ 15 μm 级、非旁通式的套筒式滤芯的油滤，滤芯不可清洗，须定期更换。两个油泵低压电门位于压力油滤的下游，分别感受 EDP 和 EMDP 出口的油液压力。当 EDP 和 EMDP 的出口压力下降且低于正常值时，低压电门向液压控制面板发送低压信号。在 B 系统的压力组件中，EDP 出口的压力油滤下游还有一个 EDP 自动缝翼压力电门。当 B 系统的 EDP 出口压力下降低于 2 350 Psi 时，EDP 自动缝翼压力电门向液压动力转换组件（PTU）发送信号。两个单向阀位于油泵低压电门的下游，目的是防止液压油倒流，并将油泵低压电门、系统压力与地面勤务接头压力三者隔离。油液流过单向阀后，两条油泵出口的压力油路混合。在混合管路上有系统压力传感器和释压阀。系统压力传感器监测系统压力，并向电子设备舱的电子显示组件（DEU）传送电信号。DEU 将数据传送到位于驾驶舱内的公用显示系统。释压阀对下游用户系统进行超压保护，当系统压力超过正常值达到 3 500 Psi 时，释压阀打开释压。

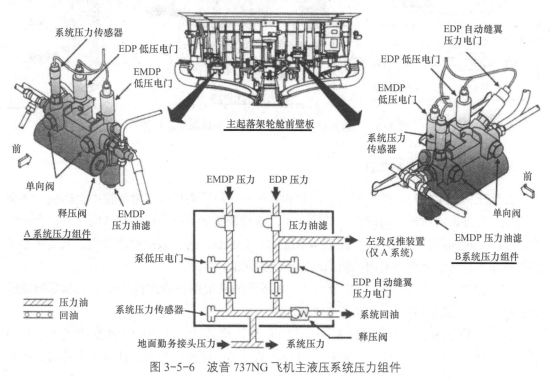

图 3-5-6　波音 737NG 飞机主液压系统压力组件

3.5.2.4　壳体回油滤组件

油滤的作用是过滤杂质和金属微粒，防止传动时损伤部件。壳体回油滤组件的作用是清洁发动机驱动泵 EDP 和电动机驱动泵 EMDP 的壳体回油，同时监测液压泵的磨损情况。

（1）位置。波音 737NG 飞机 EDP 的壳体回油滤组件位于 EDP 和发动机支架上的液压接头之间，如图 3-5-7 所示。EMDP 的壳体回油滤组件位于相应泵减振支架的下方，在主起落架轮舱的前壁板上。

（2）工作原理。壳体回油滤组件是一个 10 ～ 20 μm 级、非旁通式、不可清洁的套筒式滤芯的油滤，主要组成元件是滤杯、可更换的滤芯、单向阀。组件上的箭头显示油液流经油滤组件的方向。组件出口的单向阀防止系统中其他油泵造成反流。

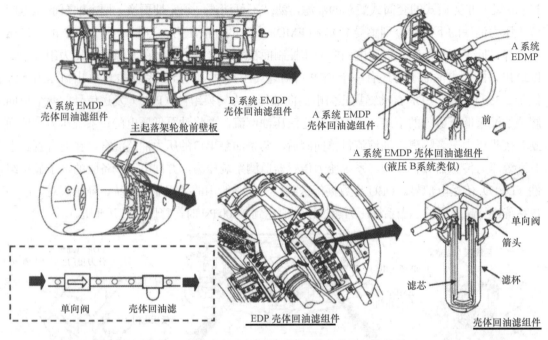

图 3-5-7　波音 737NG 飞机 EDP 的壳体回油滤组件

3.5.2.5　系统回油滤组件

在液压系统工作时，选择阀门、油泵和其他一些液压附件在正常磨损中会产生一些金属微粒。另外，液压油还可能混入其他杂质，这些杂质如果混入运动部件的间隙，会导致磨损加剧，损伤部件。因此，要在液压系统中安装油滤，过滤系统中的杂质。系统回油滤组件的作用是清洁及引导返回油箱的用压系统的回油。

（1）位置。波音 737NG 飞机液压 A、B 系统的系统回油滤组件均位于主起落架轮舱的前壁板上、系统油箱下，如图 3-5-8 所示。

（2）工作原理。系统回油滤是一个 15 μm 级、旁通式、不可清洁的套筒式滤芯的油滤，主要组成元件是头部组件、滤杯、可更换的滤芯。油滤的头部组件包含旁通阀、压差指示销、单向阀、关断阀。

当回油滤堵塞时，在滤芯两侧产生 65 Psi 的压差，红色的压差指示销会自动伸出，提示维护人员需要更换滤芯。压差指示销需要人工按压复位。当温度低于 2 ℃时，压差指示销不会伸出。如果滤芯两侧压差达到 100 Psi 或更高时，旁通阀打开，使液压油不经过油滤直接回到油箱，保证液压系统的循环。系统回油滤的头部组件内有两个单向阀形成一个负压回路。该负压回路的作用是在当前液压用户系统不增压的情况下，允许油液不经滤芯从油箱返回系统，防止液压系统出现气隙和油滤反冲现象。在拆卸油滤更换滤芯时，通过关断阀关断油路，防止油箱中的油液泄漏。

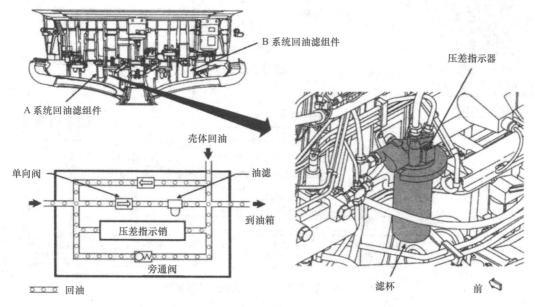

图 3-5-8　波音 737NG 飞机液压 A、B 系统的系统回油滤组件

3.5.3　辅助液压系统

波音 737NG 飞机辅助液压系统由备用液压系统和动力转换组件（PTU）组成，为液压 A、B 系统提供备用压力。备用液压系统属于需求系统，在飞机有需求的情况下为双侧发动机反推、备用方向舵和前缘装置提供液压动力。一个电动机驱动泵（EMDP）是该系统唯一的液压动力来源，输出压力为 3 000 Psi。动力转换组件（PTU）是在液压 B 系统失压时向前缘襟翼、缝翼及自动缝翼系统提供液压动力的备用来源。

3.5.3.1　备用液压系统

波音 737NG 飞机备用液压系统为备用方向舵作动筒、前缘襟翼和缝翼、双发反推装置提供压力。备用液压系统主要的组成部件有油箱、电动泵（EMDP）、备用液压系统压力组件、壳体回油滤组件、飞行操纵面板，如图 3-5-9 所示。

1．电动马达泵

与主液压系统不同，在波音 737NG 飞机备用液压系统中只有一个电动马达泵（EMDP）为备用液压系统提供液压压力。EMDP 由一个三相 400 Hz、115 V 的交流电动马达驱动。电动机固定在飞机结构上，泵则固定在马达上。EMDP 在额定状态下压力为 2 700 Psi，流量为 3.7 USgal/min。

（1）位置。波音 737NG 飞机备用液压系统的 EMDP 位于右后机翼机身整流罩，刹车蓄压器的内侧，如图 3-5-10 所示。

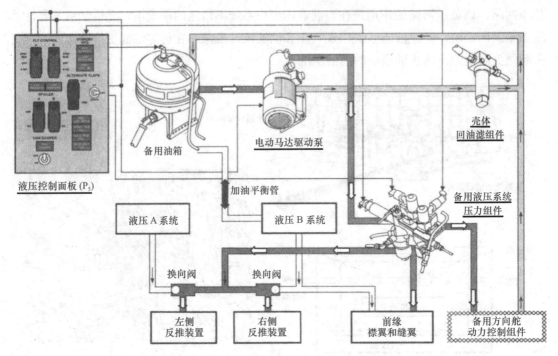

图 3-5-9　波音 737NG 飞机备用液压系统

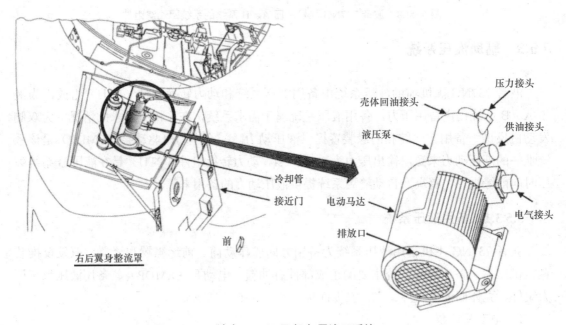

图 3-5-10　波音 737NG 飞机备用液压系统 EMDP

（2）工作原理。EMDP 从备用油箱抽油，为备用液压系统的压力组件提供压力供应。壳体回油冷却并润滑油泵，流经壳体回油滤后返回油箱。马达通过一个冷却管道进行空冷。飞机外部的空气从位于右后机翼－机身整流罩接近门上的通气装置流入 EMDP 的冷却管道，流经 EMDP 后进入机舱。在机身另一侧的左后机翼－机身整流罩上也有一个通风孔。

2. 压力组件

一旦波音 737NG 飞机备用液压系统的 EMDP 投入工作，与主液压系统类似，EMDP 出口的压力油也是先经过系统压力组件的处理再供给用户。备用液压系统压力组件的作用：清洁来自备用 EMDP 的液压油；控制向前缘襟翼和缝翼的供压；控制向备用方向舵动力控制组件（PCU）的供压；向反推装置提供压力；监控系统压力；超压保护。

（1）位置。波音 737NG 飞机备用液压系统压力组件位于主起落架轮舱的后壁板上，如图 3-5-11 所示。

（2）工作原理。波音 737NG 飞机备用液压系统的压力组件的主要部件包括前缘襟翼、缝翼关断阀，备用方向舵关断阀，压力油滤，释压阀，壳体回油滤组件，EMDP 低压电门。

前缘襟、缝翼关断阀与备用方向舵关断阀都是由 28 V 直流电动机操作的阀门。每个阀门都有一个人工超控手柄，手柄指示阀位置，也可用于开、关阀门。压力油滤是一个具有 5 ～ 15 μm 级、非旁通式、不可清洗的套筒式滤芯的油滤。来自 EMDP 的压力油流经压力油滤到达备用方向舵关断阀和前缘襟、缝翼关断阀。当 EMDP 的出口压力低于正常值时，油泵低压电门向飞行操纵面板上的备用液压系统低压指示灯发送信号。电控的备用方向舵关断阀控制到备用方向舵 PCU 的备用压力。电控的前缘襟、缝翼关断阀控制到前缘襟翼和缝翼的备用压力。将备用襟翼预备电门移到预备位和备用襟翼操纵电门置于放下位，该阀门打开。当系统压力大于 3 500 Psi 时，释压阀打开，将压力释放到回油管。当系统压力降至 3 400 Psi 时，释压阀关闭。

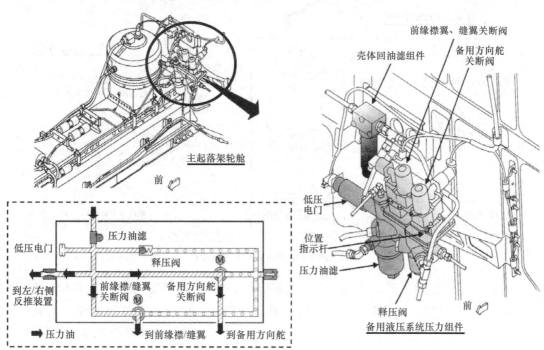

图 3-5-11　波音 737NG 飞机备用液压系统压力组件

3. 备用液压系统工作原理

当波音 737NG 飞机备用液压系统开始工作时，备用油箱给 EMDP 提供液压油。备用油箱通过一根加油平衡管与液压 B 系统的油箱相连，因而可以通过 B 系统油箱给备用油箱增压和供油。另外，油箱上还有一根加油管，通过地面勤务系统为备用油箱加油。当备用油箱加满时，也可以给 B 系统油箱加油。

一个 EMDP 为备用系统增压，有人工操作和自动操作两种工作方式。泵低压电门的作用：监控油泵的工作情况。当油泵故障，出口压力降低到正常压力下时，电门将低压信号传递至驾驶舱内的备用液压低压灯。

压力组件对来自 EMDP 的压力油进行过滤、监控及分配。组件里有两个关断阀：前缘襟/缝翼关断阀和备用方向舵关断阀。前缘襟/缝翼关断阀控制到前缘襟翼和缝翼的压力；备用方向舵关断阀控制到备用方向舵动力控制组件的压力。

3.5.3.2 动力转换组件

当波音 737NG 飞机液压 B 系统的发动机驱动泵（EDP）出口压力低于正常值时，液压动力转换组件（PTU）向前缘襟翼和缝翼提供备用压力，增加飞机的安全裕度，如图 3-5-12 所示。

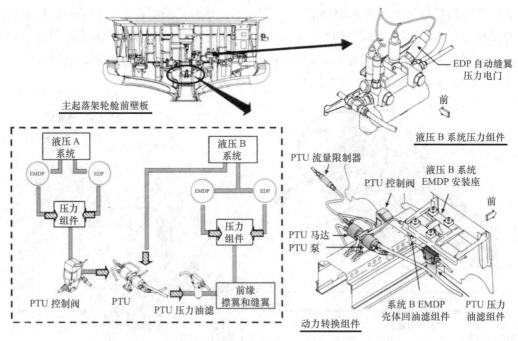

图 3-5-12　波音 737NG 飞机 PTU

PTU 的工作原理如图 3-5-13 所示。液压动力转换组件系统通过一个动力转换组件（PTU），利用液压 A 系统的压力给液压 B 系统增压。EDP 自动缝翼系统压力电门位于液压 B 系统压力组件上，用于监控 B 系统 EDP 的低压信号。当液压 B 系统 EDP 出口低压且 PTU 控制阀打开时，PTU 的马达得到来自液压 A 系统的压力。在 PTU 控制阀上游安装一个流量限制器，限制通往 PTU 马达的流量为 13.7 USgal/min，从而限制马达的最大速度。当马达工作时，马达通过共轴驱动 PTU 油泵。PTU 油泵从液压 B 系统油箱获得供油，将油液增压后，通过单向阀和压力油滤组件，最后供向前缘襟翼和缝翼。来自 PTU 油泵的壳体回油在进入系统 B 油箱之前，流经单向阀和液压 B 系统 EMDP 的壳体回油滤。

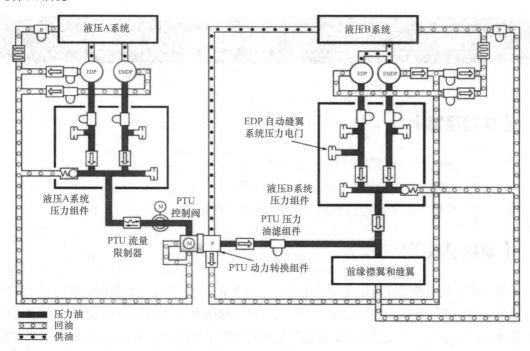

图 3-5-13　波音 737NG 飞机 PTU 工作原理

【重点知识考核】

1. 考核要点

（1）主液压系统的组成和工作原理；

（2）辅助液压系统的组成和工作原理。

2. 考核例题

（1）根据主液压系统原理图，说明主液压系统的主要部件及工作原理。

（2）说明主液压系统压力组件的作用及工作原理。

（3）填空题。

①_____将来自气源系统的气体增压过滤后供给液压油箱，增压油液。

②EDP 安装在发动机_____的安装座上。

③对于双发飞机，为了确保单发停车时液压系统供压可靠性，电动机驱动泵采用_____的发电机供电。

④压力组件位于液压泵出口的_____上。

⑤液压动力转换组件系统通过一个_____，利用液压 A 系统的压力给液压 B 系统增压。

任务 3.6　波音 737 飞机起落架收放系统分析

【学习目标】

1. 辨认飞机起落架收放系统的主要结构；
2. 掌握飞机起落架收放系统的工作原理；
3. 理解飞机起落架收放系统主要部件的工作原理。

【情景引入】

起落架收放系统是飞机的主要系统之一（图 3-6-1），其工作性能的好坏，直接影响飞机的起飞、着陆性能和飞机的安全。早期飞机的起落架通常是不可收放的，为什么现代民航飞机的起落架大多是可以收放的呢？起落架收放系统能否正常工作直接影响飞机和旅客的安全，那么现代民航飞机起落架收放系统是如何工作的呢？

(a)　　　　　　　　　　　　　　　　(b)

图 3-6-1　飞机起落架

（a）不可收放式起落架；（b）可收放式起落架

任务具体要求见表 3-6-1。

表 3-6-1　波音 737 飞机起落架收放系统分析任务单

项目三	典型飞机液压传动系统分析
任务 3.6	波音 737 飞机起落架收放系统分析
布置任务	
学习目标	1. 能根据起落架收放系统工作原理图列举起落架收放系统主要部件； 2. 能根据起落架收放系统工作原理图描述起落架收放系统工作原理
任务描述	根据起落架收放系统原理图，说明起落架收放系统的主要部件及工作原理
任务分析	根据提供的学习资源，分析起落架收放系统的工作原理，进而理解起落架收放系统主要部件的工作原理

3.6.1 起落架收放系统工作原理

3.6.1.1 对起落架收放系统的要求

起落架收放系统控制起落架的收放运动，对于收放系统的要求有：起落架收放所需的时间应符合要求；起落架在收上位和放下位都应可靠锁定；起落架收放情况应给机组明确指示。

3.6.1.2 起落架收放顺序

起落架收放系统可控制飞机起落架收放的顺序。在起落架收放时，需要作动筒的部件除起落架本身外，还包括舱门。起落架收放时，舱门与起落架的运动顺序要协调。收起落架时，一般动作顺序为：舱门开锁，舱门作动筒将舱门打开；起落架下位锁作动筒打开下位锁，起落架在收放作动筒作用下收起，并锁定在收上位；舱门作动筒将舱门关闭并锁定。放起落架时，顺序相反：先开舱门，然后开上位锁、放起落架并锁定，最后关上舱门。

3.6.2 主起落架收放系统的主要部件

波音737NG飞机主起落架收放系统由主起落架收放作动筒、上位锁机构及作动筒、下位锁机构及作动筒、传压筒、易碎接头、液压保险组成，如图3-6-2所示。

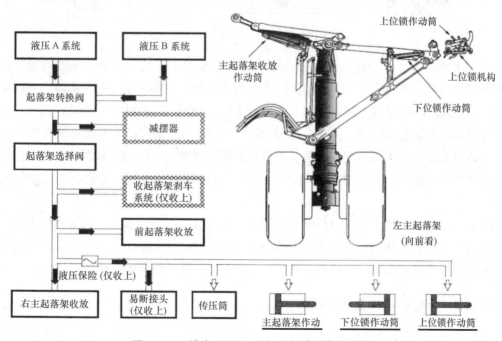

图3-6-2 波音737NG飞机主起落架收放系统

3.6.2.1 主起落架收放作动筒

带有游动梁的主起落架收放作动筒将液压能转换成机械作用力，用来收放主起落架。

（1）位置。主起落架收放作动筒是双向非平衡型的作动筒，位于缓冲支柱的外侧，如图 3-6-3 所示。作动筒头端通过游动梁与机翼结构相连，杆端通过耳轴与缓冲支柱相连。作动筒头端内部带有可变限流器，控制起落架收放速率。液压油通过两条软管供往作动筒。作动筒上的两个液压接头采用不同尺寸，以防止装错。

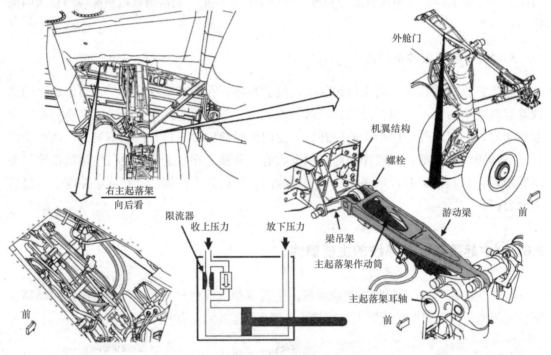

图 3-6-3　主起落架收放作动筒

（2）工作原理。作动筒与游动梁合作，将起落架收上或放下。游动梁的内端连接于缓冲支柱的凸耳，外侧端连接于作动筒的头部和梁吊架上。梁吊架铰接在起落架支撑梁和大翼后梁之间。游动梁与主起落架作动筒配合工作，既增大了收放起落架的作用力，又减小了通过梁吊架传递给飞机结构的力。起落架收上时，作动筒杆端对起落架有推的作用力。作动筒头端的反作用力则通过游动梁传递到缓冲支柱上，游动梁对缓冲支柱有拉的作用力。这两个力叠加，绕起落架的耳轴产生同一方向的旋转力矩，使得起落架旋转向上运动。

同样在放起落架时，在一对反向力作用下，起落架旋转向下放出。起落架放出时，作动筒头端收上管路的限流器将作动筒内的流量减少到 8 USgal/min，防止在液压管路失效时起落架放出不受控制。与限流器并联的单向阀保证起落架收上时是全流量液压。

3.6.2.2 上位锁机构及作动筒

主起落架上位锁机构保证起落架收上并在锁好的位置。上位锁机构使用过中心位置将

194

主起落架锁定在收上位；当上位锁作动筒缩入，起落架解锁。

（1）位置。主起落架的上位锁机构位于主轮舱外侧边缘的顶板，主要部件包括上位锁锁钩、弹簧、上位锁作动筒，如图3-6-4所示。主起落架上位锁作动筒与上位锁机构水平连接。上位锁作动筒为双位置活塞型作动筒。

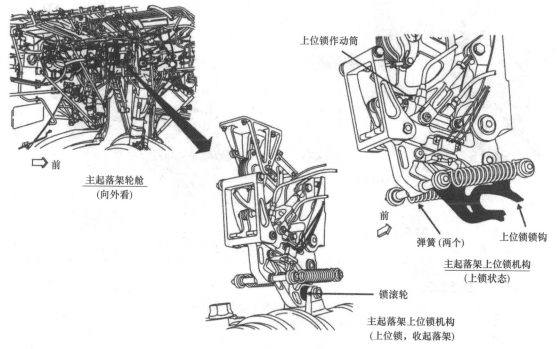

图 3-6-4　主起落架上位锁机构

（2）工作原理。液压控制上位锁作动筒，为上位锁机构解锁，如图3-6-5所示。起落架放出时，上位锁作动筒增压，杆端缩回，上位锁机构解锁。起落架收上时，上位锁作动筒并没有增压。主缓冲支柱上的滚轮进入锁钩，将上位锁机构拉至过中心位并锁定。两个弹簧保证锁钩处于收上并锁好的位置。在滚轮进入锁钩时，上位锁作动筒杆端的限流器使锁机构的运动减慢。限流器使得液压流量减少至 0.41 USgal/min，压力为 3 000 Psi。

3.6.2.3　下位锁机构及作动筒

主起落架下位锁机构保证起落架在放下并锁好的位置。下位锁作动筒在起落架放下时锁定起落架，在起落架收上时为起落架解锁。

（1）位置。主起落架的下位锁机构与作动筒位于反作用连杆及上部侧撑杆之间，如图3-6-6所示。下位锁机构属于过中心锁，包括下位锁作动筒、锁弹簧、锁连杆等部件。锁弹簧连接在反作用连杆的内侧和下位锁机构之间。下位锁作动筒为双向活塞式作动筒。作动筒的头端壳体在反作用连杆的内侧，杆端与下位锁机构相连。下位锁作动筒头端的限流器限制液压流量在 0.26 USgal/min、压力 2 550 Psi。并联的释压阀的打开压力为 2 800 ~ 3 100 Psi。下位锁作动筒杆端的限流器限制液压流量为 0.29 USgal/min，压力 3 000 Psi。

（2）工作原理。起落架放下时，下位锁作动筒缩回，将下位锁机构锁定。起落架收上时，下位锁作动筒伸出，为下位锁机构解锁。锁弹簧在主起落架放下并锁好位置时，保持锁机构位于过中心的锁定位。

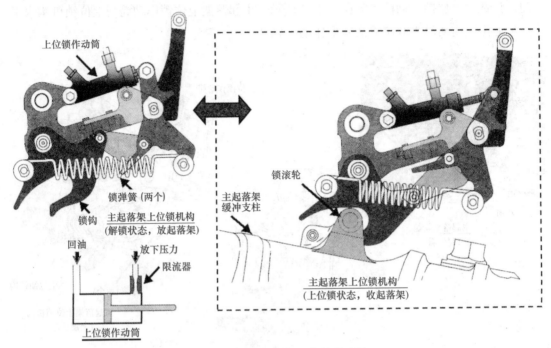

图 3-6-5　主起落架上位锁作动筒

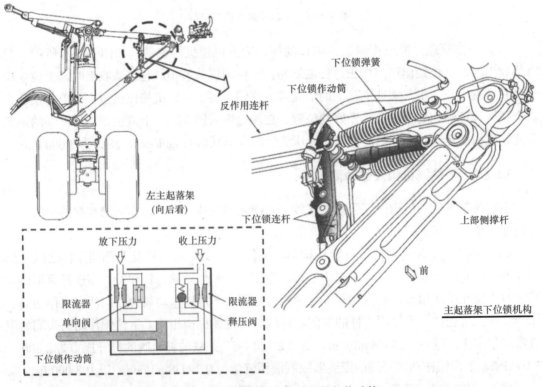

图 3-6-6　主起落架下位锁机构与作动筒

3.6.2.4　传压筒

起落架收放时，由传压筒造成延时，使上位锁作动筒或下位锁作动筒优先于主起落架收放作动筒获得压力，解锁。

（1）位置。传压筒位于左、右机翼后梁，如图3-6-7所示。传压筒内的活塞可以在壳体内自由移动，活塞一边与收上管路相连，另一边与放下管路相连。

（2）工作原理。当收上或放下管路来的压力到达传压筒时，活塞在壳体内移动，直到活塞移动到另一侧时停止，这样就提供了一个延时，在主起落架的锁机构解锁之后，液压才能到达主起落架收放作动筒。

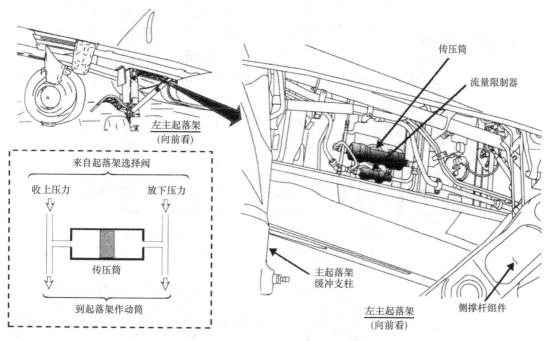

图3-6-7　主起落架传压筒

下面以放下起落架为例说明工作原理，如图3-6-8所示。当起落架收放手柄扳到"DOWN"（放下）位置时，压力油经过选择活门进入起落架收放作动筒的放下端、上位锁作动筒的开锁端、下位锁作动筒的锁定端。在传压筒内活塞及其下游节流活门的共同作用下，起落架收放作动筒收上端的压力较高，并因收放作动筒活塞面积差引起起落架抬起，有利于上位锁开锁；当上位锁完全打开，且传压筒运动到头时，收放作动筒收上端压力下降，起落架以正常方式放下。放下管路上的节流阀起到限制放下速度的作用。当起落架到达全伸展放下位时，下位锁作动筒强迫下位锁支柱进入过中立位，将起落架锁住。

3.6.2.5　易碎接头

当损伤且转动中的机轮进入主轮舱时，易碎接头可以释放掉主起落架收放作动筒的收上压力，停止收起落架，防止轮舱内的部件受到损伤。主轮舱两边轮圈的外侧边，如

图 3-6-9 所示。易碎接头正常状况下是个关闭的阀门，在外力破坏了装置的杆端时打开。当机轮受损掉块且未刹停时，打开的易碎接头使同侧起落架收放作动筒的收上压力被释放，主起落架停止收上，在自重的带动下回到放下位置。当下游油液的泄漏量到达一定值时，起落架收上管路内的液压保险关闭。

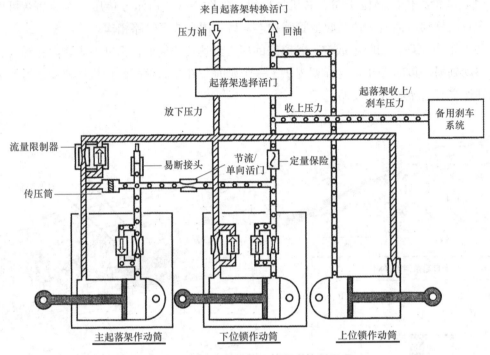

图 3-6-8　主起落架传压筒顺序控制原理

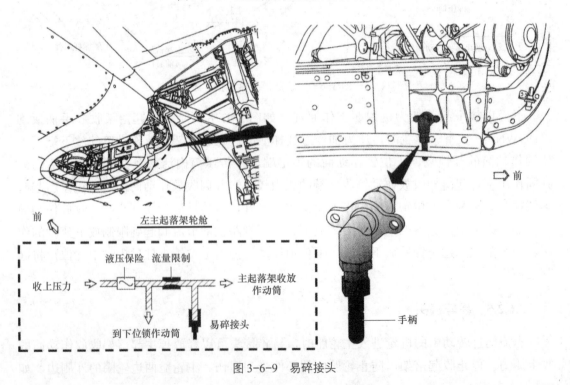

图 3-6-9　易碎接头

3.6.3　主起落架收放系统操纵

3.6.3.1　放主起落架

放主起落架的流程如图 3-6-10 所示。将起落架手柄置于"DOWN"位，选择阀供压至起落架的放下管路。液压首先到达传压筒，为上位锁作动筒解锁提供延时。传压筒内的流量限制器（限流阀 / 单向阀）控制了传压筒的速度，即延迟的时间。液压同时到达上位锁作动筒，作动筒杆端缩回，上位锁机构解锁。当传压筒的活塞到达收上一侧时，主起落架收放作动筒杆端压力增加，拉动主起落架。在作动筒、自重和气动力的影响下，主起落架放出。最后，液压缩回下位锁作动筒，将主起落架锁定在放下位置。

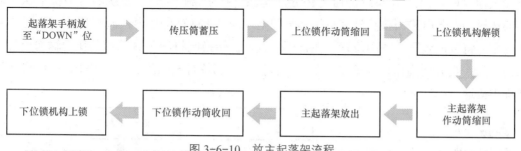

图 3-6-10　放主起落架流程

3.6.3.2　收主起落架

收主起落架的流程如图 3-6-11 所示。将起落架手柄置于"UP"位，选择阀供压至起落架的收上管路。主起落架作动筒收上管路内的流量限制器限制了主起落架作动筒内的流量，防止收上起落架时产生压力波动，阻碍其他飞机系统使用液压。流量限制器还控制了传压筒的速率，从而控制了起落架收放的速率。收上液压先到达传压筒，使得传压筒的活塞向放下位置运动，造成主起落架收放作动筒延时。液压到达下位锁作动筒，作动筒杆端伸出将锁机构解锁。当传压筒的活塞到达放下一侧时，收放作动筒头端压力增加，推动起落架收上。当起落架上位锁滚轮进入上位锁锁钩时，锁机构锁定起落架在收上位，上位锁作动筒失压。

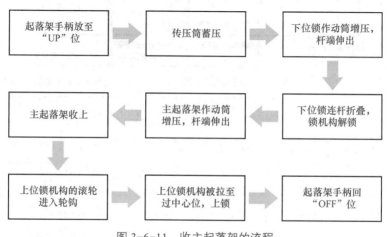

图 3-6-11　收主起落架的流程

在受损掉块且未刹停的机轮要收进主轮舱时，易碎接头释放主起落架收放作动筒内的收上压力，防止轮舱内的部件受损。当通过易碎接头的液压油增加到 3 ～ 4 L 时，压力管内的液压保险关闭，防止液压系统的流失。

3.6.3.3 起落架收放控制系统

起落架收放控制系统的工作原理如图 3-6-12 所示，液压 A 系统为起落架的正常收放提供压力动力，只在备用情况下利用液压 B 系统的压力收起落架。在应急情况下，也可以人工放起落架。

起落架转换阀的状态（正常位或备用位）决定了起落架收放系统的压力源。当电磁阀未接收信号时，液压 A 系统的压力将分油阀保持在正常位置，A 系统的压力被输送至起落架选择阀。若电磁阀接收到来自接近电门电子组件 PSEU 的信号，阀门移动，液压 B 系统的压力将分油阀移至备用位置。在备用位置下，转换阀将液压 B 系统的压力输送至起落架选择阀。当分油阀作动到备用位置时，转换阀上的位置电门闭合，给 PSEU 内的自测设备提供接地。

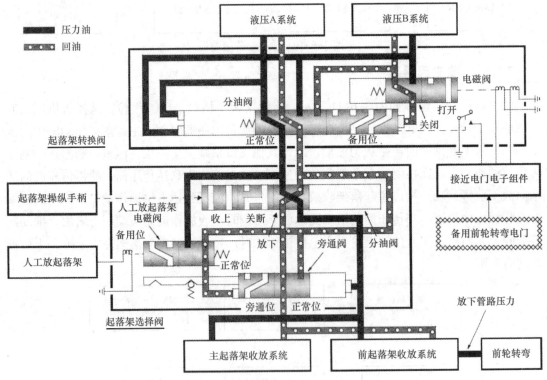

图 3-6-12　起落架收放控制系统的工作原理

起落架选择阀受控于起落架手柄。当手柄置于"OFF"位时，选择阀保持关断位置，阻断各收放部件的液压动力。当手柄置于"DOWN"位时，选择阀作动至放下位置，压力油被输送至起落架的放下部件，放出起落架，同时液压压力将旁通阀作动在正常位置。当手柄置于"UP"位时，选择阀作动至收上位置，液压压力通过旁通阀输送至起落架的收上部件。人工放起落架电磁阀有正常和备用两个位置。当人工放出电磁阀的线圈没有接收信号时，弹簧将电磁阀保持在正常位置。旁通阀也有两个位置，即正常位和旁通位。从分油阀来的压力和从人工放起落架电磁阀来的压力决定了旁通阀的位置。正常收放起落架时，旁通阀在正常位。而当人工放出盖板打开时，人工放出电磁阀被激励，电磁阀处于备用位置，旁通阀被旁通，使起落架收上管路与系统回油管路相连，起落架收上压力被断开。这样就能保证即便在选择阀的分油阀被卡滞在收上位置时，也能通过人工放出系统放出起落架。

前轮转弯只从前起落架放下系统获得压力，通常是由液压 A 系统提供。当 P_1 板上的备用前轮转弯电门至备用位时，起落架转换阀作动至备用位。只有飞机在地面且液压 B 系统油量足够时，才能利用液压 B 系统的压力实施备用前轮转弯。

【重点知识考核】

1．考核要点

（1）主起落架收放系统的主要部件。

（2）主起落架收放系统的工作原理分析。

2．考核例题

（1）根据主起落架收放系统工作原理图，说明主起落架收放系统的主要部件及工作原理。

（2）说明飞机起落架收放的顺序。

（3）填空题。

①带有游动梁的主起落架收放作动筒将_____转换成机械作用力，用来收放主起落架。

②主起落架收放作动筒是_____型的作动筒。

③起落架收放时，由_____造成延时，使上位锁或下位锁作动筒优先于主起落架收放作动筒获得压力，解锁。

任务 3.7 波音 737 飞机液压刹车系统分析

【学习目标】

1. 了解飞机液压刹车系统的组成；
2. 掌握飞机液压刹车系统的工作原理；
3. 理解飞机液压刹车系统主要部件的工作原理。

【情景引入】

在飞机着陆滑跑过程中，为了缩短滑跑距离，现代民航飞机安装了哪些着陆减速装置呢？目前，机轮刹车装置是最主要且应用得最广泛的着陆减速装置。那么，飞机液压刹车系统由哪些分系统组成？它们又是如何工作的？

任务具体要求见表 3-7-1。

表 3-7-1　波音 737 飞机液压刹车系统分析任务单

项目三	典型飞机液压传动系统分析
任务 3.7	波音 737 飞机液压刹车系统分析
布置任务	
学习目标	1. 能根据液压刹车系统工作原理图列举液压刹车系统的主要部件； 2. 能根据液压刹车系统工作原理图描述液压刹车系统的工作原理
任务描述	根据液压刹车系统原理图，说明液压刹车系统的主要部件及工作原理
任务分析	根据提供的学习资源，分析液压刹车系统的工作原理，进而理解液压刹车系统主要部件的工作原理

【相关知识】

3.7.1 现代民航飞机液压刹车系统

液压刹车系统控制供向主起落架刹车组件的液压压力，用于飞机止动。飞行员操纵刹车时，液压油进入固定在轮轴上的刹车作用筒，推动刹车片，使动片和静片压紧。由于动片与静片之间的摩擦作用，增大了阻止机轮滚动的力矩，机轮在滚动中受到的地面摩擦力也增大，飞机的滑跑速度随之减小。飞行员刹车越重，进入刹车作动筒内的油液压力就越大，刹车片之间也就压得越紧，阻止机轮滚动的力矩越大，在一定程度上可以有效缩短飞机着陆的滑跑距离。

图 3-7-1 所示为现代民航飞机刹车系统原理。现代民航飞机的刹车系统主要由正常刹车系统、备用刹车系统、防滞刹车系统、自动刹车系统和停留刹车系统 5 个分系统组成。

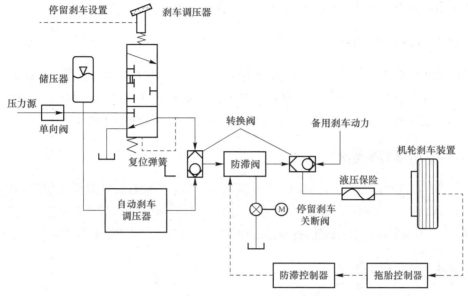

图 3-7-1　现代民航飞机液压刹车系统原理

3.7.1.1　正常刹车系统

飞机刹车系统可简化为只具有关键元件的正常刹车系统，如图 3-7-2 所示。正常刹车系统可以追溯到最早的压力刹车系统。当时液压源能提供的刹车流量较小，为了提高刹车效能，在刹车调压器和刹车作动筒之间装有流量放大器。

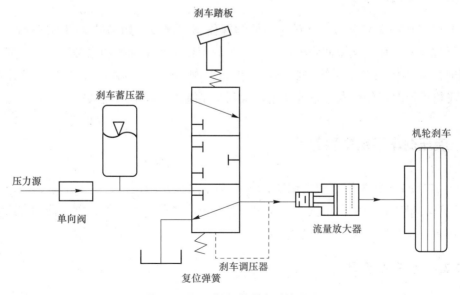

图 3-7-2　飞机正常刹车系统原理

工作原理：飞行员踩下刹车踏板，系统压力经刹车调压器流向流量放大器，刹车压力与飞行员的脚蹬力成正比；刹车油液经过流量放大器放大后，供向刹车作动筒，加快刹车反应速度，使机轮内的刹车装置（刹车片相接触摩擦）产生刹车力矩，从而使飞机减速。当飞行员松开刹车踏板后，在复位弹簧的作用下解除刹车，油液经原路返回，经过刹车调压器回油箱。其中的流量放大器还起到液压保险器的作用。

3.7.1.2　备用刹车系统

当正常刹车系统发生故障时，可将备用（应急）刹车动力源通过备用（应急）刹车转换活门送到刹车装置，进行备用（应急）刹车。如波音 737NG 飞机正常刹车由液压 B 系统供压，当液压 B 系统不能供压时，由液压 A 系统供压，实施备用刹车。

3.7.1.3　防滞刹车系统

当飞机在着陆滑跑过程中，防滞刹车系统使刹车压力围绕着临界刹车压力的变化规律变化，以获得较高的刹车效率。防滞刹车系统通过监控机轮的减速率及控制刹车计量压力来防止机轮的打滑，具有防滞控制、锁轮保护、触地保护、滑水保护和机轮收上抑制保护 5 大功能。

3.7.1.4　自动刹车系统

自动刹车系统用于减轻飞行员的工作量，并使刹车持续、平稳，使乘客感觉舒适。当 P_2 板上的自动刹车控制旋钮选定减速率后，防滞 / 自动刹车控制组件处理控制信号和监控自动刹车系统，如果条件满足，就输出控制信号到自动刹车压力控制组件。自动刹车压力控制组件接受液压 B 系统的压力，将调节好的压力输送到自动刹车的换向阀→正常防滞阀→液压保险→刹车换向阀→刹车作动筒。在自动刹车过程中，防滞刹车系统监控自动刹车压力，以防止拖胎。

3.7.1.5　停留刹车系统

若要保持住刹车状态，飞行员必须持续踩住刹车踏板，如果松开刹车踏板，刹车机构将在复位弹簧的作用下返回到松刹车的位置。停留刹车系统的功用是当飞机长时间在地面停留时，通过停留刹车系统将刹车机构保持在刹车位置，无须飞行员持续踩住刹车踏板。在飞机停留时，停留刹车系统使用正常刹车系统为主起落架提供刹车压力。

3.7.2　液压刹车系统主要部件

波音 737NG 飞机刹车系统的组成部件有刹车踏板共用机构、刹车钢索、刹车压力指示器、刹车计量阀、备用刹车压力选择阀、蓄压器隔离阀、蓄压器、蓄压器勤务组件、刹车液压保险、刹车换向阀、刹车盘组件、刹车释压阀，如图 3-7-3 所示。

3.7.2.1　刹车计量阀

刹车计量阀的作用是根据飞行员踩刹车的输入信号，调节压力口、回油口与刹车管路的沟通情况，从而输出与输入信号成正比的刹车压力。

（1）位置。两个刹车计量阀安装在主轮舱后部的顶棚上，如图 3-7-4 所示，刹车计

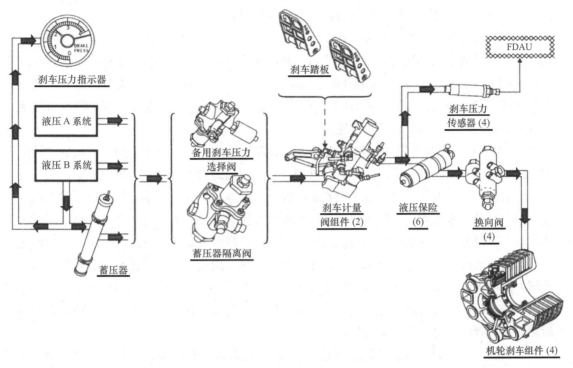

图 3-7-3　波音 737NG 飞机液压刹车系统

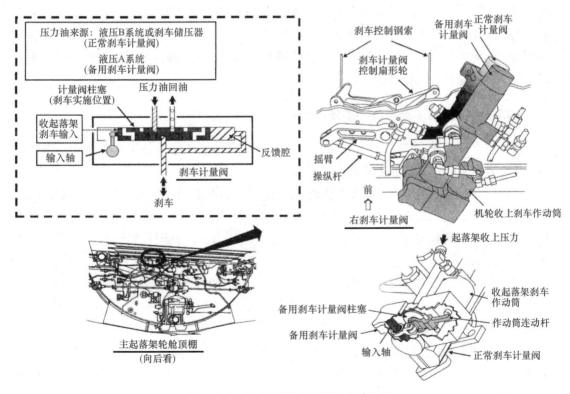

图 3-7-4　波音 737NG 飞机刹车计量阀

量阀之间是可互换的。计量阀包括正常刹车计量阀、备用刹车计量阀、收起落架刹车作动筒3个主要部件。正常和备用刹车计量阀使用共同的壳体组件连接在一起，并且使用共同的输入轴。收起落架刹车作动筒与备用刹车计量阀安装在一起。

（2）工作原理。在刹车计量阀组件上，正常和备用计量阀的结构基本上相同，两者共用一个壳体和输入轴。除收起落架刹车过程外，两个计量阀一般不同时工作。正常刹车计量阀使用液压B系统或蓄压器压力来进行正常的刹车。当液压B系统失效时，备用刹车计量阀使用液压A系统进行备用刹车。在起落架收上时，备用刹车计量阀获得来自起落架收上管路的压力，刹住转动的主轮。

1）正常和备用刹车程序。刹车蹬板通过钢索和连杆机构控制计量阀，踏板联动计量阀的输入轴。当输入轴转动时，同时移动两个计量阀内的滑阀。在刹车系统不工作时，计量阀的滑阀是由弹簧保持在"OFF"关断位置。当踩刹车踏板时，输入信号通过输入轴→复位弹簧（此时未压缩）→滑阀移动（复位弹簧被压缩）→压力油进入刹车管路，同时关闭回油口。部分压力油流过滑阀后，通过另一个通道流到反馈腔。反馈腔的压力产生恢复力，力图使滑阀伸出，使阀开度减小。此恢复力在刹车踏板上产生感觉力，且随刹车压力的增大而增大，当感觉力和飞行员操纵力相等时，阀门开度保持不变，刹车压力恒定。松开刹车踏板时，在反馈腔压力和复位弹簧的作用下，使滑阀伸出，关闭压力油路，打开回油路，刹车管中压力下降，从而解除刹车。

2）收起落架刹车系统。起落架收上时，收上管路通过起落架选择阀为收起落架刹车作动筒供压。收起落架刹车作动筒通过一个叉形的作动筒连杆控制备用刹车计量阀的滑阀。由于收起落架刹车作动筒与刹车计量阀的输入轴之间不联动，所以，也不联动刹车踏板。当踩刹车时，输入信号通过收起落架刹车作动筒→作动筒连杆→备用刹车计量阀的复位弹簧（此时未压缩）→滑阀移动（复位弹簧被压缩）→压力油进入刹车管路，同时关闭回油口，使主轮在进入轮舱前停转。

3.7.2.2 备用刹车选择阀和蓄压器隔离阀

备用刹车压力选择阀输送液压B系统或液压A系统到正常或备用刹车系统。当备用刹车系统有压力时，蓄压器隔离阀闭合，保持蓄压器压力。

（1）位置。两个阀门均为双位置阀，位于主轮舱顶棚，如图3-7-5所示。除备用刹车选择阀上多了一个压力电门外，两个阀的结构基本一样，可互换。备用刹车压力选择阀和蓄压器隔离阀均接受来自液压A和液压B系统的压力油，共同控制正常刹车系统和备用刹车系统的压力。

（2）备用刹车压力选择阀工作原理。当液压A和B液压系统压力均正常时，液压B系统的压力控制该阀使液压A系统的压力不能进入备用刹车系统，如图3-7-6所示。与此同时，备用刹车压力选择阀接受来自起落架收上管路的压力，在起落架收上时为备用刹车系统供压。

当液压B系统失效时，备用刹车压力选择阀作动，输出液压A系统压力，为备用刹车系统供压。当备用刹车系统获得压力时，备用刹车选择阀内的压力电门给防滞/自动刹车控制系统（AACU）和飞行数据记录器（FDAU）提供信号。

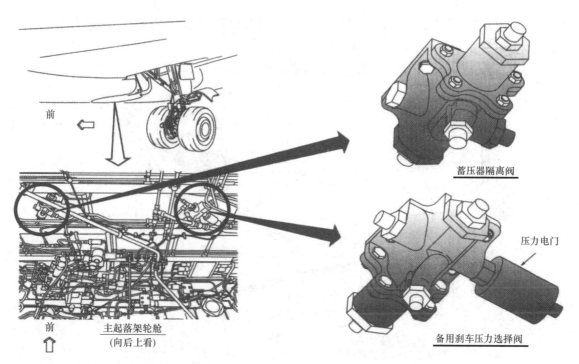

图 3-7-5　波音 737NG 飞机备用刹车选择阀和蓄压器隔离阀

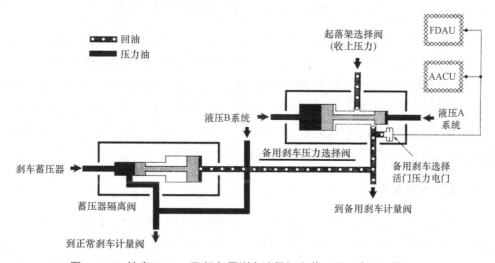

图 3-7-6　波音 737NG 飞机备用刹车选择阀和蓄压器隔离阀工作原理

（3）蓄压器隔离阀工作原理。当液压 B 系统不供压时，从备用刹车压力选择阀过来的压力作动隔离阀，将蓄压器压力与正常刹车系统隔离。当液压 A、B 系统都不供压时，由蓄压器的压力作动蓄压器隔离阀，蓄压器为正常刹车系统供压。

3.7.2.3　蓄压器

刹车蓄压器储存能量用于刹车，可减缓系统压力脉动，保证油液及时供往刹车装置，为正常刹车系统、停留刹车系统供压。

（1）位置。蓄压器位于右后翼身连接处，可以从翼身整流罩底部的铰链门接近。蓄压器勤务组件位于主起落架轮舱后壁板，如图 3-7-7 所示。蓄压器和勤务组件包含的主要部件有蓄压器充气阀、压力传感器、压力表和刹车压力释压阀。

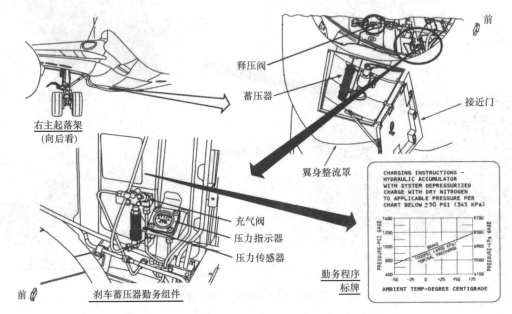

图 3-7-7　波音 737NG 飞机蓄压器和蓄压器勤务组件

（2）工作原理。蓄压器是活塞式储压器，一端充气，一端充油，可装 300 in³ 液压油，正常充气压力1000 Psi（25 ℃时），可充填干燥的氮气或空气。液压 B 系统为蓄压提供液压。

压力传感器传递压力信号给驾驶舱的压力指示表。主起落架轮舱内的压力表可以直接读出蓄压器的压力。充气阀和传感器旁有勤务介绍的标牌。蓄压器完全充压后，至少可以提供 6 次刹车或设置 8 h 的停留刹车。当蓄压器内的压力超过 3 500 Psi 时，释压阀打开释压，防止蓄压器损坏；当压力减到 3 100 Psi 以下时，释压阀自动关闭。

3.7.2.4 液压刹车保险

液压保险的作用是当液压管路的下游发生油液泄漏时切断液压，防止液压流失。整个刹车系统中共有 6 个液压保险，在正常刹车系统工作时，4 个液压保险保护 4 个正常刹车管路。在备用刹车系统工作时，两个液压保险分别保护对应主起落架的刹车管路。

正常刹车系统的 4 个液压保险位于主轮舱的后壁板，而备用刹车系统的两个液压保险位于主轮舱顶板的外侧，如图 3-7-8 所示。

该液压保险是容积式的，当 60 ~ 95 in³ 的流量流过液压保险时，保险关闭。在保险两端的压差减少到 0 ~ 30 Psi 时，液压保险复位。通过复位手柄也可以人工复位液压保险。按液压保险标牌所示方向转动复位手柄，可重置液压保险。保险关断没有可视指示。

3.7.2.5　刹车换向阀

刹车换向阀选择正常 / 自动刹车或备用 / 收起落架刹车中压力的最高值，并将液压压力输送至刹车装置进行刹车。

刹车换向阀是具有转换活塞和弹簧定位装置的非偏移往返阀，位于主轮舱顶板的外侧，如图 3-7-9 所示，阀门都是可互换的。当两个输入压力源之间的压差大于 80 Psi 时，换向阀作动到止动位置，将更高压力的管路连接到刹车管路上，同时将压力偏低的管路关闭。

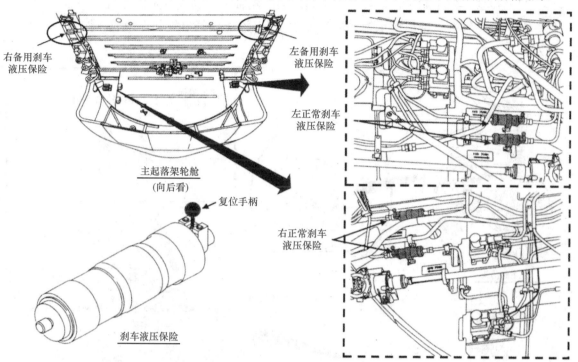

图 3-7-8　波音 737NG 飞机刹车液压保险

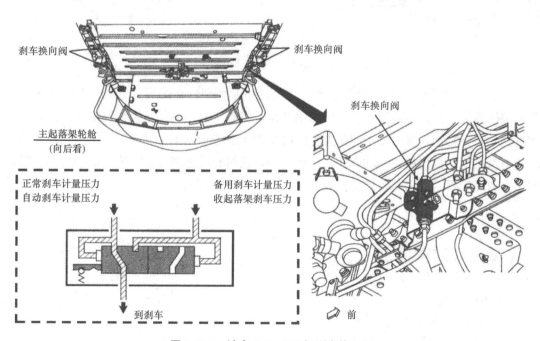

图 3-7-9　波音 737NG 飞机刹车换向阀

3.7.2.6 刹车组件

主起落架的机轮刹车是通过液压作动多盘式的刹车装置使着陆或滑行中的飞机减速或停止。

（1）位置。每个刹车盘都安装在主起落架的轮轴上。刹车盘是由静盘、动盘、压力盘、调节销、轴套、磨损指示销、刹车管路接头/液压放气口等部件组成，如图 3-7-10 所示。

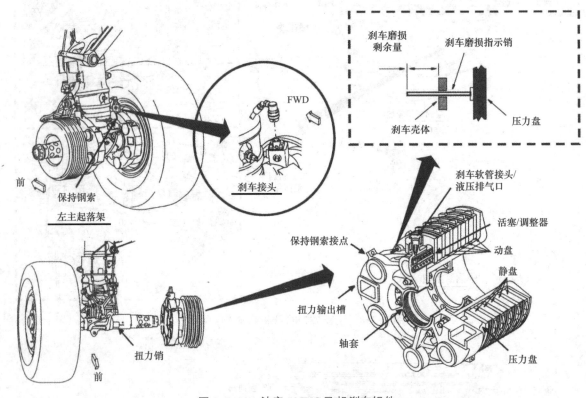

图 3-7-10　波音 737NG 飞机刹车组件

（2）工作原理。刹车轴套安装在可更换的主起落架轴套的衬套上。刹车组件上的扭力销定位槽与主起落架内筒底部的扭力销对接，将刹车时产生的扭矩传递给主起落架缓冲支柱。一条保持钢索将同侧主起落架上的两个刹车盘连接起来。刹车时，由刹车作动筒作动压力盘，压力盘将静盘和动盘压在一起，从而使机轮减速或停止下来。磨损指示销根据刹车盘的磨损程度自动调整长度。

【重点知识考核】

1. 考核要点

（1）液压刹车系统的工作原理。

（2）液压刹车系统的主要组成部件和工作原理。

2. 考核例题

（1）根据液压刹车系统原理图，说明液压刹车系统的工作原理。

（2）说明液压刹车系统的主要组成部件的作用及工作原理。

（3）填空题。

①现代民航飞机的刹车系统主要由正常刹车系统、备用刹车系统、_____系统、_____系统和_____系统 5 个分系统组成。

②_____系统通过监控机轮的减速率及控制刹车计量压力来防止机轮的打滑。

③_____的作用是根据飞行员踩刹车的输入信号，调节压力口、回油口与刹车管路的沟通情况，从而输出与输入信号成正比的刹车压力。

④刹车蓄压器储存能量用于刹车，可减缓系统_____，保证油液及时供往刹车装置，为正常刹车系统、停留刹车系统供压。

⑤_____的作用是当液压管路的下游发生油液泄漏时切断液压，防止液压流失。

04 气动元件选用及气动基本回路分析

任务 4.1 飞机蒙皮维修用气动剪板机气动系统分析

【学习目标】

1. 理解气动剪板机的工作原理;
2. 掌握气动系统的组成部分及主要功能;
3. 列举气压传动的优缺点及应用场景。

【情景引入】

在飞机维修工作中,经常要进行损伤蒙皮的修补更换工作(图 4-1-1),蒙皮更换时常常需要剪裁铝合金板材,借助气动剪板机能够极大提高工作效率。气动剪板机采用气缸作为剪切动力源,剪切快速、操作灵敏,整体结构科学、简单,特别适合作为铝合金板材剪切加工设备使用。那么,气动剪板机的内部结构是怎样的?它又是如何工作的呢?

图 4-1-1　损坏的飞机蒙皮

任务具体要求见表 4-1-1。

表 4-1-1　飞机蒙皮维修用气动剪板机气动系统分析任务单

项目四	气动元件选用及气动基本回路分析
任务 4.1	飞机蒙皮维修用气动剪板机气动系统分析
布置任务	
学习目标	1. 能够根据气动剪板机气动系统原理图说明气动剪板机气动系统工作原理； 2. 能够根据气动剪板机气动系统工作原理分析气动系统的组成部分及其功能； 3. 能够说明气压传动的优缺点
任务描述	根据气动剪板机气动系统原理图，说明气动剪板机气动系统的工作原理、组成部分及其功能
任务分析	根据提供的学习资源，分析气动剪板机气动系统的主要结构及工作原理，进而分析气动系统的组成部分及其功能

【相关知识】

4.1.1　气动剪板机气动系统的主要结构及工作原理

图 4-1-2 所示是气动剪板机气动系统工作原理。

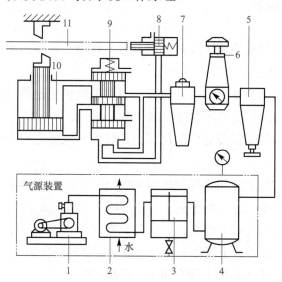

图 4-1-2　气动剪板机气动系统工作原理

1—空气压缩机；2—后冷却器；3—油水分离器；4—储气罐；5—分水滤气器；6—调压阀；
7—油雾器；8—行程阀；9—气控换向阀；10—气缸；11—工料

空气压缩机 1 产生的压缩空气经后冷却器 2、油水分离器 3、储气罐 4、分水滤气器 5、调压阀 6、油雾器 7 到气控换向阀 9，部分气体进入气控换向阀 9 的下腔，使上腔弹簧压缩，气控换向阀 9 的阀芯位于上端位置；大部分压缩空气经气控换向阀 9 后进入气缸 10 的上腔，而气缸的下腔经气控换向阀 9 与大气相通，故气缸活塞处于最下端位置。当上料装置把工料 11 送入剪切机并达到规定位置时，工料压下行程阀 8，此时气控换向阀 9 的阀芯下腔压缩空气经行程阀 8 排入大气，在弹簧的推动下，气控换向阀 9 的阀芯向下运动至下端；压缩空气则经气控换向阀9后进入气缸的下腔，上腔经气控换向阀9与大气相通，气缸活塞向上运动，带动剪刀上行剪断工料。工料剪下后，即与行程阀8脱开。行程阀8的阀芯在弹簧力作用下复位，压缩气体出路堵死，气控换向阀9阀芯上移，气缸活塞向下运动，又恢复到剪断工料前的状态。

通过对气动剪板机气动系统工作过程的分析可知，气压传动技术是以气体为工作介质来实现能量转换、传递和控制的传动方式。

气动系统工作原理图有直观性强、容易理解的优点，但图形比较复杂，绘制比较麻烦。图 4-1-3 所示是用图形符号绘制的气动剪板机气动系统工作原理。使用这些图形符号可使气动系统工作原理图简单、明了，且便于绘图。

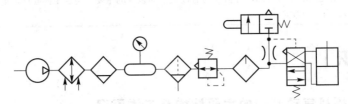

图 4-1-3　用图形符号绘制的气动剪板机气动系统工作原理

4.1.2　气动系统的组成

气动系统的组成及功能

通过对气动剪板机气动系统工作过程的分析，典型的气压传动系统一般由以下五部分组成：

（1）气源装置（气压发生装置）：气源装置将原动机输出的机械能转变为空气的压力能，如空气压缩机、储气罐等。

（2）执行元件：执行元件是将空气的压力能转变为机械能的能量转换装置，如气缸和气马达。

（3）控制元件：控制元件用来控制压缩空气的压力、流量和流动方向，以保证执行元件具有一定的输出力和速度并按程序正常工作，如压力阀、流量阀、方向阀等。

（4）辅助元件：辅助元件是对工作介质起到容纳、净化、润滑、消声和实现元件间连接等作用的装置，如过滤器、干燥器、消声器、油雾器和管件等。

（5）工作介质：气压传动的工作介质主要是指压缩空气。

4.1.3　气体的基本性质和状态变化

气压传动的工作介质主要是指压缩空气。由于空气的来源方便，用后排气处理简单，不污染环境等诸多优点，气压传动在机器设备上得到广泛的应用。因此，了解气体的基本性质和气体状态的变化，对于正确理解气压传动原理是必要的。

（1）空气的压力。空气由若干种气体混合组成，主要有氮气（N_2）、氧气（O_2）及少量的氩气（Ar）和二氧化碳（CO_2）等。空气中含有水蒸气，可以看作干空气与水蒸气的混合气体。

（2）空气的密度。单位体积空气的质量称为空气的密度。与液体不同，空气的密度与气体压力和温度都有关，压力增加，密度增加，而温度上升，密度减少。

（3）空气的湿度及含湿量。通常大气中的空气或多或少都含有水蒸气，湿空气是干空气和水蒸气的混合气体。在一定湿度下，含水蒸气越多，空气就越潮湿。用空气作为传动介质，其干湿程度对传动系统的工作稳定性和元件的使用寿命都有很大的影响，必须采取措施除去压缩空气中的水分。

湿空气所含水分的程度用湿度、含湿量和露点来衡量。未饱和空气，保持水蒸气压力不变而降低温度，使之达到饱和状态时的温度称为露点。温度降至露点温度以下时，湿空气便有水滴析出。采用降温法减少湿空气中的水分，就是利用此原理。

空气中的含湿量随温度变化而变化。气温上升时，其含湿量增加；气温下降时，含湿量下降；温度降至露点以下时，湿空气就有水滴析出。

（4）空气的压缩性和膨胀性。空气的体积受温度和压力的影响较大，有明显的可压缩性和可膨胀性，故不能将气体的密度视为常数。只有在某些特定的条件下，才能将空气看作是不可压缩的。

在工程中，管道内气体流速较低且温度变化不大，可将气体视为是不可压缩的，这样可以大大简化计算过程，其结果误差不大。但是，在气缸、气马达和某些气动元件中，气流速度很快，甚至达到或超过声速，则必须考虑气体的可压缩性和膨胀性。例如，在气缸的节流调速中，对进给速度的稳定性有要求时，应考虑气体的可压缩性；气马达做功时，应考虑气体的膨胀功。

4.1.4 气压传动的优缺点

4.1.4.1 气压传动的优点

（1）以空气为工作介质，来源方便，用后排气处理简单，不污染环境。

（2）由于空气流动损失小，压缩空气可集中供气，远距离输送。

（3）与液压传动相比，气动动作迅速、反应快、维护简单、管路不易堵塞，且不存在介质变质、补充和更换等问题。

（4）工作环境适应性好，可安全、可靠地应用于易燃易爆场所。

（5）气动装置结构简单、轻便、安装维护简单。压力等级低，故使用安全。

（6）空气具有可压缩性，气动系统能够实现过载自动保护。

4.1.4.2 气压传动的缺点

（1）工作介质易泄漏并且有较大的可压缩性，使传动比无法得到严格保证。

（2）由于气压元件对压缩空气要求较高，为保证气压元件正常工作，压缩空气必须经过良好的过滤和干燥才能使用，不得含有灰尘和水分等杂质。

（3）气压传动系统工作压力较低（一般为 0.4 ~ 0.8 MPa），输出力和传递的功率较小。

（4）气压传动系统的噪声大，高速排气时要加消声器。

（5）工作介质本身没有润滑性，需另设装置对气动元件进行给油润滑。

（6）工作过程中发生故障不易检查和排除。

【重点知识考核】

1．考核要点

（1）气动剪板机气动系统的工作原理。

（2）气动系统的组成部分及其功能分析。

2．考核例题

（1）气动系统包括哪些组成部分？各部分的功能分别是什么？

（2）气压传动技术有哪些优缺点？

任务 4.2　气源装置选用

【学习目标】

1. 识读空压机的工作原理图及图形符号；
2. 说明压缩空气的净化、贮存装置的种类、功能、工作原理及图形符号。

【情景引入】

气源装置是气动系统的动力元件，其作用是为气动设备提供符合需要的压缩空气，如图 4-2-1 所示。由于气压传动所需的压缩空气需要进行干燥净化处理，气源装置除气压发生装置外，还要配置气源处理装置。那么，空压站中的空压机是如何工作的？气源处理装置有哪些种类？它们的功能是什么？它们是如何工作的？各自有何特点？

(a)　　　　　　　　　　　　　　　　　　(b)

图 4-2-1　气源装置
（a）空压站；（b）空压机

任务具体要求见表 4-2-1。

表 4-2-1　气源装置选用任务单

项目四	气动元件选用及气动基本回路分析
任务 4.2	气源装置选用
布置任务	
学习目标	1. 掌握活塞式气泵的工作原理及图形符号； 2. 掌握常用气源处理装置的种类、功能、工作原理及图形符号
任务描述	1. 根据提供的气泵工作原理图，理解气泵的工作原理； 2. 根据提供的气源装置组成图，分析气源处理装置的种类； 3. 根据提供的各种气源处理装置的工作原理图，理解其工作原理及其功能
任务分析	根据提供的学习资源，分析气源装置的组成，理解气源处理装置的种类、功能、工作原理及图形符号

【相关知识】

　　气压传动系统所使用的压缩空气必须经过干燥和净化处理后才能使用，因压缩空气中含有水分、油污和灰尘等杂质，如果这些杂质进入管路系统，可能会造成不良的后果。所以，空气压缩机输出的压缩空气须经过冷却净化、稳压等处理后，再用管道送到用气车间供气动系统使用。根据气动系统对压缩空气品质的要求，一般气源装置的组成和布置如图 4-2-2 所示。

气源及气源处理装置

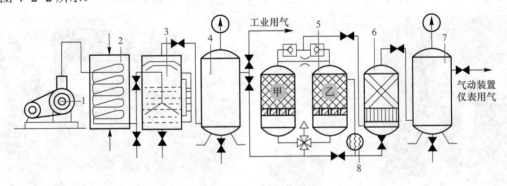

图 4-2-2　气源装置

1—空压机；2—后冷却器；3—油水分离器；4、7—储气罐；5—干燥器；6—过滤器；8—加热器

　　空气首先经过空压机吸气口的空气过滤器，过滤部分灰尘、杂质后进入空压机，由电动机驱动空压机产生压缩空气；压缩空气进入后冷却器 2，后冷却器的作用是将压缩空气的温度由 140 ℃～170 ℃降至 40 ℃～50 ℃，使压缩空气中的油雾和水汽迅速达到饱和而大部分析出，凝结成水滴和油滴；然后进入油水分离器 3，使大部分油滴、水滴和杂质从气体中分离出来；将得到初步净化的压缩空气送入储气罐 4，储气罐的作用是储存一定数量的压缩空气，调节用气量或作为应急动力源，消除压力脉动保证输出气流的连续性和平

稳性，进一步分离压缩空气中的油、水等杂质。对于要求不高的气压系统即可从储气罐 4 直接供气。上述初步净化系统又称一次净化系统。对仪表用气和质量要求较高的工业用气，则必须进行二次或多次净化处理，即将一次净化处理后的压缩空气送进干燥器 5，进一步除去气体中残留的水分和油分。系统中的两个干燥器甲和干燥器乙通过四通阀的转换而交替使用，其中闲置的一个利用加热器 8 吹入的热空气进行吸附剂的再生，以备接替使用。过滤器 6 的作用是进一步清除压缩空气中的灰尘杂质和油气、水气。经过这样处理的气体进入储气罐 7，就可以供给气动设备和仪表使用。

4.2.1　空压机

空气压缩机简称空压机，是气源装置的核心，它的作用是将原动机输入的机械能转化为压缩空气的压力能供给气动系统使用。气动系统中，一般多采用容积型空气压缩机。图 4-2-3 所示为容积型空压机的工作原理及图形符号。

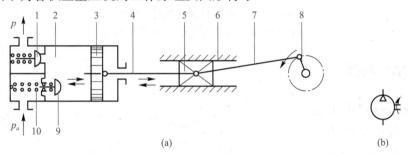

图 4-2-3　容积型空压机工作原理图及其图形符号
（a）工作原理；（b）图形符号
1—排气阀；2—气缸；3—活塞；4—活塞杆；5—十字头；
6—滑道；7—连杆；8—曲柄；9—吸气阀；10—弹簧

容积型空压机是通过曲柄连杆机构，将电动机的旋转运动转变为活塞的往复直线运动。当活塞 3 向右运动时，气缸 2 的容积增大，压力降低而形成局部真空，此时，排气阀 1 关闭，外界空气在大气压力的作用下推开吸气阀 9 而进入气缸，此过程称为吸气过程。当活塞向左运动时，气缸 2 的容积减小，空气受到压缩，其压力逐渐升高而将吸气阀关闭，当缸内压力升高到排气管路中的压力时排气阀被打开，气体被排出并经排气管输送到储气罐，这一过程称为压气过程。曲柄旋转一周，活塞往复运动一次，完成一个工作循环，压缩机就这样循环往复，不断产生压缩空气。

4.2.2　后冷却器

空压机输出的压缩空气温度可以达 120 ℃以上，空气中的水分完全呈气态。后冷却器的作用就是将空压机出口的高温空气冷却至 40 ℃以下，使压缩空气中的油雾和水汽迅速达到饱和而大部分析出，冷凝成水滴和油滴，以便经排水口排出。所以，后冷却器底部一般安装有手动或自动排水装置，对冷凝水和油滴等杂质进行及时排放。后冷却器安装在空压机排气口处的管道上。后冷却器分为风冷式和水冷式两大类，且都已形成系列产品。图 4-2-4 所示为后冷却器及其图形符号。

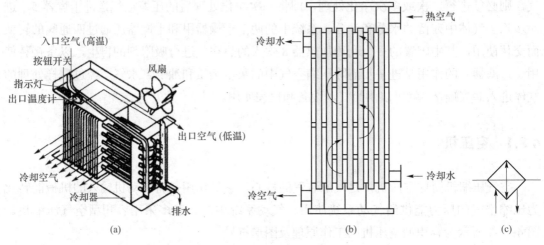

图 4-2-4　后冷却器及其图形符号
（a）风冷式；（b）水冷式；（b）图形符号

4.2.3　油水分离器

油水分离器的作用是分离压缩空气中凝聚的水分、油分和灰尘等杂质，使压缩空气得到初步净化。其结构形式有环形回转式、撞击并折回式、离心旋转式、水浴式，以及以上形式的组合式等。图 4-2-5 所示为撞击折回并环形回转式油水分离器及其图形符号。当压缩空气以一定的速度经输入口进入油水分离器壳体以后，气流先受到挡板的阻挡，被撞击而折回向下（见图中箭头所示流向）；之后又以一定速度上升并产生环形回转，最后从输出口排出。与此同时，在压缩空气中凝聚

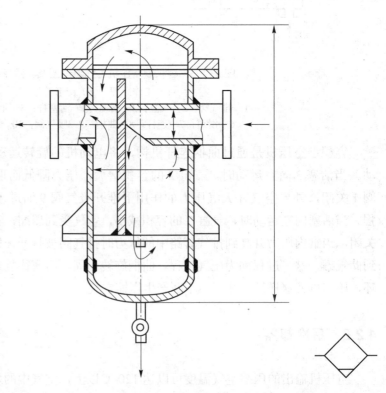

图 4-2-5　撞击折回并环形回转式油水分离器及其图形符号
（a）工作原理；（b）图形符号

的水滴、油滴等杂质，受惯性力的作用而分离析出，沉降于壳体底部，由放油水阀定期排出。

4.2.4 储气罐

储气罐的作用是用来储存一定量的压缩空气，一方面可解决短时间内用气量大于空压机输出气量的矛盾；另一方面可在空压机出现故障或停电时，作为应急气源维持短时间供气，以便采取措施保证气动设备的安全；消除空压机排气的压力脉动，保证输出气流的连续性和平稳性；进一步降低压缩空气温度，分离出压缩空气中的部分水分和油分。储气罐一般多采用焊接结构，有立式和卧式之分，图 4-2-6 所示为储气罐及其图形符号。

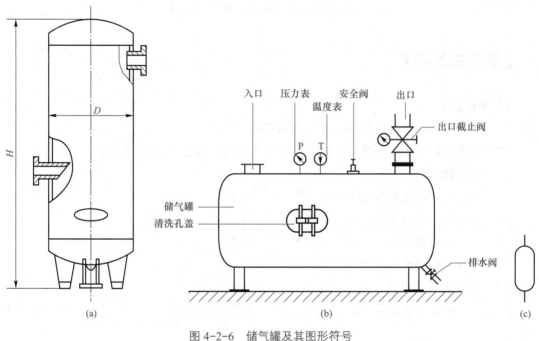

图 4-2-6　储气罐及其图形符号
（a）立式储气罐；（b）卧式储气罐；（c）图形符号

4.2.5 空气干燥器

空气干燥器的作用是进一步除去压缩空气中含有的水分，得到干燥压缩空气。干燥方法有吸附法、冷冻法、机械法、离心法。

（1）吸附法：利用具有吸附性能的吸附剂（如硅胶、活性氧化铝等）来吸附压缩空气中含有的水分而使其干燥。

（2）冷冻法：利用制冷设备将空气冷却到一定的露点温度，使空气中的水汽凝结成水滴并清除出去，从而达到所需的干燥度。一般 0.7 MPa 的压力下，露点温度为 2 ℃～ 10 ℃。图 4-2-7 所示为干燥器及其图形符号。

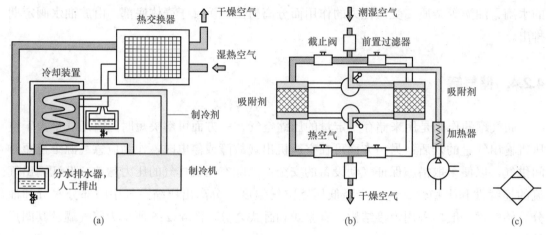

图 4-2-7　干燥器及其图形符号
（a）冷冻式干燥器；（b）吸附式干燥器；（b）图形符号

【重点知识考核】

1．考核要点

（1）容积型空压机的工作原理及其图形符号。

（2）后冷却器、油水分离器、储气罐的工作原理、功能及其图形符号。

2．考核例题

（1）常用气源处理装置有哪些？

（2）后冷却器的功能是什么？它有哪些类型？

（3）油水分离器的功能是什么？它有哪些类型？

（4）储气罐的功能是什么？它有哪些类型？

（3）填空题。

①气压传动的气源装置中，压缩空气净化装置有后冷却器、_____、储气罐、干燥器。

②空气压缩机简称气泵，是气源装置的核心，它将原动机输出的机械能转换为气体的_____能。

任务 4.3　气动执行元件及控制元件选用

1. 说明气动执行元件的种类、功能及图形符号；
2. 说明气动方向控制元件的种类、功能、工作原理及图形符号；
3. 说明气动压力控制元件的种类、功能、工作原理及图形符号；
4. 说明气动流量控制元件的种类、功能、工作原理及图形符号。

【情景引入】

飞机上广泛使用气动系统，如飞机着陆抛减速伞（图 4-3-1）就是典型的气动系统。那么，气动系统中气动执行元件、气动控制元件都有哪些种类？其工作原理和图形符号是怎样的？

图 4-3-1　飞机着陆抛减速伞

任务具体要求见表 4-3-1。

表 4-3-1　气动执行元件及控制元件选用任务单

项目四	气动元件选用及气动基本回路分析
任务 4.3	气动执行元件及控制元件选用
布置任务	
学习目标	1. 掌握气动执行元件的种类、功能及图形符号； 2. 掌握气动控制元件的种类、功能、工作原理及图形符号
任务描述	根据提供的气动执行和控制元件工作原理图，理解其工作原理、功能特点及图形符号
任务分析	根据提供的学习资源，分析常用气动执行元件、控制元件的种类、功能、工作原理及图形符号

【相关知识】

按运动方式的不同，气动执行元件可以分为气缸、气动马达。气缸是气动系统中使用最多的一种执行元件。

4.3.1　气缸

气缸用于实现直线往复运动，输出力和直线位移，按结构不同可分为活塞式气缸、柱塞式气缸、叶片式气缸、膜片式气缸及气－液阻尼缸等；按压缩空气作用在活塞端面上的方向不同，可分为单作用气缸和双作用气缸。气缸的工作原理和液压缸基本相同。图 4-3-2 所示为常见活塞式气缸及其图形符号。

气缸

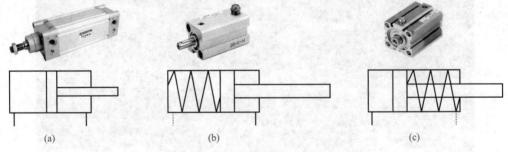

(a)　　　　　　　　(b)　　　　　　　　(c)

图 4-3-2　常见活塞式气缸及其图形符号
（a）双作用气缸；（b）单作用气缸（弹簧压出型）；（c）单作用气缸（弹簧压回型）

4.3.2　气动马达

气动马达输出力矩，拖动机构作旋转运动。气动马达按结构形式可分为：叶片式气动马达、活塞式气动马达和齿轮式气动马达等。最为常见的是活塞式气动马达和叶片式气动马达。图 4-3-3 为常用气动马达的图形符号。

气动系统的控制元件主要是用来控制和调节压缩空气的方向、压力和流量，按其作用和功能可分为方向控制阀、压力控制阀和流量控制阀。气动控制阀在功用和工作原理等方面与液压控制阀相似，仅在结构上有所不同。

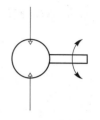

图 4-3-3　常用气动马达图形符号

4.3.3　气动方向控制阀

气动方向控制阀控制压缩空气的流动方向或控制气流的通与断，从而控制执行元件的启动、停止和运动方向。分为单向型控制阀和换向阀两类。

4.3.3.1　气动单向型控制阀

气动单向型控制阀有单向阀、梭阀、双压阀等。

1．气动单向阀

气动单向阀的工作原理、结构和用途与液压单向阀基本相同，用来控制气流只能一个方向流动而不能反向流动。其结构和符号如图 4-3-4 所示。

2．气动梭阀

气动梭阀是两个单向阀的组合，其作用相当于"或"。图 4-3-5 所示为梭阀的工作原理和符号图。从 P_1 进气时，阀芯被推向右边，P_1 与 A 相通，气流从 P_1 进入 A 腔，如图 4-3-5（a）所示；反之，从 P_2 进气时，阀芯被推向左边，P_2 与 A 相通，于是，气流从 P_2 进入 A 腔，如图 4-3-5（b）所示；当 P_1、P_2 同时进气时，哪端压力高，A 就与哪端相通，另一端就自动关闭。图 4-3-5（c）所示为图形符号。

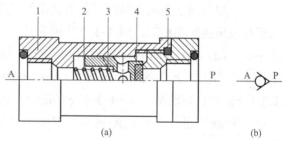

图 4-3-4　气动单向阀结构图和图形符号

（a）单向阀结构图；（b）图形符号

1—阀体；2—阀芯；3—弹簧；4—密封垫；5—密封圈

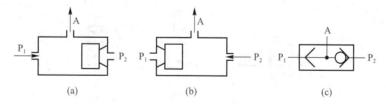

图 4-3-5　梭阀的工作原理图和图形符号

（a）P_1 进气；（b）P_2 进气；（c）图形符号

3．气动双压阀

气动双压阀是两个单向阀的组合，其作用相当于"与"。图 4-3-6 所示为双压阀的工作原理。当 P_1 进气时，阀芯被推向右边，A 无输出，如图 4-3-6（a）所示；当 P_2 进气时，阀芯被推向左边，A 无输出，如图 4-3-6（b）所示；当 P_1 与 P_2 同时进气时，A 有输出，如图 4-3-6（c）所示，若两端气体压力不等时，则气压低的通过 A 输出。图 4-3-6（d）

所示的是双压阀的符号。

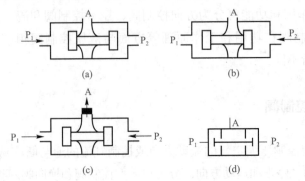

图 4-3-6 双压阀的工作原理和图形符号

（a）P_1 进气；（b）P_2 进气；（c）P_1、P_2 双向进气；（d）图形符号

4.3.3.2 气动换向阀

气动换向阀是利用主阀阀芯的运动而使气流改变运动方向的，其分类、工作原理和功用都与液压换向阀相同，图 4-3-7 所示为几类不同控制方式的换向型控制阀的图形符号。图 4-3-7（a）所示为两位三通单气控换向阀，图 4-3-7（b）所示为两位五通双气控换向阀，图 4-3-7（c）所示为两位三通单电控换向阀（直动型），图 4-3-7（d）所示为两位五通双电控换向阀（直动型），图 4-3-7（e）所示为两位五通双电控换向阀（先导型），图 4-3-7（f）所示为两位三通行程控制换向阀，图 4-3-7（g）所示为两位五通手拉换向阀（钢球定位式）。

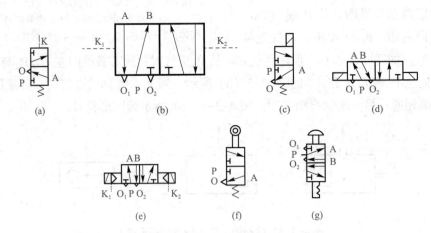

图 4-3-7 常用气动换向阀图形符号

（a）两位三通单气控换向阀；（b）两位五通双气控换向阀；（c）两位三通单电控换向阀（直动型）；
（d）两位五通双电控换向阀（直动型）；（e）两位五通双电控换向阀（先导型）；
（f）两位三通行程控制换向阀；（g）两位五通手拉换向阀（钢球定位式）

4.3.4 气动压力控制阀

气动压力控制阀与液压控制阀在工作原理及分类方法上基本相同，根

气动压力控制阀

226

据功用不同，可分为气动减压阀、气动溢流阀、气动顺序阀等。

4.3.4.1 气动减压阀

气动减压阀又称气动调压阀，其作用是降低和调节压缩空气压力，并保持出口压力稳定。图4-3-8所示为气动减压阀及其图形符号。

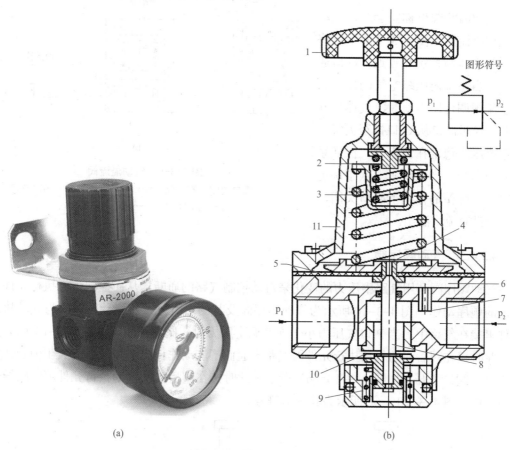

图 4-3-8 气动减压阀及其图形符号
（a）实物；（b）工作原理图及图形符号
1—调节旋钮；2、3—调压弹簧；4—溢流口；5—膜片；
6—气室；7—阻尼孔；8—阀杆；9—复位弹簧；10—阀口；11—外壳

当顺时针旋转调节旋钮1，经调压弹簧2、3推动膜片5下凹，首先关闭溢流口4，随着膜片5和阀杆8下移，打开进气阀口10，压缩空气通过阀口10的节流作用，使输出压力低于输入压力，这就是减压作用。在压缩空气从输出口输出的同时，有一部分气流经过阻尼孔7进入膜片气室6，在膜片5的下方产生一个向上的推力，当此力与弹簧向下的作用力平衡时，进气节流阀口通流面积就稳定在某一值上，减压阀就有一个确定的压力值输出。如果输入压缩空气的压力升高，瞬间输出压力也随之升高，膜片气室内的压力也升高，破坏了原有的平衡，使膜片5上移，同时阀芯在复位弹簧9的作用下也随之上移，进气阀口10开度减小，即节流阀口通流面积减小，节流能力增强，压缩空气输出压力下降，使膜片两端作用力重新平衡，输出压力恢复到接近原来的调定值。

反之，输入压缩空气压力下降时，进气节流阀口开度增大，节流作用减小，输出压力上升，通过反馈，使输出压力稳定地接近原来的调定值。当输入压缩空气压力低于调定值时，减压阀不起作用。

4.3.4.2　气动溢流阀

气动溢流阀也称安全阀，直动式气动溢流阀如图4-3-9所示。将溢流阀P口与系统相连通，O口通大气，当系统内压缩空气的压力大于溢流阀调定压力值时，气体推开阀芯，经过阀口从O口排至大气，使系统压力稳定在调定值，保证系统安全运行。当系统压力低于调定值时，在弹簧的作用下阀口关闭，排气口没有流量溢出。

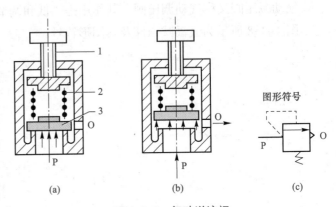

图4-3-9　气动溢流阀
（a）阀口关闭状态；（b）阀口开启状态；（c）图形符号
1—调节螺钉；2—弹簧；3—阀芯

4.3.4.3　气动顺序阀

气动顺序阀利用气路中压力的变化来自动控制气路的通断，从而控制多个执行元件按一定的顺序动作。图4-3-10所示为气动顺序阀及其图形符号。将气动顺序阀与气动执行元件串接在气路中，当P口气压力小于弹簧调定压力时，阀口关闭，如图4-3-10（a）所示，此时接在阀后面的气动执行元件因气路不通而不能动作；当P口气压力大于弹簧调定压力时，阀口全开，如图4-3-10（b）所示，此时接在阀后面的气动执行元件因气路导通开始动作。图4-3-10（c）所示为其图形符号。

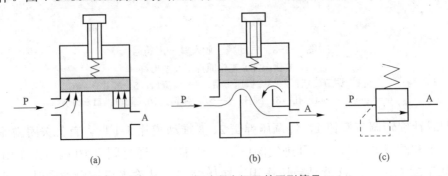

图4-3-10　气动顺序阀及其图形符号
（a）阀口关闭；（b）阀口全开；（c）图形符号

4.3.5　气动流量控制阀

气动流量控制阀的作用是通过改变阀的通流面积来实现流量控制，从而改变执行元件的运动速度。气动流量控制阀可分为节流阀、单向节流阀、排气节流阀等。

气动流量控制阀

228

4.3.5.1 节流阀

气动节流阀的工作原理和液压节流阀基本相同，是通过改变其阀口的过流面积大小来调节输出流量的，气动节流阀工作原理图及图形符号如图4-3-11所示。

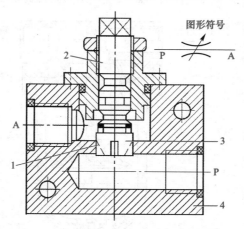

图4-3-11 气动节流阀工作原理及图形符号
1—阀座；2—调节螺杆；3—阀芯；4—阀体

4.3.5.2 单向节流阀

气动节流阀一般与单向阀组成单向节流阀使用。图4-3-12所示为单向节流阀。当压缩空气正向流动时（P → A），单向阀在弹簧和气压作用下关闭，气流经节流阀的节流口后从A口流出；而当气流反向流动时（A → O），单向阀被气体推开，大部分气体从阻力小、通流面积大的单向阀流过，较少部分气体经节流口流过，汇集于O口排出。

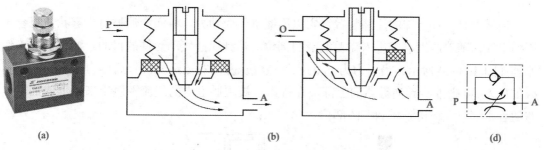

(a) (b) (d)

图4-3-12 单向节流阀
（a）实物；（b）工作原理；（c）图形符号

4.3.6 气动三联件

气动三联件是气动系统中不可缺少的辅助装置，它由分水滤气器、调压阀（减压阀）、油雾器组成。

4.3.6.1 分水滤气器
分水滤气器的作用是滤除压缩空气中的水分、灰尘、油滴和杂质，达到系统所要求的净化程度。图 4-3-13 所示为分水滤气器。其工作原理：压缩空气从输入口进入后，被引入旋风叶子 1，旋风叶子上有许多成一定角度的缺口，迫使空气沿缺口的切线方向高速旋转，这样夹杂在压缩空气中的较大水滴、油滴和灰尘等便依靠自身的惯性与存水杯 3 的内壁碰撞，并从空气中分离出来沉到杯底，而灰尘、杂质则由滤芯 2 滤除。

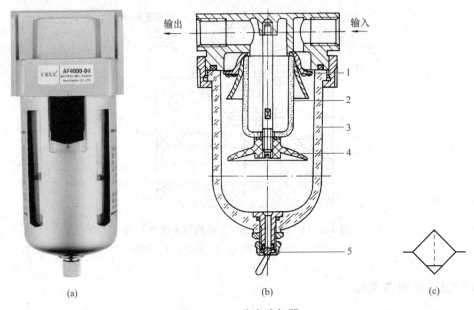

图 4-3-13　分水滤气器
（a）实物；（b）原理；（b）图形符号
1—旋风叶子；2—滤芯；3—存水杯；4—挡水板；5—排水阀

4.3.6.2　油雾器

油雾器是一种特殊的注油装置，它以压缩空气为动力，将润滑油喷射成雾状并混合于压缩空气，随着压缩空气进入需要润滑的部位，达到润滑气动元件的目的。油雾器的工作原理如图 4-3-14 所示。当压力为 p_1 的压缩空气从左向右流经文氏管后压力降为 p_2，p_1 和 p_2 的压差 Δp 把油吸到油雾器的上部，在排出口被主通道中的气流引射出来，形成油雾，并随着压缩空气输送到需润滑的部位。

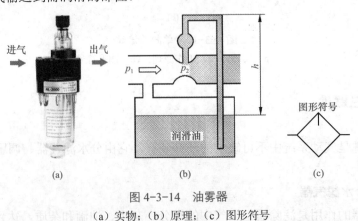

图 4-3-14　油雾器
（a）实物；（b）原理；（c）图形符号

分水滤气器、调压阀、油雾器一起被称为气动三联件，是气动系统中不可缺少的辅助装置。其外形图和图形符号如图 4-3-15 所示。气体只能从分水滤气器进，通过调压阀调整压力后经油雾器输出，气体不能反向流动。

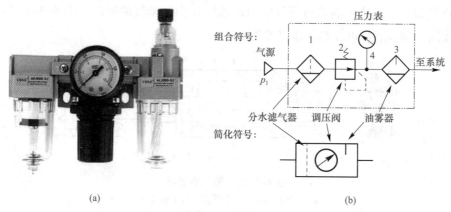

(a)　　　　　　　　　　　　　(b)

图 4-3-15　气动三联件
（a）实物；（b）图形符号

4.3.7　消音器

　　在气动系统中，当压缩空气直接从气缸或换向阀排向大气时，较高的压差使气体速度很高，产生强烈的排气噪声，一般可达 100 ~ 120 dB，对人体的健康造成危害，并使作业环境恶化。为了消除或减弱这种噪声，应在气动装置的排气口安装消声器。消声器是一种能阻碍声音传播而让气流通过的、防治空气动力性噪声的主要设备。图 4-3-16 所示为吸收型消声器，利用吸声材料（玻璃纤维、毛毡、泡沫塑料、烧结材料等）来降低噪声，当气流通过消声罩 1 时，气流受阻，可使噪声降低 20 dB 左右。

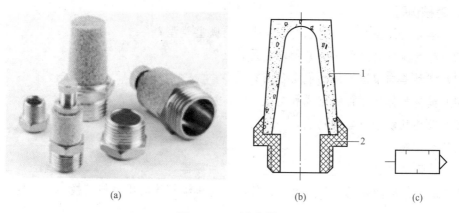

(a)　　　　　　　　　　(b)　　　　　　　　(c)

图 4-3-16　消声器
（a）实物；（b）原理图；（c）图形符号
1—消声罩；2—壳体

4.3.8 排气节流阀

排气节流阀的工作原理与节流阀相同，只是其被安装在元件的排气口处，直接拧在换向阀的排气口上，用来控制执行元件的运动速度并降低排气的噪声。图 4-3-17 所示的是排气节流阀，调节旋柄可控制气体排放速度。

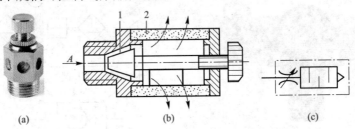

图 4-3-17　排气节流阀
（a）实物；（b）工作原理；（c）图形符号
1—节流口；2—消声套

【重点知识考核】

1．考核要点

（1）气缸的种类及其图形符号。

（2）气动单向阀的功能及图形符号。

（3）气动换向阀的种类及图形符号。

（4）气动溢流阀、气动减压阀的功能及图形符号。

（5）气动节流阀、气动单向节流阀的功能及图形符号。

（6）气动三联件的组成、功能及图形符号。

（7）气动消声器的功能及图形符号。

2．考核例题

（1）单作用活塞气缸的功能有何特点，有哪些类型？

（2）气动减压阀（调压阀）的功能是什么？

（3）气动单向节流阀的功能是什么？

（4）简述气体三联件的组成和功能。

（5）简述气动消声器的功能。

（6）填空题。

①气动三联件包括_____、_____、油雾器。

②气缸、气动马达属于气动执行元件，它将压缩气体的压力能转换为_____。

（7）选择题。

③气体在气动三联件中流动，顺序正确的是（　　）。

    A．分水滤气器→调压阀→油雾器　　B．油雾器→分水滤气器→调压阀

    C．调压阀→油雾器→分水滤气器　　D．油雾器→调压阀→分水滤气器

任务 4.4　气动基本回路分析

【学习目标】

1. 说明气动基本回路的种类及功用；
2. 分析气动系统各控制回路的工作原理、作用及工作过程。

【情景引入】

图 4-4-1 所示为工件夹紧气动控制系统原理。任何一个气动系统，都是由一些基本回路组成。那么，工件夹紧气动控制系统包含哪些基本回路？它们分别用来实现哪些功能？

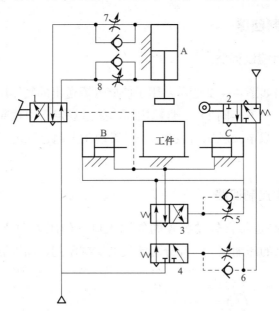

图 4-4-1　工件夹紧气动控制系统原理图

1、3、4—二位四通换向阀；2—二位三通换向阀；5、6、7、8—单向节流阀

任务具体要求见表 4-4-1。

表 4-4-1　气动基本回路分析任务单

项目四	气动元件选用及气动基本回路分析
任务 4.4	气动基本回路分析

	布置任务
学习目标	1. 掌握气动基本回路的种类； 2. 掌握气动方向控制回路组成及工作原理； 3. 掌握气动压力控制回路组成及工作原理； 4. 掌握气动速度控制回路组成及工作原理
任务描述	根据提供的气动系统工作原理图，分析气动系统基本回路及其功能
任务分析	根据提供的学习资源，分析常用气动基本回路的组成、工作原理及特点

【相关知识】

所谓气动基本回路就是由一定的气动元件所构成的用来完成特定功能的典型回路。熟悉和掌握这些回路的组成、工作原理和性能，是分析和设计气动系统的重要基础。气动基本回路按功能可分为气动压力控制回路、气动方向控制回路、气动速度控制回路等。

4.4.1 气动压力控制回路

气动压力控制回路

4.4.1.1 一次压力控制回路

一次压力控制回路如图 4-4-2 所示，用于使储气罐送出的气体压力不超过规定压力。通常在储气罐上安装一只安全阀 1，一旦罐内压力超过规定压力就通过安全阀向外放气。也常在储气罐上安装一只电接触压力表 2，一旦罐内压力超过规定压力时，就控制压缩机断电，不再供气。

4.4.1.2 二次压力控制回路

二次压力控制回路是每台气动装置的气源入口处的压力调节回路。如图 4-4-3 所示，从压缩空气站出来的压缩空气，经分水滤气器、减压阀、油雾器出来后供给气动设备使用。

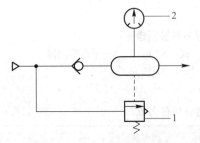

图 4-4-2　一次压力控制回路
1—安全阀；2—电接触压力表

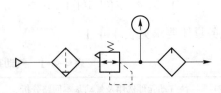

图 4-4-3　二次压力控制回路

4.4.2 气动方向控制回路

气动方向控制回路是用来控制系统中执行元件启动、停止或改变运动方向的回路。常用的是换向回路。

4.4.2.1 单作用气缸换向回路

图 4-4-4 所示为二位三通电磁换向阀控制的单作用气缸换向回路。当电磁阀断电时，气缸活塞杆在弹簧力的作用下，处于缩进状态；当电磁阀通电时，气缸活塞杆在压缩空气作用下，向右伸出。

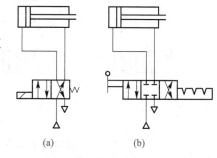

图 4-4-4　单作用气缸换向回路

4.4.2.2 双作用气缸换向回路

图 4-4-5 所示为用电磁换向阀控制的双作用气缸换向回路。

4.4.3 气动速度控制回路

气动速度控制回路

气动速度控制回路是调节和变换气动执行元件运动速度的回路。

图 4-4-5　双作用气缸的换向回路

4.4.3.1 单向调速回路

图 4-4-6（a）所示为进气节流调速回路，图 4-4-6（b）所示为排气节流调速回路。两者都是由单向节流阀控制其进气或排气量，以此来控制气缸的运动速度的。

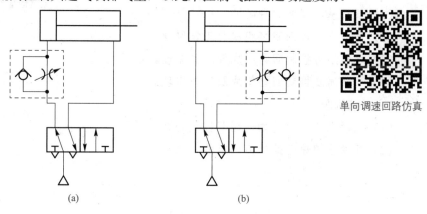

单向调速回路仿真

图 4-4-6　单向调速回路
（a）进气节流调回路；（b）排气节流调速回路

4.4.3.2 双向调速回路

在气缸的进、排气口均设置单向节流阀，气缸活塞两个方向上的运动速度都可以调节。图 4-4-7（a）所示为进气节流调速回路，图 4-4-7（b）所示为排气节流调速回路。

4.4.3.3　速度换接回路

速度换接回路用于执行元件快慢速之间的换接。图 4-4-8 所示为二位二通行程阀控制的速度换接回路。当三位五通电磁阀左端电磁铁通电时，气缸左腔进气，右腔直接经过二位二通行程阀排气，活塞杆快速前进，当活塞杆带动撞块压下行程阀时，行程阀关闭，气缸右腔只能通过单向节流阀再经过电磁阀排气，排气量受到节流阀的控制，活塞运动速度减慢，从而实现速度的换接。

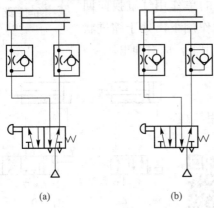

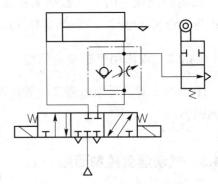

图 4-4-7　双向调速回路
（a）进气节流调速回路；（b）排气节流调速回路　　　图 4-4-8　速度换接回路

【重点知识考核】

气动其他基本回路　双向调速回路仿真

1．考核要点

（1）气动基本回路的种类。

（2）气动方向控制回路组成及工作原理。

（3）气动压力控制回路组成及工作原理。

（4）气动速度控制回路组成及工作原理。

2．考核例题

（1）气动系统压力是如何调节控制的？

（2）气动系统速度是如何调节的？

典型飞机气动系统分析

任务 5.1　飞机供气系统分析

【学习目标】

1. 辨认供气系统的内部主要组成部分；
2. 说明供气系统的工作原理。

【情景引入】

气动系统，在飞机上通常称为冷气系统（又称为压缩空气系统，以下都称为冷气系统）。它是利用压缩空气膨胀推动部件进行工作的。冷气系统由供气部分和传动部分组成。传动部分包括机轮正常刹车、应急刹车、应急放下起落架等部分。

任务具体要求见表 5-1-1。

表 5-1-1　飞机供气系统分析任务单

项目五	典型飞机气动系统分析
任务 5.1	飞机供气系统分析
布置任务	
学习目标	1. 能根据飞机供气系统工作原理图列举供气系统的主要部件； 2. 能根据飞机供气系统工作原理图描述供气系统工作原理
任务描述	根据飞机供气系统原理图，说明供气系统的主要组成及工作原理
任务分析	根据提供的学习资源，分析供气系统的主要组成，进而理解气压传动的工作原理

5.1.1 供气部分的组成及工作原理

供气部分用来储存一定体积和一定压力的冷气（干燥空气或者氮气），并向各传动部分供气。供气部分的冷气存储在冷气瓶内，冷气消耗之后由地面冷气瓶或冷气车补充。

供气部分冷气的做功能力的大小，取决于冷气瓶的容积与充气的压力。在冷气瓶容积已定的情况下，冷气做功能力只决定于充气压力。因此，应经常保持冷气系统的充气压力符合规定。

5.1.1.1 组成

供气部分由冷气瓶、冷气滤、充气嘴、50减压器、单向活门、充气开关、压力表等组成（图5-1-1）。

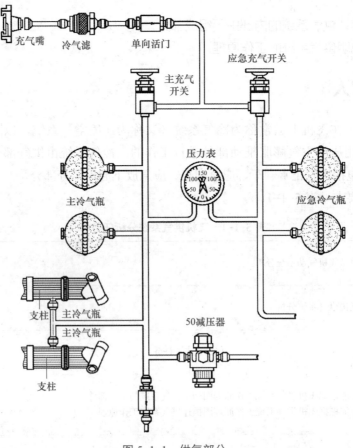

图 5-1-1 供气部分

5.1.1.2 工作气路

充气时，打开主充气开关和应急充气开关，地面冷气瓶或冷气车内的冷气经充气嘴、冷气滤和单向活门后分两路：一路经主充气开关进入主冷气瓶；另一路经应急充气开关进入应急冷气瓶。

主冷气瓶和应急冷气瓶的压力由座舱右操纵台上的双针压力表指示。左指针指示主冷气瓶压力，右指针指示应急冷气瓶压力。主冷气瓶和应急冷气瓶的充气压力为 11 ～ 13 MPa。

5.1.1.3　其他附件

（1）冷气瓶。各冷气瓶的充气压力、容积、位置和所存储冷气的用途见表 5-1-2。

表 5-1-2　冷气瓶

名称	数量	充气压力 /MPa	每个冷气瓶的容积 /L	所存储的冷气的用途
球形主冷气瓶	2	11 ～ 13	2	刹车、防冰，向减速伞冷气瓶补充冷气等
支柱主冷气器瓶	2	11 ～ 13	2.2	
应急冷气瓶	2	11 ～ 13	1.3	应急放下起落架和应急刹车

（2）50 减压器（KJY-8A）。为了储存足够的冷气，主冷气瓶内的气压要大，但有些传动部分使用的气压较小。为了解决这个矛盾，供气部分设置了减压器。它能将冷气瓶输出的高压冷气减压到 50^{+7}_{-3} kg/cm^2（≈ $5^{+0.7}_{-0.3}$ MPa）后输出。

1）构造。50 减压器的构造如图 5-1-2 所示，由壳体、进气活门组、调压组和安全活门等组成。

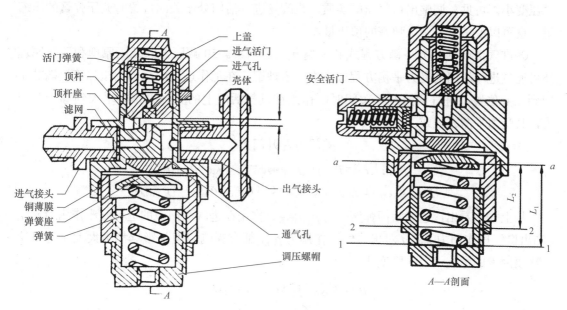

图 5-1-2　50 减压器

壳体上有进气接头、出气接头、安全活门。进气接头处有一个带铜丝滤网的垫片，安全活门安装处有放气孔。

239

进气活门组由活门座、活门、活门弹簧、弹簧座和上螺盖组成。

调压组由调压弹簧、弹簧座、调压螺母、保险螺母、两个顶杆、顶杆座和两片铜薄膜组成。

安全活门组由活门、活门座、弹簧、调压螺母和保险螺母等组成。

2）工作原理。

①减压工作原理。减压器出口气压小于 50^{+7}_{-3} kg/cm^2（$\approx 5^{+0.7}_{-0.3}$ MPa）时，调压弹簧通过顶杆将进气活门顶开，高压冷气可经过气孔进入出口管路。随着高压冷气不断进入，出口气压逐渐升高，薄膜上的气压作用力也逐渐随之加大，调压弹簧逐渐被压缩，进气活门在活门弹簧作用下逐渐关小。当调压弹簧上端被压下 a-a 位置、进气活门刚好关闭时，高压不能再进入，出口压力便不再增大，其正常值为 $5^{+0.7}_{-0.3}$ MPa。

如果传动部分消耗冷气，出口气压降低，薄膜上的气压作用力便随之减小，调压弹簧又会伸张，将进气活门顶开，高压冷气又从进气孔进入，直至出口气压恢复到 $5^{+0.7}_{-0.3}$ MPa 时，进气活门重新关闭。

由上可知，减压器减低出口气压的实质是利用出口气压本身来自动控制进气活门的开、闭，从而使出口气压保持在一个稳定的数值上。

②出口气压的调整原理。从减压器工作原理中可以看出，保持出口气压一定的条件是：进气活门处于关闭位置，也就是调压弹簧上端处于 a-a 位置。因此，如果将调压螺母向里拧进一些（如图 5-1-2 中将调压螺母由 1-1 位置拧到 2-2 位置），则作用在薄膜上的冷气作用力把调压弹簧上端压下到 a-a 位置，就需要多压缩一些调压弹簧（图 5-1-2 中调压弹簧长度 $L_2 < L_1$），出口气压也就必然会大一些。反之，将调压螺母拧出一些，出口气压变小。可见，调整出口气压的实质，是改变进气活门处于关闭位置时调压弹簧的压缩量，也可以说是改变调压弹簧的预压量。

③进气活门的受力平衡方程式和影响 $p_{出口}$ 的因素。50 减压器的减压原理和调压原理还可通过进气活门的受力平衡方程式来进一步理解。在工作过程中，当调压弹簧上端被压回到 a-a 位置、进气活门刚好关闭时，作用在进气活门上的关门力正好增大到等于开门力，其受力平衡方程式：

$$关门力 = 开门力$$

$$p_{出口} F_{薄膜} + p_{出口} f + p_{活门弹簧} = p_{调压弹簧} + p_{进口} f$$

$$p_{出口} F_{薄膜} + p_{出口} f + p_{活门弹簧} = C（\delta_{预压} + \delta_{活门}）+ p_{出口} f$$

从上式中看出，进气活门弹簧张力 $p_{活门弹簧}$、作用在进气活门上的进口气压作用力 $p_{出口} f$ 和出口气压作用力 $p_{出口} f$ 对出口气压作用力 $p_{出口}$ 都有影响，但是影响都不太大。忽略这些次要因素的影响，上式则变成

$$p_{出口} F_{薄膜} \approx C（\delta_{预压} + \delta_{活门}）$$

$$p_{出口} \approx \left(\frac{C\delta_{活门}}{F_{薄膜}} + \frac{C\delta_{预压}}{F_{薄膜}} \right)$$

式中　$p_{出口}$——减压器的稳定出口压力；

　　　$F_{薄膜}$——铜薄膜的有效面积；

$p_{调压弹簧}$——进气活门关闭时的调压弹簧张力（忽略了次要因素的影响）；

$\delta_{活门}$——进气活门的最大开度也即关闭进气活门过程中调压弹簧压缩量的增量；

C——调压弹簧的刚度系数。

从平衡方程式中看出，$F_{薄膜}$、C、$\delta_{活门}$都是 50 减压器的构造参数，对于一个已制造好的减压器来说它是常数。所以，$p_{出门}$只随$\delta_{预压}$成正比，但当$\delta_{预压}=0$ 时，$p_{出口}=\dfrac{C\delta_{活门}}{F_{薄膜}}$，如图 5-1-3 所示。

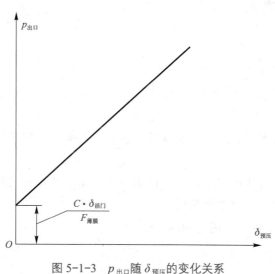

图 5-1-3　$p_{出口}$随$\delta_{预压}$的变化关系

C——调压弹簧的刚度系数

④安全活门的工作。安全活门用来防止出口气压过大，以保证系统安全。当减压器进气活门不密封或调压弹簧的预压量调得过大，使出口气压超过 $6^{+1.5}_{-0.2}$ MPa 时，安全活门被顶开，出气接头后的部分冷气从放气孔放出，出口气压就不再上升。安全活门工作压力不符合规定值时，可以拧动安全活门的调压螺帽进行调整。

3）减压器常见故障。

①减压器漏气。漏气的主要原因是进气活门胶垫损坏。这种情况下，即使进气活门关闭了，高压冷气仍可不断地经进气孔流向出口，使出口气压不断升高，当出口气压超过 $6^{+1.5}_{-0.2}$ MPa 时，冷气便顶开安全活门跑掉，直至主冷气瓶或应急冷气瓶内的冷气压力下降到 $6^{+1.5}_{-0.2}$ MPa 为止。另外，如果铜薄膜破裂，主冷气瓶或应急冷气瓶内的冷气将从减压器调压螺母下端中心孔全部跑光。

②减压器不供气。这种故障多发生在冬季，主要原因是冷气中有水分，在低温条件下，水分容易在进气接头滤网和进气孔处结冰堵塞气路，所以，充气时要尽量避免水分进入系统。

5.1.2　气动系统的特点

由于冷气和油液的性质不同，冷气系统与液压系统相比，具有以下一些特点：

（1）冷气黏度小，流动阻力小，能够迅速膨胀，因此传动动作迅速，但系统不易密封，而且在传动动作终止时，机件会产生较大的撞击；

（2）冷气中含有水分，低温时容易结冰，使附件、管路堵塞；

（3）冷气系统没有回路，因而管路比液压系统简单。

了解冷气系统这些特点，有利于理解冷气系统的组成及其附件的构造、工作原理，从而采取正确措施，认真做好维护工作。

【重点知识考核】

1. 考核要点

（1）供气部分的主要部件。

（2）50 减压器的工作原理分析。

2. 考核例题

（1）根据供气部分原理图，说明供气部分的主要组成及工作原理。

（2）判断题。

①减压器减低出口气压的实质是，利用出口气压本身来自动控制进气活门的开、闭，从而使出口气压保持在一个稳定的数值上。（　　）

②50 减压器的正常输出气压为 50 MPa。（　　）

任务 5.2　飞机气压刹车系统分析

【学习目标】

1. 辨认飞机气压刹车系统的主要组成部分；
2. 说明飞机气压刹车系统的工作原理。

【情景引入】

飞机在着陆滑跑过程中（图 5-2-1），刹车压力必须根据外界条件的变化而随时调节；飞机在地面转弯时，还需要控制左右机轮的刹车压力差。可见，刹车部分的中心问题就是调节刹车压力。那么，应如何调节刹车压力？

图 5-2-1　正在降落的飞机

任务具体要求见表 5-2-1。

表 5-2-1　飞机气压刹车系统分析任务单

项目五	典型飞机气动系统分析
任务 5.2	飞机气压刹车系统分析
布置任务	
学习目标	1. 能根据气压刹车系统工作原理图列举气压刹车系统的主要部件； 2. 能根据气压刹车系统工作原理图描述气压刹车工作原理
任务描述	根据气压刹车系统原理图，说明气压刹车系统的主要组成及工作原理
任务分析	根据提供的学习资源，分析气压刹车系统的主要组成，进而理解气压传动的工作原理

5.2.1 正常刹车部分的主要组成及工作原理

刹车部分用来控制机轮刹车装置的工作，由正常刹车和应急刹车两部分组成（图5-2-2）。

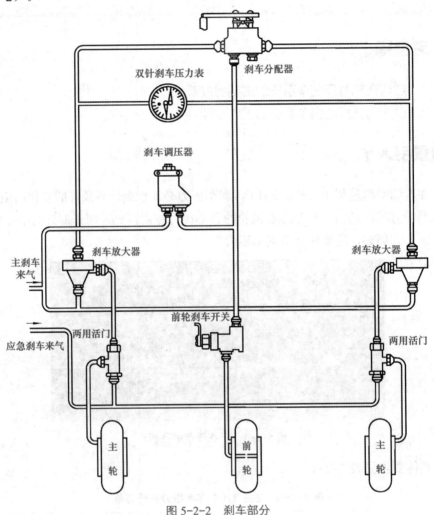

图 5-2-2　刹车部分

5.2.1.1　组成与工作概况

正常刹车部分由刹车调压器、刹车分配器、刹车放大器、前轮刹车开关等组成。

未刹车时，刹车调压器处于关闭状态，刹车放大器也处于关闭状态，因此由50减压器来的冷气不能进入正常刹车管路。

握刹车手柄时，通过刹车钢索传动，操纵刹车调压器工作，从50减压器来的冷气就经刹车调压器、刹车分配器进入左右刹车放大器的操纵腔。于是，刹车放大器打开，从

50 减压器来的冷气又可经刹车放大器、放气活门和两用活门进入左、右主轮刹车盘。

刹车压力的大小决定于握刹车手柄的轻重程度。握刹车手柄越重，经刹车调压器输入到刹车放大器操纵腔的气压——操纵压力越大，通过刹车放大器输入主轮刹车盘的刹车气压也越大。由于刹车放大器的放大作用，后者约为前者的 1.5 倍。刹车压力表指示的压力实际上是刹车放大器的操纵压力，最大为（10.5±0.5）kg/cm^2［≈（1.05±0.05）MPa］，这时主轮刹车盘内的刹车压力为（16±1）kg/cm^2［≈（1.6±0.1）MPa］。

如果未蹬踏板，由刹车分配器通往左、右主轮刹车放大器的操纵压力相等，因此，左、右主轮刹车盘内的刹车压力也相等，飞机在地面不转弯。如果踏板偏离中立位置一定角度，则左、右刹车放大器的操纵压力不等，左、右主轮刹车盘内的刹车压力也不相等，就可使飞机在地面转弯。

打开前轮刹车开关，握刹车手柄时，从刹车调压器出来的冷气还可经前轮刹车开关、前轮放气活门去前轮刹车盘刹车。

松开刹车手柄时，刹车放大器操纵腔的冷气从刹车调压器放出，主轮刹车盘内的冷气一般从刹车放大器放出，前轮刹车盘内的冷气从刹车调压器放出，使机轮解除刹车。

5.2.1.2　刹车调压器

（1）功用。控制刹车盘的进气和放气，并可根据握刹车手柄的轻重程度来调节刹车压力的大小（简称调压）。

（2）位置、组成和基本工作原理。刹车调压器装在座舱内中心机构的前部，其基本组成如图 5-2-3 所示。

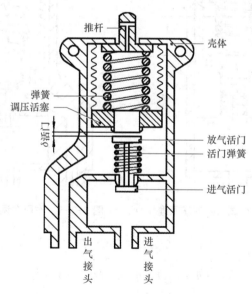

图 5-2-3　刹车调压器的基本组成

不刹车时，在活门弹簧力作用下，进气活门处于关闭位置，放气活门处于打开位置，出气接头经放气活门与大气相通，刹车放大器操纵腔压力为零，刹车盘内刹车压力为零。

1）握刹车手柄刹车时，刹车调压器的工作。握刹车手柄时，推杆向下推调压弹簧，使调压活塞向下移动，首先消除调压活塞与放气活门之间的间隙 $\delta_{活门}$、关闭放气活门，随后压开进气活门。于是，冷气从进气接头进入刹车调压器，并从出气接头输往刹车放大器操纵腔。

随着冷气不断输入，出口气压逐渐增大。调压活塞在冷气作用力推动下逐渐向上移动，压缩调压弹簧。与此同时，放气活门、进气活门在活门弹簧作用下跟着调压弹簧一起向上移动，进气活门便逐渐关小。当调压活塞被推回到 a—a 位置，进气活门刚好关闭时（图5-2-4），冷气不再进入刹车调压器，出口压力不再升高。这时，放气活门并未打开，所以刹车放大器能保持一定的操纵压力，从而使刹车盘内保持一定的刹车压力。

2）为什么到刹手柄握得越重，刹车压力越大。从上述工作原理中可以看出，保持刹车压力一定的条件：进气活门和放气活门都处于关闭位置，也就是调压活塞处于 a—a 位置。因此，如果推杆向下移动的距离增大一些（如图5-2-4中推杆由1—1位置下移至2—2位置），则从开始刹车到进气完毕、进气活门刚好关闭，即冷气作用力把调压活塞推回到 a—a 位置时，就需要多压缩一些调压弹簧（图5-2-4中调压弹簧长度 $L_2 < L_1$），这时需要的气压也就要大一些。可见，刹车手柄握得越重，刹车调压器的出口气压越大，刹车盘保持的气压必然越大。

当调压活塞被推回到 a—a 位置，进、放气活门都关闭时，调压活塞处于受力平衡状态，这时作用在调压活塞上的力（图5-2-5）为

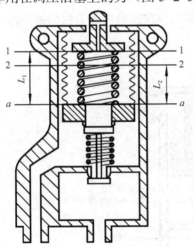

图5-2-4　刹车调压器调压原理

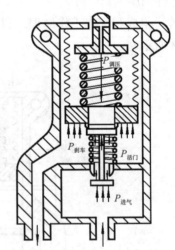

图5-2-5　作用在调压活塞上的力

$$p_{调压} = p_{出口}F + p_{活门} + p_{进气}f$$

$$C(h - \delta_{活门}) = p_{出口}F + p_{活门} + p_{进气}f$$

$$p_{出口} = \frac{Ch}{F} - \frac{C\delta_{活门}}{F} - \frac{p_{活门} + p_{进气}f}{F}$$

式中　$p_{出口}$——刹车调压器的稳定出口压力；

　　　　F——调压活塞的有效面积；

　　　　C——调压弹簧的刚度系数；

h——推杆的进入量；

$\delta_{活门}$——放气活门最大开度，即推杆进入时的空移行程；

$p_{活门}$——活门弹簧张力；

$p_{进气}f$——作用在进气活门上的进口气压作用力。

以上式可以看出，握刹车手柄调节刹车调压器的 $p_{出口}$ 时，$p_{出口}$ 只与推杆进入量 h 中消除了 $\delta_{活门}$、且使调压活塞克服了两个关门力（$p_{活门}+p_{进气}f$）之后的剩余部分（$h-\delta_{活门}-\dfrac{p_{活门}+p_{进气}f}{C}$）成正比例的增大（图 5-2-6）。

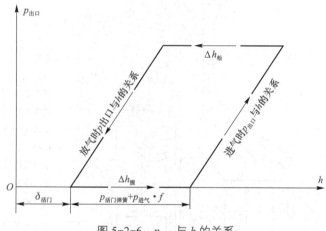

图 5-2-6 $p_{出口}$ 与 h 的关系

3）放松刹车手柄减轻刹车或解除刹车时，刹车调压器的工作。放松刹车手柄减轻刹车时，调压弹簧张力减小，冷气作用力向上推动调压活塞，打开放气活门。刹车放大器操纵腔的部分冷气，即返回刹车调压器，经放气活门从推杆处放出，刹车盘内的部分冷气则从刹车放大器放出。刹车压力因而减小。当冷气压力减小到作用在调压活塞上的力量重新平衡时，调压活塞又回到 a—a 位置，放气活门关闭。此时，刹车放大器的操纵压力减小到一定数值，刹车盘内的气压即保持为一个较小的数值。

松开刹车手柄解除刹车时，调压弹簧张力消失，冷气作用力向上推动调压活塞，打开放气活门，刹车放大器操纵腔的冷气全部返回刹车调压器放出，刹车盘内的冷气则全部返回刹车放大器放出，刹车压力减小到零。

（3）刹车调压器的构造。刹车调压器的不灵敏范围过大，会影响刹车的准确性。为了减小不灵敏范围，在构造上把进气孔的面积尽量做得小一些，并采用了张力较小的活门弹簧，以减小在调压活塞与活门座之间转移的两个关门力。但是，减小进气孔面积以后，又带来了新的矛盾。它会使进气的流量减小，降低刹车的传动速度。为了解决这个矛盾，刹车调压器装有大小两个进气活门，而且为了在解除刹车时能够迅速放气，还装有大小两个放气活门，其构造如图 5-2-7 所示。下面着重说明它的进气、放气工作。

未握刹车手柄时，大进气活门在其活门弹簧和进口处冷气压力作用下处于关闭位置，小进气活门和小放气活门用活门杆连在一起，并套有活门弹簧，活门弹簧一端顶在大进气活门上，另一端顶在小放气活门上，小进气活门在其活门弹簧和进口处气压作用下处于关闭位置；大放气活门在其活门弹簧和密封套弹力作用下在最上位置（由衬筒限动）靠在调压活塞上处于关闭位置，只有小放气活门处于打开位置，使出气接头与大气相通。

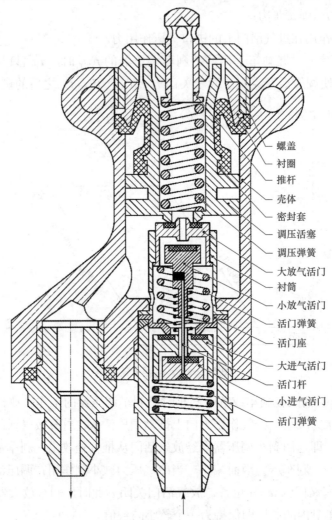

图 5-2-7　刹车调压器

螺盖
衬圈
推杆
壳体
密封套
调压活塞
调压弹簧
大放气活门
衬筒
小放气活门
活门弹簧
活门座
大进气活门
活门杆
小进气活门
活门弹簧

握刹车手柄时，推杆不断向下移动去推动调压弹簧。首先，克服大放气活门弹簧的张力，使调压活塞、大放气活门向下移动，关闭小放气活门；然后，经过小放气活门、活门杆去推开小进气活门，当活门杆传递的力能够克服活门弹簧的张力和进口气压作用在小进气活门上的力时，小进气活门随即被推开进气，保证了刹车调压器进气灵敏，然而小进气活门的面积很小，所以进气量很小。随着推杆向下移动，活门杆传递的力增加，当活门杆传递的力能够克服大进气活门弹簧张力和进口气压作用在大进气活门上的力时，活门杆即可推开大进气活门，使出口气压迅速增大，刹车盘内的冷气压力也迅速增大。随着出口气压的增大，作用在调压活塞上的冷气作用力增大，调压弹簧不断被压缩，调压活塞向上移动，4 个活门跟随上移。当调压活塞被压回到 a—a 位置时，大、小进气活门先后关闭停止进气，出口气压不再增大而保持一个定值，刹车盘内的刹车压力也保持一个定值。

慢松刹车手柄时，调压弹簧缓慢放松，出口气压作用力推调压活塞和大放气活门上移，打开小放气活门放气，小放气活门保证刹车调压器放气灵敏。当出口气压作用力减小到与调压弹簧张力平衡时，调压活塞回到 a—a 位置，关闭小放气门停止放气，出口气压不再下降而保持在一个较小的数值上。快松刹车手柄时，调压弹簧迅速放松，出口气压作用力推调压活塞上移，首先打开小放气活门放气，由于小放气活门来不及放气，出口气压作用力还可将调压活塞再继续上推，打开大放气活门迅速放气，随着出口气压作用力的迅速下降，调压弹簧又反向推调压活塞首先关闭大放气活门，当出口气压作用力减小到与调压弹簧张力平衡时，调压活塞回到 a—a 位置，关闭小放气活门停止放气。松开刹车手柄解除刹车时，调压弹簧张力迅速减小到零，出口气压作用力推动调压活塞和大放气活门上移，先后打开小、大气活门迅速放气，当刹车放大器操纵腔内大部分冷气放出后，调压弹簧在密封套弹力作用下移动关闭大放气活门，刹车放大器操纵腔内余下的冷气继续从小放气活门放出。

5.2.1.3 刹车分配器

刹车分配器由踏板操纵，它的功用：根据飞行员的操纵，将从刹车调压器来的冷气按不同的压力分配到两边刹车放大器操纵腔，使两边刹车盘的气压形成差值，以控制飞机在地面转弯和修正飞机滑跑方向。它安装在座舱前部底板上，中心机构的左前方。

（1）构造。刹车分配器由壳体、放气活塞、密封橡皮套、活门、活门弹簧、摇臂、杠杆和弹簧筒等组成（图 5-2-8）。

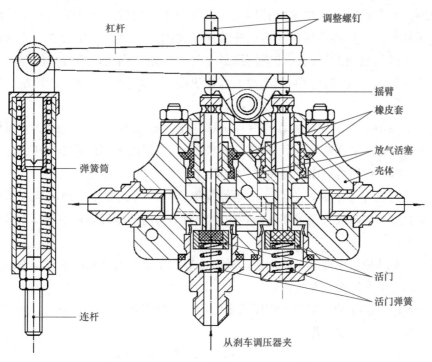

图 5-2-8　刹车分配器

壳体内有两个气室，左气室通右刹车放大器，右气室通左刹车放大器。交叉通气的目的是使飞机在地面转弯与空中飞行弯的操纵动作一致。

杠杆通过弹簧筒与踏板相连。弹簧筒连杆上的螺母已经调好，保证连杆在弹簧筒内无轴向活动间隙，而且弹簧略有一点预压。

杠杆上有一对调整螺钉，调整螺钉与摇臂有一定间隙，这个间隙与活门、活门座之间的间隙一起，保持杠杆在偏离中立位置不超过 15° 时，两边刹车放大器操纵压力相等，从而保证左、右主轮刹车盘内的气压相等，以免在滑行中，由于飞行员无意中踩踏板而引起飞机转弯。放气活塞上的橡皮套起密封作用。

（2）工作原理。

1）双刹车。踏板踩平（或偏转角度不大，带杠杆偏离中立位置不超过 15°）握刹车手柄时，经刹车调压器调压后的冷气，从刹车分配器的进气接头进入，经过左右两边主轮同时刹车。这时，两边刹车压力相等，飞机只减速，不会在地面转弯。放气活塞在冷气压力作用下，向上运动定制摇臂，由于放气活塞的活塞杆较长，两边活门与活塞杆接触时关闭其下端的放气口，但不与活门座接触使（进气）活门不能关闭。

松开刹车手柄时，刹车放大器操纵腔内的冷气从原路返回，并从刹车调压器放出，两主轮刹车盘的冷气即从左右刹车放大器放出，解除刹车。

从上述工作中可以看出，双刹车时，刹车分配器只起一个三向接头的作用。即

$$p_{右操} = p_{左操} = p_{调压器}, \quad \Delta p_{操} = p_{左操} - p_{右操} = 0,$$

$$p_{右刹} = p_{左刹}, \quad \Delta p_{刹} = p_{左刹} - p_{右刹} = 0$$

2）先踩踏板（>15°，带动杠杆偏离中立位置 >15°）、再握刹车时的单刹车。例如，踩右踏板时，弹簧筒带动杠杆逆时针转动，握住刹车手柄后，冷气进入刹车分配器；将右边放气活塞顶起，使右边活门与活门座接触而关闭进气口；而左边放气活塞由于被摇臂压下其活塞杆仍然顶开活门，使它继续处于打开状态。因此，冷气只能经过左边放气活塞下部的气室，进入到右边的刹车放大器操纵腔，使右边主轮刹车，控制飞机在地面向右转弯。

在上述工作中，左放气活塞在冷气压力作用下，要顶着摇臂沿顺时针方向转动。但是，摇臂转动时要压缩弹簧筒内的弹簧，而且右边活门下面还作用着冷气压力，所以左放气活塞下面的冷气作用力通常不能将右边的活门顶开。这样，冷气也就不能进入左边的刹车放大器。松开刹车手柄时，右刹车放大器操纵腔的冷气经原路返回，从刹车调压器放出，这就使右边的刹车放大器关闭；而右边主轮刹车盘内的冷气则从右刹车放大器放出，从而解除刹车。

同理，踩左踏板后再握刹车手柄时，只有左边刹车放大器操纵腔进气，左边主轮刹车盘进气刹车，飞机在地面向左转弯。

总之，在这种情况下，从刹车调压器来的冷气，只能到一边刹车放大器的操纵腔，使一边主轮刹车盘进气刹车。即

$$p_{右（左）操} = p_{调压器}, \quad p_{左（右）操} = 0, \quad \Delta p_{操} = p_{调压器}$$

$$p_{右（左）刹} \neq 0, \quad p_{左（右）刹} = 0, \quad \Delta p_{刹} = p_{右（左）刹}$$

3）先握刹车手柄、再踩踏板（>15°）双刹车改单刹车。

①踩踏板（>15°）怎样使一边刹车放大器操纵腔和主轮刹盘放气形成压力差？在两

边机轮已经刹车的情况下踩踏板，使杠杆偏离中立位置超过 15°，刹车分配器可以放出一边刹车放大器操纵腔的冷气，以控制飞机在地面转弯。例加握刹车手柄后踩右踏板，弹簧筒带动杠杆沿逆时针方向旋转。这时，左放气活塞被压下，仍然接通右边刹车放大器的气路。右放气活塞被放松，在冷气压力作用下向上运动，右边的进气活门在弹簧的作用下，随着向上移动而关闭。此后，由于右放气活塞在冷气作用下继续向上运动，其下端便于活门离开。这样，左边刹车放大器操纵腔的冷气就经过右放气孔放出，操纵压力降低，左刹车盘气压随之减小，左、右刹车放大器操纵腔形成操纵压力差，从而使两边主轮刹车盘之间形成刹车压力差。

如果踩下踏板后，杠杆偏离中立的角度超过 15° 不多，左边刹车放大器操纵腔的冷气不会全部放出。因为在放气的同时，作用在右放气活塞下面的气压逐渐减小，左放气活塞在原有的气压作用下，要顶着摇使杠杆沿顺时针方向旋转，压下右放气活塞，同时压缩弹簧筒内的弹簧。

当杠杆被推回到平衡位置 a—a（杠杆偏离中立位置约 15°）、即右放气活塞下移到与活门相接触（即关闭放气口）时，左边刹车放大器操纵腔即停止放气，气压不再降低，这时左、右刹车放大器操纵腔内和左、右主轮刹车盘内的冷气均保持一个稳定的压力差，使飞机在地面向右转弯。

同理，先握刹车手柄，再踩左踏板，弹簧筒内的弹簧也会受压缩，刹车分配器也要如上述原理一样工作。

②两边刹车放大器操纵腔内和两边主轮刹车盘内冷气压力差的调节。左、右刹车放大器操纵压力差和左、右主轮刹车压力差的大小与踩踏板的角度有关。踏板带动杠杆偏离中立的角度超过 15° 越多（如图 5-2-9 中，由 1—1 踩到 2—2 位置），当放气活塞下端放气口回到与活门相接触的位置时，即杠杆返回到 15° 平衡位置（a—a）时，弹簧筒内的弹簧压缩得越多，一边刹车放大器操纵腔内的气压降低得越多。因此，左、右刹车放大器操纵压力差越大，左、右主轮刹车压力差越大。踩踏板的角度增大到一定程度时，一边刹车放大器操纵腔的冷气便会全部放出，操纵压力降低到零，从而使这边刹车压力也降低到零。此时，两边刹车放大器操纵压力差和两边主轮刹车盘内刹车压力差达到最大值。

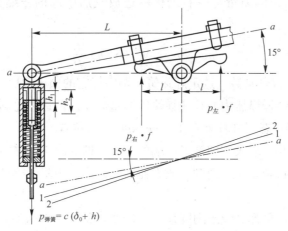

图 5-2-9　杠杆的平衡情况

③解除刹车时，操纵压力较大一边刹车放大器的冷气从刹车调压器放出，操纵压力较小一边放大器的冷气从刹车分配器放出。

总之，在双刹车改单刹车的情况下，一边刹车放大器操纵腔的冷气压力仍然等于刹车调压器的出口压力；踩踏板前已进入另一边刹车放大器操纵腔内的冷气由于从刹车分配器放出，其操纵压力要小于刹车调压器的出口压力，或者减小到零。即

$$p_{右(左)操}=p_{调压器}, \quad p_{左(右)操}<p_{调压器}$$

$$\Delta p_{操}=p_{右(左)操}-p_{左(右)操}=p_{调压器}-p_{左(右)操}$$

$$\Delta p_{操最大}=p_{调压器}$$

$$\Delta p_{刹}=p_{右(左)刹}-p_{左(右)刹}, \quad \Delta p_{刹最大}=p_{右(左)刹}$$

弹簧筒的功用就在于它可以随踏板角度的大小，来控制放出一边刹车放大器操纵腔的冷气压力。以控制左右刹车放大器的操纵压力差，进而控制左右主轮刹车盘的刹车压力差。

④平衡方程式。先握刹车手柄，再踩踏板双刹车改单刹车的工作，可以通过它的平衡方程来做进一步的理解。下面仍以蹬右脚蹬为例来说明。

在握刹车手柄后踩右踏板放出左边刹车放大器冷气的过程中，当右放气活塞下端放气口被压下到与右活门接触、停止放气时，杠杆回到$15°(a—a)$位置，作用在杠杆上的力矩是处于平衡状态的，其平衡方程式（不计活门通过放气活塞传给杠杆的力）为

$$p_{右操}fl-p_{左操}fl=p_{弹簧}L=C\delta L$$

式中 $p_{右操}$、$p_{左操}$——右边和左边刹车放大器的操纵压力；

f——放气活塞的有效面积；

$p_{弹簧}$——弹簧筒内弹簧的张力；

C——弹簧筒内弹簧的刚度系数；

δ——弹簧筒内弹簧的压缩量。

化简移项后，即得

$$p_{右操}-p_{左操}=C\delta\frac{L}{fl}$$

弹簧压缩量是预先压缩量与踩右踏板一边放气后引起的压缩量 h 之和，故上式可写成

$$p_{右操}-p_{左操}=C(\delta_0+h)\frac{L}{fl}$$

上式中，f、l、L 都是常数，选定好弹簧并调整好它的预压量后，C、δ_0 也是一定的。因此，两边刹车放大器操纵压力差只随弹簧压缩量而变，两边主轮刹车压力差也只随压缩量 h 而变。由于平衡状态下杠杆处在 $15°(a—a)$ 倾斜位置，弹簧一端的位置是一定的，所以，压缩量 h 的大小，取决于弹簧另一端的位置，即取决于踩踏板的角度。角度越大，弹簧筒内的弹簧压缩得越多，一边刹车放大器内的操纵压力降低得越多，左、右主轮的刹车压力差越大。

在使用过程中，如果弹簧疲乏刚度系数 C 减小，则将踏板踩到同样角度时，左、右刹车的压力差要比正常小，可能导致余气故障。维护工作中，发现此现象，可在弹簧筒内适

当加装垫圈增大弹簧的预压量 δ_0，来弥补弹簧刚度系数 C 的减小，即使 $C(\delta_0+h)$ 与正常情况下一致。

5.2.1.4　刹车放大器

刹车放大器用来加速刹车和解除刹车的动作，并按比例放大刹车分配器调节的出口压力。

（1）组成。刹车放大器由壳体、橡皮薄膜、调压活塞、放气活门、进气活门和弹簧等组成（图 5-2-10）。

（2）工作原理。不刹车时，调压活塞与放气活门之间保持一定的间隙。刹车盘通大气（图 5-2-11）。

刹车时，冷气经刹车调压器和刹车分配器，从刹车放大器的上部接头进入操纵腔（图 5-2-12），推动薄膜，使调压活塞向下移动，首先关闭放气活门，然后再打开进气活门。于是，供气部分由经过 50 减压器减压后输出的冷气，从刹车放大器下部接头进入，经过进气活门和侧边接头通往刹车盘内刹车。随着刹车压力逐渐增大，作用在调压活塞下部的冷气作用力也不断增大，推动调压活塞向上运动，使进气活门随之关小；当刹车压力增大到一定程度时，进气活门关闭，这样刹车盘内便保持一定的气压。当进气活门关闭时，作用在调压活塞上的各个力是平衡的。如果不考虑弹簧张力和摩擦力等因素的影响，此时上下橡皮薄膜上的冷气作用力相等，即

$$p_下 f_下 = p_上 f_上$$

即

$$p_下 = \frac{f_上}{f_下} p_上$$

式中　$f_上$、$f_下$——分别为上下橡皮薄膜的面积；

　　　$p_上$、$p_下$——分别表示调压活塞上下的冷气压力。

由于上部橡皮薄膜的面积约为下部橡皮薄膜面积的 1.5 倍，即 $\frac{f_上}{f_下} \approx 1.5$，故调压活塞下部气压约为上部气压的 1.5 倍，即 $p_下 \approx 1.5p_上$。这就是说，刹车放大器能将刹车压力（$P_下$）约放大为刹车分配器的出口气压（$p_上$）——操纵压力的 1.5 倍。

由上述可知，经刹车放大器输出的刹车压力（$p_下$）是由操纵腔内的气压（$p_上$）控制的。如果再握紧刹车手柄，$p_上$ 继续增大，上部薄膜的冷气作用力大于下部薄膜的冷气作用力，又会使调压活塞向下移动再次打开进气活门，使 $p_下$ 相应增大，直到调压活塞上下的冷气作用力重新平衡，又关闭进气活门为止。如果放松刹车手柄，$p_上$ 减小，上部薄膜的冷气作用力又会小于下部薄膜的冷气作用力，调压活塞又会向上移动打开放气活门放气，使 $p_下$ 相应减小，直到调压活塞重新平衡关闭放气活门为止。

解除刹车时，刹车放大器操纵腔的冷气从刹车分配器放出或从刹车调压器放出。于是，调压活塞在下部冷气压力作用下，向上移动，打开放气活门将刹车盘内的冷气全部放出。

刹车放大器的进口面积较大，而且装在离刹车盘较近的地方，因此，通过刹车放大器向刹车盘输送冷气，能够大大加快进气速度。同样在解除刹车时，由于刹车放大器的放气口面积大而且放气管路短，也大大缩短了放气时间。

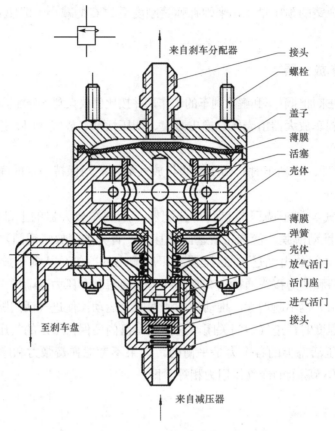

图 5-2-10 刹车放大器构造

来自刹车分配器 —— 接头
—— 螺栓
—— 盖子
—— 薄膜
—— 活塞
—— 壳体
—— 薄膜
—— 弹簧
—— 壳体
—— 放气活门
—— 活门座
—— 进气活门
—— 接头
至刹车盘
来自减压器

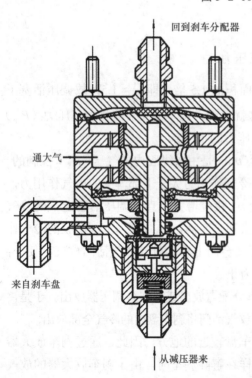

回到刹车分配器
通大气
来自刹车盘
从减压器来

图 5-2-11 刹车放大器工作原理（不刹车时）

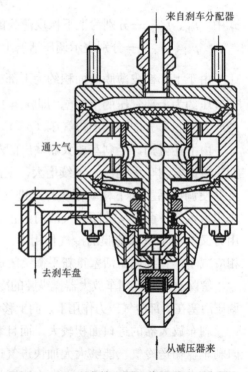

来自刹车分配器
通大气
去刹车盘
从减压器来

图 5-2-12 刹车放大器工作原理（刹车时）

254

5.2.2 应急刹车部分

5.2.2.1 工作概况

应急刹车部分用于当正常刹车部分失效时，控制主轮刹车。它由应急刹车调压器和两用活门组成。

拉出应急刹车手柄，应急冷气瓶的冷气经过 50 减压器、应急刹车调压器和两用活门进入两边主轮刹车盘刹车。松开应急刹车手柄，来气路被关断，刹车盘内的冷气从应急刹车调压器放出。

应急刹车气压的大小由应急刹车手柄控制应急刹车调压器来调节。应急刹车手柄拉出量越大，刹车压力越大。应急刹车手柄拉到限动位置时，刹车压力为（1.75±0.05）MPa。

由上述气路可以看出，应急刹车部分和正常刹车部分比较，具有以下几个特点：

（1）应急刹车只能刹主轮，不能刹前轮。

（2）应急刹车，只能双刹，不能进行单刹。

（3）应急刹车时，刹车压力表不指示。

由上述比较中可以看出，正常刹车比应急刹车要好。因此，在维护工作中，要尽量保证正常刹车部分工作良好，尽量避免飞行员使用应急刹车。

5.2.2.2 附件

（1）应急刹车调压器。应急刹车调压器构造和工作原理与刹车调压器基本相同。

（2）两用活门。两用活门如图 5-2-13 所示。

从应急刹车调压器来的冷气进入接头 A 后，将活门推到右端堵住接头 C，使接头 A、B 连通，冷气便经接头 B 进入刹车盘；接头 C 是通正常刹车来气的。使用中两用活门可能发生漏气故障。维护经验表明，如果拉出应急刹车手柄应急刹车时，刹车放大器处漏气或握刹车手柄正常刹车时，应急刹车调压器处漏气，都说明两用活门密封性不好，应予拆换修理。但在应急刹车压力较小时。活门将接头 C 堵得不紧，刹车放大器处有轻微漏气声，是属正常现象。如果正常刹车后又拉出应急刹车手柄应急刹车，也会从刹车放大器处漏气，也属正常现象。

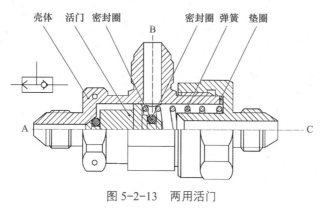

图 5-2-13　两用活门

【重点知识考核】

1. 考核要点

（1）刹车系统的主要组成。

（2）刹车系统的工作原理分析。

2. 考核例题

（1）根据刹车系统工作原理图，说明刹车的主要组成及工作原理。

（2）判断题。

①刹车系统包括正常刹车和应急刹车。（　　）

②应急刹车只能刹主轮，不能刹前轮。（　　）

③应急刹车时，刹车压力表不指示实际刹车压力。（　　）

附录 流体传动系统及元件图形符号和回路图

参 考 文 献

[1] 孙涛 . 液压与气动技术［M］. 长沙：中南大学出版社，2010.

[2] 张勤，徐钢涛 . 液压与气压传动技术［M］.2 版 . 北京：高等教育出版社，2015.

[3] 徐莉萍 . 液压与气压传动技术［M］. 成都：电子科技大学出版社，2017.

[4] 杨健 . 液压与气动技术［M］. 北京：北京邮电大学出版社，2014.

[5] 郑明辉，倪文彬，王刚 . 液压与气压传动［M］. 哈尔滨：哈尔滨工业大学出版社，
    2020.

[6] 廖友军，余金伟 . 液压传动与气动技术［M］. 北京：北京邮电大学出版社，2016.

[7] 中华人民共和国国家市场监督管理总局，中国国家标准化管理委员会 . GB/T 786.1—
    2021 流体传动系统及元件图形符号和回路图 第 1 部分：图形符号［S］. 北京：中
    国标准出版社，2021.

[8] 中国国家标准化管理委员会 . GB/T 30208—2013 航空航天液压、气动系统和组件图
    形符号［S］. 北京：中国标准出版社，2014.

[9] 宋静波，李佳丽 . 波音 737NG 飞机系统［M］. 北京：航空工业出版社，2016.

[10] 任仁良、张铁纯 . 涡轮发动机飞机结构与系统（ME-TA）［M］. 北京：兵器工
     业出版社，2007.

[11] 欧阳小平，杨华勇，郭生荣，等 . 现代飞机液压技术［M］. 杭州：浙江大学出版社，
     2016.

[12] 崔祚，周帮伦，高麒麟，等 . 飞机液压系统［M］. 北京：北京航空航天大学出版社，
     2021.

[13] 汝少明 . 歼强飞机构造学［M］. 北京：海潮出版社，1998.

[14] 李玲，郭兵，苏洪波 . 某型飞机冷气系统常见故障分析及附件维护［J］. 液压气动
     与密封，2013（09）：55-57.